规模化养殖场科学建设与生产管理丛书

规模化鸡场科学建设与生产管理

晁先平　曲连武　主编

河南科学技术出版社
·郑州·

图书在版编目（CIP）数据

规模化鸡场科学建设与生产管理 / 晁先平，曲连武主编 .—郑州：河南科学技术出版社，2018.5

（规模化养殖场科学建设与生产管理丛书）

ISBN 978-7-5349-9216-2

Ⅰ.①规… Ⅱ.①晁… ②曲… Ⅲ.①鸡-饲养管理②养鸡场-经营管理 Ⅳ.①S831.4

中国版本图书馆 CIP 数据核字（2018）第 073580 号

出版发行：河南科学技术出版社

地址：郑州市经五路 66 号　　邮编：450002

电话：（0371）65737028　65788613

网址：www.hnstp.cn

策划编辑：李义坤　田　伟

责任编辑：申卫娟

责任校对：崔春娟

封面设计：张　伟

版式设计：栾亚平

责任印制：张艳芳

印　　刷：郑州环发印务有限公司

经　　销：全国新华书店

幅面尺寸：170 mm×240 mm　　印张：16.5　　字数：323 千字

版　　次：2018 年 5 月第 1 版　　2018 年 5 月第 1 次印刷

定　　价：48.00 元

丛书编委会名单

本书编写人员

主　　编　晁先平　河南畜牧规划设计研究院
曲连武　洛宁县动物疫病预防控制中心

副 主 编　吴胜军　河南省畜牧总站
吴长明　河南龙昌机械制造有限公司
沈志强　山东绿都生物科技有限公司
李　欣　鹿邑县畜牧局
李葱晓　洛阳动物疫病预防控制中心
孙现海　商丘市睢阳区畜牧工作站
周维辉　河南易达菲动物药业有限公司
倪俊忠　原阳县正大饲料有限公司
马平安　焦作市畜牧工作站
王　聪　焦作市畜牧工作站
李本宽　开封市祥符区畜牧局

编　　者　晁先平　河南畜牧规划设计研究院
曲连武　洛宁县动物疫病预防控制中心
吴胜军　河南省畜牧总站
吴长明　河南龙昌机械制造有限公司
沈志强　山东绿都生物科技有限公司
李欣鹿　邑县畜牧局
李葱晓　洛阳动物疫病预防控制中心
孙现海　商丘市睢阳区畜牧工作站
周维辉　河南易达菲动物药业有限公司
倪俊忠　原阳县正大饲料有限公司
马平安　焦作市畜牧工作站
王　聪　焦作市畜牧工作站
李本宽　开封市祥符区畜牧局
汪克娟　嵩县动物卫生监督所
王献伟　河南省畜牧总站

前　言

散户养殖存在规模小、设备落后、技术水平低、抗风险能力差等特点。再加上近年来鸡产品的供应已达饱和状态，市场行情变化迅速，使得养鸡业处于时赚时赔的状态。鸡场粪污、空气污染的治理，对散养户的要求更高，散养户更加举步维艰，与此同时养殖专业大户、家庭农场、农民专业合作社等应运而生，或追求单体高利润，或追求低利润规模优势，使新型畜牧经营体系建设稳步发展，适度规模经营步伐加快。中国正向适度养殖规模化、设施化、环保化方向发展，大规模养殖时代就要来临。

规模化饲养对鸡场的选址、鸡舍环境的控制、生产管理技术、饲料饲养技术、粪污及臭气处理技术、疾病防治技术等要求更高，在任一环节出现问题就会带来巨大的经济损失。为指导规模鸡场的科学建设，节约生产成本，预防疾病的发生，提高经营效益，我们组织河南畜牧规划设计研究院专家编写了本书。

本书系统介绍了蛋鸡养殖场和肉鸡养殖场的场址选择、总体设计、工艺与建筑设计、设备选择、废弃物无害化处理与综合利用等，是一本系统叙述现代养鸡新技术和科学生产相结合的普及读物，本书突出反映蛋鸡和肉鸡的生产特点与现代化新技术，反映当前最新的研究成果、发展趋势，内容深入浅出，文字通俗易懂、理论结合实践、图文并茂，既可作为养鸡者、养鸡服务人员的生产操作指南，也可供农业院校相关专业师生学习参考。

编　者

2017 年 10 月

目 录

第一章　我国养鸡业的现状与发展趋势

第一节　我国养鸡业的现状与特点

我国家禽养殖业历史悠久，在经历了近年的快速发展后，产品相对丰富，现已进入调整期。在现阶段，我国的家禽养殖仍以小规模、大群体为主，而规模化、现代化养殖正在兴起。未来我国家禽养殖业的发展趋势必然是走适度规模化、现代化之路，但这需要一个漫长的过程。

一、我国养鸡业的历史

我国养鸡业的历史，大致分为以下几个阶段：

1. 传统散养阶段　即改革开放以前至 20 世纪 80 年代末。这一阶段我国的养鸡生产停留在农户传统散养阶段。主要特点为养殖未能形成规模，科技应用不普及，生产水平低下，商品化程度低，行业整体效益差。

2. 散养向适度规模化、商品化饲养过渡阶段　即 20 世纪 80 年代末至 20 世纪 90 年代中期。这一阶段为我国蛋鸡事业发展的辉煌时期。在此阶段，以下因素推高了蛋鸡行业的整体利润：各地各部门以“菜篮子工程”的方式兴建了大量规模化鸡场，产量迅速增加；科技应用普及；居民消费水平迅速提高，全国总体饲养规模迅速扩大。很多知名的大型鸡场都是在这一时期起步的。

3. 适度规模向规模化饲养过渡阶段　即 20 世纪 90 年代中期至 21 世纪初。借助前十几年快速发展的经验与惯性，特别是大量专业户的参与，使这一阶段的养鸡业发展迅猛。但蛋鸡业在这一时期已进入微利时代，主要表现为：专业户养鸡利润逐年下降，禽蛋市场逐渐出现供过于求的现象，“菜篮子工程”逐渐淡出市场。

4. 重大疫情冲击下的冷静发展阶段　即 21 世纪初至现在。我国蛋鸡行业接连遭受 2001 年区域性重大疾病、2003 年的“非典”疫情、2004 年在全国十几个省（区）散发并持续的禽流感等重大疫病的冲击，导致全国蛋鸡存栏数量在短时间内急剧下降。人们的饲养理念逐步趋向成熟，开始步入理性思考的冷静发展阶段。

二、我国养鸡业的现状

鸡养殖在中国已有5 000多年的历史。我国养鸡业自改革开放以来，已经取得了飞速发展，鸡的饲养量、禽蛋产量已连续多年保持世界第一，鸡肉产量世界第二。但目前受产品质量所限，我国家禽产品的出口渠道并不十分畅通。现阶段正在经历一个转型期：从生产方式简单、生产效率与生产水平低下的养殖模式向现代化养殖模式过渡。

我国肉鸡的生产水平与世界平均水平差距很小，但商品蛋鸡的生产水平存在一定的差距。目前我国鸡蛋70%以上的供应量来自于10 000只以下的养殖群体，约5%的供应量来自于30 000只以上的养殖群体。

由此可见，我国养鸡业的特点表现在以下几个方面：小规模大群体产业模式仍占重要地位，现代化养殖模式正在兴起；生产条件因陋就简，设备差异大，总体投入不足；生产效率与生产水平参差不齐，总体效率和水平较低；产品原始、商品属性低，品牌营销力度弱；产品内销比例高，加工与出口比例低。

1. 我国蛋鸡业的现状 纵观我国蛋鸡养殖业，我国蛋鸡遗传育种采用引进与自繁相结合、双轨发展的方式。基本建成了由曾祖代、祖代、父母代和商品代鸡场构成的蛋鸡良种繁育体系。据中国畜牧业协会禽业分会资料，截至2016年底祖代鸡场15家（比2015年减少4家），存栏约74.68万套。2016年父母代蛋雏鸡年销售量为1 839.20万套，商品蛋鸡存栏约12.64亿只（淘汰鸡13.55亿只），后备蛋鸡平均月度存栏为4.93亿只。蛋鸡育种国产化趋势明显。育种公司推出了适合国内需求的产品，在市场竞争中占有重要地位，如京白系列、新杨蛋鸡、节粮小型蛋鸡等品种。在蛋产品构成方面褐壳蛋约占70%，粉壳蛋占15%，白壳蛋占15%左右。

随着机械化、自动化、智能化的实现，饲养规模不断扩大，每栋饲养几万只鸡、单场存栏上百万只鸡的新建场层出不穷，但蛋鸡业整体的饲养规模仍以小规模大群体为主。据行业统计，2015年存栏2 000只以下的小规模养殖户年存栏量仍占总饲养量的30%左右。这些养殖户对市场信息的掌握不够全面，饲养技术落后，对疾病的防控能力差，养殖计划性较差，存在跟风养殖、盲目进入的现象，极易发生因疫病发生及价格下跌而损失惨重，无以为继，被迫退出。这些养殖户的退出，又会引起鸡蛋生产供不应求，导致价格飙升。价格的诱惑，新的养殖户应运而生，直到供过于求，价格下跌，使蛋鸡业成本利润率年际间变化幅度较大，缺乏稳定性。每百只蛋鸡净利润由2004年的1 069.51

元涨至2014年的1 662.16元。其中，2004年、2007年、2011、2014、2017年均达到阶段最高点，基本呈现出3年一个周期的循环波动。

未来十年，鸡场适度规模化、管理家庭化、经营农场化、生产专业化、服务社会化、产品品牌化等模式将渐渐出现。大型企业专注育种供种、青年鸡饲养。产蛋鸡由家庭农场饲养，成立专业劳务服务团队、专业技术服务团队，完善社会化服务体系，采用农牧循环，生态环保的生产模式，减少粪便运输，充分利用资源，达到农牧业的双丰收。

2. 我国肉鸡业的现状 肉鸡业中的优质肉鸡育种成绩喜人，目前已基本上建立和完善了优质鸡育种繁育的种子工程技术体系和生产经营管理体系，形成了从品种资源场、原种育种场、杂交试验场、祖代鸡场、父母代鸡场到优质肉鸡商品生产场等一系列宝塔式育种、制种生产的科技经营管理体系。优质肉鸡以南方育种公司为主，尤其是北繁南养技术的推广及应用，更为南方优质肉鸡生产开辟了一条新路，而快大型肉鸡部分依靠进口，以AA、艾维茵等为主的品种已供应50%以上快大型祖代肉鸡市场。

(1) 现代化养鸡生产所需的良种繁育、商品生产、产品加工及市场销售等环节基本形成，特别是优质黄羽肉鸡北繁南养繁育体系的建立，使肉鸡业的发展具备了良好的发展基础。

(2) 商品生产的组织形式形成了规模化、适度规模的专业化和千家万户的分散化三大生产群体，而前两种生产模式的数量正逐步扩大，“公司+农户”推广体系的建立，促进了养鸡业的发展。从种鸡场性质上看：三资企业居我国肉种鸡市场的主导地位，其种鸡场大都属一条龙企业，即“公司+农户”模式，如京海、大江、正大、大成、正发等大型企业，他们兴办的种鸡场层次高，科技含量高，并形成连贯作业态势，受肉种鸡市场变化影响较小，是稳定我国肉种鸡市场的骨干力量，也是带动农村肉鸡业发展的主要动力；政府菜篮子工程兴办的种鸡场，投资规模大，生产设备较为先进，生产水平也较高，生产成本大大高于小型种鸡场，在市场竞争中处于劣势，再加上这些企业在大中城市副食市场供应中的重要地位和作用，很难及时调整生产规模，所以处于长期亏损的状态，其在市场中的作用也日益衰减；分布于广大农村的中小型种鸡场大都为私有，由于“公司+农户”良性运行机制的运行，规模化、标准化的养殖业已逐步代替了分散化的养殖业。

(3) 中国加入了WTO后，生产的规范化、标准化程度有了一定的提高，禽产品生产能力也有较大提高，但质量控制还参差不齐，在疫病防治、药物残留等方面与世界标准有较大差距；同时，相对于发达的生产能力，在产品加工和流通方面发展速度不快，导致国内禽产品价格的波动（根据国家发展改革委价格监测中心提供的资料）。

（4）中国是禽产品出口大国，一部分生产出口产品的企业，其生产水平达到或接近世界先进水平，尤其是在禽肉的精细分割产品市场上，中国占有很大的优势。

3. 我国养鸡业发展中的问题

（1）养殖水平参差不齐。虽然我国养鸡生产体系已经形成，具备了一定的发展基础，但商品生产的规模化程度不高，省际、企业间生产水平和管理水平参差不齐；部分养鸡企业鸡舍硬件条件差，卫生条件差，饲养管理水平低，生产水平不高；一些蛋鸡企业母鸡产蛋周期产蛋 280~285 枚，不及欧美 300 枚的水平，且质量无保障；一些肉鸡企业饲养密度高，死亡淘汰率高达5%以上。

（2）育种水平低，种源受制于国外，种业安全没保障。虽然育成了新品种，但仍有差距，白羽肉鸡原种资源全部从国外引进，高产蛋鸡原种资源 50% 从国外引种，每万套祖代蛋鸡场每年引种成本在 200 万元以上。

（3）蛋品加工程度低，黄羽肉鸡活鸡消费比例过高。蛋品加工产品不足5%，而日本将近 50%，欧美达 30%；黄羽肉鸡活鸡消费，运输风险大，存在安全隐患。

（4）产品加工能力低下，产品设计尚不能满足消费者要求。普通产品多，优质品牌产品少。一是鸡蛋以大宗批发、无品牌消费为主，品牌蛋少且品牌不强；二是以地方鸡为代表的优质鸡利用率不高，很多地方资源优势没有转化为产业优势。

（5）由于在药物残留、屠宰加工操作规程等方面没有设定标准或缺乏严格控制手段，使得中国禽产品出口的竞争力不强。

（6）养鸡行业和主要生产企业重视产量增长，忽视消费引导、产品宣传和品牌创立工作，导致禽产品结构性过剩。

第二节　我国养鸡业的发展趋势与展望

一、我国养鸡业的发展趋势

鸡的养殖适度规模化和现代化是必然趋势，是基于社会发展的需要、农业发展方式的转变及行业发展的必然选择。

1. 社会发展的需要　传统养殖不仅在生产过程中消耗大量的饲料和能源，所生产出来的产品价值低，而且会产生大量的粪便、粉尘和刺激性气味。现代化的养鸡业需要符合绿色低碳环保的社会潮流，实现资源的有效配置，保证产品质量，具备一定规模，进行标准化生产。

2. 农业发展方式的转变　加快构建现代农业产业技术体系，大力加强农业基础设施建设，积极推进农业科技创新和应用，加快推进农业经营体制、机制创新，不断完善农业支持保护体系，进一步强化对农业的管理和调控。其中重要的一项措施是现代农业产业技术体系的建立，国家每年拿出20亿元建立50个体系，研究行业的相关技术，并通过推广来促进行业发展。根据规定，进入体系的企业要求达到省级重点龙头标准。

3. 行业发展的必然选择 欧美发达国家家禽养殖发展的经验告诉我们，现代化是中国农业的发展方向。科学技术的进步会推动行业向现代化方向发展。市场需求即质量，也会推动家禽养殖向现代化方向发展。

二、我国养鸡业的现代化模式

现代化养鸡业的模式主要体现为高的生产效率、高的生产水平、高的产品质量。而现代化则重点表现在六个方面：品种优良化、饲料全价化、设备标准化、管理科学化、防疫系列化、产品加工营销化。

1. 品种优良化 品种优良化指采用经过育种改良的优质种鸡，这是获得高产的先决条件。蛋鸡品种有海兰、罗曼、依莎等，产蛋量都在300枚左右；肉鸡品种有AA、艾维茵等，6周龄体重可达2 kg，料肉比在2∶1以内。饲养者应选择最先进的品种或者最土的品种以体现品种的特性。值得一提的是，肉鸡品种虽然养殖利润较高，但受其特定的饲养方式的约束，很难实现大规模集约化生产。

2. 饲料全价化 饲料全价化是指根据饲养标准和鸡的生理特点，制定饲料配方，再按配方要求将多种饲料加工成配合饲料。配合饲料一般由多种富含能量、蛋白质、矿物质、微量元素、维生素的原料或者添加剂混合而成，按鸡群不同生理阶段配制。

3. 设备标准化 设备标准化是指采用标准化的成套设备，如笼架系统、喂料系统、饮水系统、清粪系统、光照系统、温控系统、集蛋系统等，机械化程度高，可以大大提高土地利用效率、员工工作效率和生产水平。

4. 管理科学化 管理科学化是指按照鸡群的生长发育和产蛋规律给予科学的管理，包括温度、湿度、通风、光照、饲养密度、饲喂方法、环境卫生管理等，并对各项数据进行汇总、储存、分析，实现最优化的运营管理。实现养殖场现代化，必须进行科学合理的管理，严格执行流程和制度。

5. 防疫系列化 防疫系列化是预防和控制鸡群发生疾病的有效措施，包括全进全出、隔离消毒、接种疫苗、非特异性防疫体系构建、药物防治等。防疫不能单纯依靠疫苗，以往养殖场通常把90%的精力放在疫苗上，其实更有效的措施应是建立一个综合的防控系统。疫病传播过程中的三个环节缺一不可，目前养殖场在易感动物上的花费是最多的，做了大量疫苗方面的工作，今后需特别注意非特异性免疫系统的建立，不能简单地靠接种疫苗来解决问题。

6. 产品加工营销化 产品加工营销化的优势是通过产品的加工，丰富禽产品的种类，扩大消费者对禽产品的需求；通过质量控制体系的建立、知名品牌的形成和维护、营销队伍的建设，提高产品质量、维护消费者权益。

三、我国养鸡业发展展望

目前，我国禽类产品消费需求持续快速增长，我国人均禽蛋和禽肉年消费量分别达到 22 kg 和 13.5 kg。禽类产品已成为继猪肉之后，最重要的动物蛋白源。

家禽养殖业为提高国民生活水平，改善膳食结构，培养健康的饮食习惯，增强全民身体素质，发挥了重要作用。禽类产品营养价值高。鸡肉是典型的白肉产品，具有高蛋白（23.3%）、低胆固醇（117 mg/100 g）、低脂肪含量（1.2%）和低热量（435 kJ/100 g）的特点，符合健康食品的基本特征。乌骨鸡等一些地方品种还具有滋补的功效，深受消费者青睐。鸡蛋富含优质蛋白质、纤维素和卵磷脂。

随着我国城乡居民收入不断提高，禽类产品产量和消费量持续增长。目前大多数家庭的日常饮食，尤其是早餐，鸡蛋几乎是必备的食品。鸡肉的消费需求旺盛，长江流域及其以南地区以中国特产的黄羽肉鸡消费为主，特别是广东、广西、海南等地多以鲜活鸡烹饪消费为主；黄河流域及其以北地区以白羽肉鸡消费为主。“无鸡不成席”已成为许多地区约定俗成的消费习惯。

从世界范围看，禽类产品也是人们肉类消费的主要来源。美国的人均年禽肉消费量达到 52 kg，占肉类消费量的 62%；巴西为 35 kg，占肉类消费量的 50%。因此我国禽肉消费还有很大潜力，可望保持一定的增长速度。要满足这部分消费需求的增量，不能通过增加饲养数量，而应靠提高生产水平来实现。但是肉鸡作为饲料转化率最高的畜禽之一，其优势还未充分发挥出来，这其中的原因主要有三点：一是肉鸡生产基本依赖工厂化生产的全价配合饲料，成本较高，难以利用农副产品作为饲料原料来降低成本；二是生产水平还不高，无论是肉种鸡还是商品鸡，都未能充分发挥优良品种的遗传潜力；三是肉鸡生产需要配套较为完善的种鸡生产、屠宰加工、饲料加工等体系，投资巨大，折旧也就很高。因此，在鸡肉生产发展过程中，首先要解决生产成本过高的问题，以提高鸡肉生产的综合竞争力。鸡蛋生产方面，我们目前一般生产条件与发达国家相比，还有很大的改进潜力，依靠先进的技术和严格的管理，在稳定现有家禽饲养量的前提下，仍有可能实现鸡蛋产量持续增加。

随着人们生活水平的提高，对鸡蛋和鸡肉质量的要求也在不断提高。在生产环节，要重视无公害鸡蛋和鸡肉生产体系的建设，重点解决饲料中违禁药物使用和药物残留问题，改善鸡舍内环境卫生条件，减少生产过程的污染。在流通环节，则应加快周转，并建立合理的冷冻、冷藏保存和运输体系。针对中高档消费市场，要推广品牌优质鸡蛋和鸡肉产品。对鸡蛋进行清洗、分级、包装，并实行冷链运输和储藏；对鸡肉则要加强深加工，开发出多种多样的鸡肉产品，以扩大消费，促进生产的发展。

利用禽产品开发功能食品也是未来发展的热点，可以提高产品附加值，增加对鸡蛋和鸡肉的需求。高碘蛋、高硒蛋、高锌蛋、低胆固醇蛋、富维生素蛋、富不饱和脂肪酸蛋的生产技术均已开发成功，仍需进一步的市场开拓以达到规模化生产的目标。

第二章 鸡的生物学特性与行为学特点

第一节 鸡的外貌特征及解剖特点

一、外貌特征

（一）头部

头部的形态及发育程度能反映品种、性别、生产力和体质情况。

1. 冠 为皮肤衍生物，位于头顶，是富有血管的上皮构造。鸡冠的种类很多，是品种的重要特征。大多数品种的鸡冠为单冠。冠的发育受雄性激素控制，公鸡比母鸡发达。

单冠：由喙的基部至头顶的后部，为单片的皮肤衍生物。单冠分冠基、冠尖和冠叶三部分。

豆冠：由三片小的单冠组成，中间一叶较高，又称三叶冠，有明显的冠齿。

羽毛冠：冠体为一扭曲“S”形小型豆冠或为一“V”形肉质平滑角状体，后者又称角状冠或V形冠，其后侧为类似圆球状羽毛毛束，俗称“凤头”。

玫瑰冠：冠的表面有很多突起，前宽后尖，形成冠尾，冠尾无突起。

草莓冠：与玫瑰冠相似，但无冠尾，冠体较少。

杯状冠：冠体为杯状，有很规则的冠齿固着在头顶上。杯状前侧喙基上为一单冠，前部接在杯状体上。

2. 喙 由表皮衍生而来的特殊结构。颜色因品种而异，黄白或黑，同跖色。

3. 脸 蛋用鸡清秀，脸毛细小；肉用鸡丰满。

4. 眼 健康鸡眼有神，反应灵敏。

5. 耳叶 为椭圆形，有皱褶，常为红、白色。

6. 胡须 脸颊两侧有羽毛称胡，颌下有羽毛称须。

7. 肉垂 为颌下下垂的皮肤衍生物，左右组成一对，大小对称。

（二）体躯

1. 胸部　是心脏与肺所在的位置，应宽、深、发达。如现代高产肉鸡品种，均为宽胸型，胸肌发达，产肉量大。

2. 腹部　可容纳消化器官和生殖器官，应有较大的腹部容积。特别是产蛋母鸡，腹部容积要大。前后及左右间距越大，则腹部容积越大，一般情况下产蛋能力也较强。胸骨末端到耻骨末端之间的距离和两耻骨末端之间的距离是两个较重要的指标。

（三）羽毛

1. 羽毛结构　羽毛分为真羽、绒羽、发羽。

2. 羽毛更换　从出生到成年，共换羽3次。成年母鸡换羽，是对严冬的适应，占活体空腹重的4%~9%；高产鸡换羽迟，羽毛更换的速度快；低产鸡换羽早，更换慢。

3. 羽毛形状　由性激素控制，是鸡的第二性征。母鸡有颈羽、鞍羽、尾羽，圆而短。公鸡有梳羽、蓑羽、镰羽，尖而长。

（四）皮肤

鸡的皮肤由表皮和真皮组成，较薄，除尾脂腺（鸟类唯一的皮肤腺）外，缺乏汗腺和脂腺。

尾脂腺的主要功能就是分泌油脂，滋润羽毛。其分泌物含有7-脱氢胆固醇，在阳光照射下可转变成维生素D_3，被皮肤吸收。

皮肤颜色主要为黄、白、黑三种。

二、解剖特点

（一）骨骼

鸡骨骼的骨密质非常致密，且有很多含气骨，因此鸡骨硬度大、重量轻。在幼年，几乎所有骨内都有骨髓；成年后，除翼和后肢的部分骨外，鸡骨多处骨髓被空气代替，成为含气骨。

1. 躯干骨　躯干骨由脊柱、肋和胸骨构成，颈椎关节突发达，故颈部活动灵活，对飞翔、采食、梳羽有利。

（1）胸椎数量少，其主要特点是部分椎骨发生愈合；腰椎、荐椎和第一尾椎愈合成综荐骨；尾椎数量不定，最后一块尾椎最大，呈三角形，特称综尾骨。

（2）肋的对数与胸椎数量一致，通常包括椎肋和胸肋两部分。椎肋是指与胸椎相接的部分，胸肋指与胸骨相接的部分。它们都是骨，而非软骨。部分椎肋之间有钩突相连。前1~2对肋常缺少胸肋，可能与呼吸时气囊膨大相关。

（3）胸骨相当发达，并发出一些突起，向腹侧伸出庞大的胸骨嵴。发达的胸骨向后伸延，对支持内脏，防止飞翔时内脏晃动有利，也为发达胸肌附着增加了面积。

2. 头骨 头骨分为颅骨和面骨。颅骨包括枕骨、颞骨、顶骨、额骨和蝶骨，缺顶间骨。筛骨不参与形成颅腔，归面骨。枕骨有一枕骨大孔，但枕骨髁仅为一个，颞骨的外耳门较大。此外在颞骨和下颌骨之间有一块方骨。禽眼眶大，筛骨的垂直板形成两眼眶之间的隔板，又称眶间隔。总之，禽头骨愈合早，因含气而重量轻。无齿，眼眶大，因存在方骨，可使开口更大，便于进食一些较大的食块。

3. 肢骨 肢骨包括肩带部的肩胛骨、乌喙骨、锁骨、髂骨、坐骨和耻骨等。

（二）肌肉

禽类的肌肉也可分为红肌、白肌和中间型肌。由于不同的生活习性，这些肌肉在不同禽类有明显差别。飞翔能力差或不能飞的禽类白肌多。禽全身肌肉也可按部位分为头部肌、颈部肌、躯干肌、肩带肌、翼肌、盆带肌和腿肌。善飞的禽类为适应飞行，胸肌特别发达。

（三）被皮

禽类全身皮肤大部分区域有羽毛，有些部位无羽毛，前者称羽区，后者称裸区。裸区对飞翔、散热有利。禽皮肤在一定部位形成皮肤褶，在翼部有翼膜，肩部与腕部之间的为前翼膜，腕部后方的为后翼膜，对飞翔有利。

（四）消化系统

鸡的消化系统包括口咽、食管、嗉囊、胃、肠、泄殖腔和消化腺（如肝、胰）。

1. 口咽 鸡无软腭，口腔与咽直接延续。其顶壁中线有鼻后孔裂，向前延续为腭裂，向后为咽鼓管漏斗裂。口咽底壁大部被舌占据。舌分为舌根和舌尖，二者以舌系带为界。舌无味觉乳头，舌肌不发达。形成特有的上、下喙。鸡喙尖，坚硬；唾液腺虽不发达，但分布很广，在口腔和咽的黏膜下几乎连成一片，导管直接开口于黏膜表面，主要分泌黏液。

2. 食管和嗉囊 鸡的食管较宽，易扩张，分颈、胸两段。颈段食管位于颈部皮下偏右侧。鸡的食管在胸前口的前方形成嗉囊，为食管的膨大部分，位于叉骨之前皮下，偏于右侧。嗉囊的主要作用是储存和软化食料。食管胸段短，末端略变窄，与腺胃相接。食管黏膜分布有食管腺，为黏液腺。

3. 胃 鸡胃分为腺胃和肌胃，腺胃又称腺部或前胃，呈纺锤形，位于腹腔左侧，肝两叶之间的背侧。前接食管，后部以胃峡与肌胃相接。腺胃壁较厚，内腔小，黏膜表面分布有乳头。黏膜浅层形成隐窝，为单管状腺，分泌黏液；深腺为复管泡状腺，分泌液中有盐酸和胃蛋白酶原。肌胃常称为肫，为双面凸的圆盘形，壁厚而坚实，位于腹腔左侧，在肝后部两叶之间。肌胃分为厚的背侧部和腹侧部，薄的前囊和后囊。肌胃壁主要由平滑肌构成，因富含肌红蛋白而呈暗红色。肌胃的入口和出口均在囊处。肌胃黏膜表面被覆一层厚而坚韧的类角质膜，俗称肫皮或内金，是黏膜内的肌胃腺分泌物与脱落的上皮细胞在酸性环境下硬化而成，有保护黏膜的作用。肫皮表面不断被磨损，由深部持续形成以增补。肌胃内常有吞食的砂石，因此又称砂囊。肌胃以发达的肌层、砂石和坚韧的角质层，对食料起机械研磨作用。

4. 肠和泄殖腔

（1）鸡的肠分为小肠和大肠。小肠又分为十二指肠、空肠和回肠。十二指肠形成“U”形长襻，分为降支和升支，位于腹腔的右侧，二支折转处达盆腔。空肠形成6~12圈肠襻，以肠系膜悬挂于腹腔右侧。空回肠中部有一小突起，称卵黄囊憩室，是卵黄囊柄的遗迹。回肠的末段较直，以系膜与两条盲肠相连。大肠分为盲肠和直肠。盲肠有两条，可分为盲肠基、盲肠体和盲肠尖。盲肠基较狭窄，以盲肠口与直肠相通；盲肠体较粗；盲肠尖为细的盲端。盲肠基的壁内有丰富的淋巴组织，常称为盲肠扁桃体。鸡无明显结肠，仅有一短的直肠，以系膜悬挂于盆腔背侧。

（2）泄殖腔是消化、泌尿和生殖的共同通道，位于盆腔后端，以两环形的黏膜褶分为三部分。前部膨大为粪道，接直肠。环形的粪泄殖襞的后方为泄殖道，输尿管、输精管或输卵管（左侧）开口于此。在半环形的泄殖肛襞后侧为肛道。幼鸡肛道背侧有泄殖腔囊（腔上囊）的开口。泄殖腔肛道向后以泄殖孔开口于体外。

5. 肝、胰 肝较大，位于腹腔前下部，分左右两叶。两叶各有一肝门，肝动脉、门静脉和肝管等由此进出。左叶的肝管直接开口于十二指肠终末部；右叶的肝管先到胆囊，再由胆囊发出管道至十二指肠。胰位于十二指肠襻内，通常分为背侧叶、腹侧叶和小的脾叶。胰管通常有2~3条，与囊管、肝管共同开口于十二指肠终末部。

（五）呼吸系统

1. 鼻腔 鸡的鼻腔较窄。鼻孔位于上喙基部，鼻孔上缘有膜性鼻盖，周围有小羽毛可防小虫、灰尘进入。鼻中隔大部分为软骨。每侧鼻腔有3枚软骨性鼻甲；鼻后孔开口于口咽顶壁，内有肌肉，收缩时可关闭。

2. 喉、气管、支气管 喉位于咽底壁。喉口与鼻后孔相对，吞咽时可反射性地关闭。喉腔内无声带。喉软骨有环状软骨和勺状软骨两种。气管长而粗，在心基上方分为左右两个支气管，分叉处形成鸣管。气管支架为完整的软骨环。软骨环可随年龄增长而骨化。支气管分为左、右支气管，其支架软骨为“C”形，缺口向内侧。

3. 肺 鸡肺位于胸腔背侧部第 1～6 肋之间。背侧面嵌入肋间，腹侧面前部有肺门，支气管、肺血管、神经和淋巴管由此出入。肺为实质性器官，其实质由三级支气管、肺房、漏斗和肺毛细管组成。初级支气管为支气管入肺后的延续，纵贯全肺，后端出肺通腹气囊。初级支气管发出 4 群次级支气管，分别为腹内侧群、腹外侧群、背内侧群和背外侧群。次级支气管分出许多三级支气管，它呈襻状连接于两群次级支气管之间，鸡可达 400～500 支。肺房由三级支气管辐射分出，肺房底部又分出若干漏斗，其后分为直径为 7～12 μm 的肺毛细管。肺毛细管是气体交换的场所。一条三级支气管及其肺房、漏斗、肺毛细管构成一个肺小叶。肺小叶之间为结缔组织间质，间质内弹性纤维少，故呼吸时容积变化不大。

4. 气囊 气囊为禽类特有的器官，实质上是支气管的分支出肺后形成的黏膜囊，外面大部分只被覆浆膜，因此壁很薄。气囊共有 9 个：一个锁骨间气囊，一对相通的颈气囊，一对前胸气囊，一对后胸气囊和一对腹气囊。除腹气囊连于初级支气管外，其余气囊均连接于次级支气管。胸腹气囊位于体腔脏器两旁。有些气囊还有分支深入含气骨内和肌肉之间。气囊具有多种生理功能，首先是储存气体，使肺在吸气和呼气时都能进行气体交换，以适应禽体强烈的新陈代谢；此外还有散发体热、飞翔或游水时减轻体重和调整重心等作用。鸡的某些呼吸道疾病及传染病可在气囊发生病变；公鸡阉割后皮下气肿也是由于气囊被撕破，气体窜入皮下所致。腹腔注射时应避免注入气囊，否则会因引起异物性肺炎而死亡。

（六）泌尿系统

1. 肾 鸡的肾所占体重的比例较大，位于腰荐骨两旁和髂骨之间的肾窝内，红褐色，质软而脆，可分为前、中、后三叶，周围没有脂肪。无肾门，肾的血管和输尿管直接从肾表面进出；肾内也没有肾盂，由肾集合管直接注入输尿管在肾内的分支。肾的血液供应丰富，除肾动脉和肾静脉外，还有肾门静脉，肾门静脉是髂外静脉的分支，在分叉处有肾门静脉瓣控制血液流动方向。肾门静脉收集身体后部（如骨盆、后肢、后段肠管和尾部）的静脉血进入肾脏。

2. 输尿管 从肾中叶走出，沿肾的腹侧面向后行，最后开口于泄殖道顶壁两侧。输尿管壁薄，有时因管内尿中有较浓的尿酸盐而显白色。鸡没有膀胱。

（七）生殖系统

1. 公鸡生殖器官 公鸡生殖器官由睾丸、附睾、输精管和交配器官组成，缺哺乳动物特有的副性腺和精索等结构。睾丸呈豆形或椭圆形，于腹腔内，以短的系膜悬吊于肾前叶的腹侧，体表投影在最后两肋骨之上部。幼鸡只有米粒或黄豆大，淡黄色或带有其他色斑；成年鸡睾可达85~100 g，由于形成大量精子而呈乳白色，位于睾丸内侧缘与血管相邻，阉割时应注意。附睾由睾丸网、输出小管、附睾小管和附睾管组成。输精管是两条极为弯曲的细管，与输尿管并行，末端形成射精管，肌层发达，呈乳头状突出于泄殖腔内，开口于输尿管口的下方。鸡无副性腺。公鸡的交配器官是3个并列的小突起，称为阴茎体，位于肛门的腹侧唇内侧，可用来作为雌、雄鉴别的标志，阴茎体两旁有黏膜形成的淋巴褶。在泄殖腔侧壁内，还有泄殖腔旁血管体，为红色的卵圆形，由上皮样细胞的窦状毛细血管构成。交配时，一对外侧阴茎体充满淋巴而增大，中间形成阴茎沟，将精液导入母鸡的泄殖腔内。

2. 母鸡生殖器官　母鸡生殖器官由卵巢和输卵管构成，但仅左侧发育正常，右侧退化。卵巢通过卵巢系膜悬吊于腹腔背侧，左肾的前部。幼鸡的卵巢小，呈灰白或白色，表面呈颗粒状。随年龄增长及在性活动期，卵泡不断发育生长，并突出于卵巢表面，以细的卵泡柄与卵巢相连。产蛋期常保持有4~5个成熟卵泡，使卵巢呈葡萄状。停产期卵巢回缩，到下一产蛋期又开始生长。排卵时，卵泡膜在薄而无血管的卵泡斑处破裂，将卵子释出。输卵管在幼鸡时是一条细而直的小管，到产蛋期发育为管壁增厚、长而弯曲的管道，长度可达躯干长（除颈外）的1倍以上，停产期则逐渐回缩。输卵管以背侧韧带悬吊于腹腔背侧偏左；腹侧有游离的腹侧韧带。背、腹侧韧带内有平滑肌，收缩时有助于输卵管的排空。根据其形态结构和功能特点将输卵管分为漏斗部、膨大部、峡部、子宫部和阴道部5个区段。漏斗部位于卵巢的正后方，前端扩大成漏斗状，其游离缘称漏斗伞，中央有裂缝状的腹腔口。漏斗部有接受精子的作用，亦是精子和卵子结合的场所。膨大部是输卵管最长而弯曲的一段，在活动期其黏膜呈乳白色，并形成宽大的纵行皱襞。该部的作用是分泌白蛋白，故又称蛋白分泌部。峡部略窄且较短，黏膜呈淡黄褐色，其分泌物形成壳膜。子宫部最宽，呈囊状，壁较厚，肌层发达，黏膜呈灰红色形成小而密的皱襞，分泌碳酸钙、碳酸镁，形成蛋壳及其色素，又称壳腺部。阴道部是输卵管的末端，开口于泄殖道的左侧，呈特有的“S”状弯曲，其黏膜呈灰白色。阴道部与子宫部相连的一段含有管状的阴道腺，叫精小窝，是交配后一部分精子的主要储存处，以后陆续释放出。

（八）脉管系统

1. 心脏和血管　鸡的心脏占体重的4%~8%，位于胸腔后下方，心底与第1、2肋骨相对；心尖夹于左右两肝叶之间，与第5肋相对。其构造与哺乳动物的心脏相似，也分为两个心房和两个心室，但右房室口的瓣膜是一片厚的肌肉瓣，且没有腱索。鸡右心室发出肺动脉干，分为两支入肺；左心室发出右主动脉弓，延续为主动脉。右主动脉弓发出左、右臂头动脉；每一臂头动脉分为颈总动脉和锁骨下动脉。两颈总动脉沿颈椎腹侧的中线在颈肌内并列而行，至头部。主动脉沿体腔背侧中线后行，经过胸部、腹部直到尾部，沿途分支分布到体壁和内脏器官。鸡肺静脉有左、右两支注入左心房。全身静脉汇集于两条前腔静脉和一条后腔静脉，开口于右心房的静脉窦；前腔静脉由同侧的颈静脉、椎静脉和锁骨下静脉汇合而成；后腔静脉由两髂总静脉汇合而成；肝门静脉有左、右两条入肝两叶，右干较粗。肝静脉由两肝叶走出，直接注入后腔静脉。鸡有左、右两条肾门静脉：肾门前静脉行于肾前部内，联系髂总静脉与椎内静脉窦；肾门后静脉行于肾中部和肾后部内，为髂内静脉的延续，有坐骨静脉汇入。肾门静脉主要将来自后肢和肠的静脉血带入肾。髂总静脉内有肾门静脉瓣，可调节肾门静脉输入肾内的血量，当开放时大部分血液经肾门静脉直接流入髂总静脉；闭合时则由肾门静脉分出的入肾支流入肾内。出肾支汇集为肾前和肾后两支静脉，在肾门静脉瓣的近侧注入髂总静脉。

2. 淋巴系统 鸡体内淋巴管较少，大多伴随血管而行；淋巴管的瓣膜也较少。胸导管有一对淋巴管，沿主动脉两侧向前行，最后注入两前腔静脉。有的禽类如鹅在骨盆部的淋巴管壁上形成一对淋巴中心，壁内有肌组织，其搏动可推动淋巴流向胸导管。

鸡淋巴组织广泛分布于器官内，如消化道壁、神经干和脉管壁内。有的为弥散性，有的为小结状，有的为孤立淋巴小结，有的为集合淋巴小结，如盲肠扁桃体、食管扁桃体等。淋巴组织形成的淋巴器官有胸腺、泄殖腔囊、脾等。胸腺位于颈部气管两侧的皮下，沿颈静脉直到胸腔入口的甲状腺处，鸡一般有7叶，淡黄色或带红色。泄殖腔囊又名腔上囊或法氏囊，是禽类特有的淋巴器官，圆形或长椭圆形，位于泄殖腔背侧，开口于泄殖道。脾位于腺胃右侧，圆形或三角形，红褐色。

（九）神经系统

1. 中枢神经 鸡的脊髓延伸于椎管全长，直至综尾骨，因此后端没有所谓的马尾。在颈胸部和腰荐部分别形成颈膨大和腰荐膨大。腰荐膨大发达，背侧部左右分开，形成菱形窦，内有含糖原的胶质细胞团，称胶质体。颈膨大和腰荐膨大的灰质腹侧柱有部分移至外周的白质内，称为缘核。禽的外周感觉较差，有些上行传导径也不发达。

不同禽的脑大体相似。由端脑、间脑、中脑、小脑和延脑构成。禽无明显脑桥。端脑包括大脑和嗅叶。端脑的特点是半球的表面光滑，不形成沟和回；皮质不发达，很薄。纹状体是半球内的重要结构，并高度分化，本能性活动如行为、防御、觅食、求偶等多依赖于纹状体。嗅叶位于半球吻侧，包括嗅球、嗅前核和嗅结节。禽嗅觉相关结构不发达。间脑位于中脑前方；中脑视叶特别发达；小脑蚓部发达，两侧有一对小绒球；延脑吻侧较宽，在枕骨大孔处与脊髓相接。

2. 外周神经　鸡有30余对脊神经。臂神经丛由13～16对脊神经的腹侧支构成，腰荐神经丛由23～30对脊神经的腹侧支构成，坐骨神经由腰丛发出。12对脑神经，与哺乳动物的脑神经基本相似，但嗅神经和面神经不发达。

鸡自主神经系统交感部是一对交感干从颅底沿脊柱延伸到综尾骨，交感干上有很多神经节。副交感部颅部副交感节前神经纤维也随3、7、9、10对脑神经出脑，分布与哺乳动物相似。荐部副交感神经节前神经纤维也形成盆神经，加入阴部神经丛，节后纤维分布于盆腔脏器。另外禽类有一条特殊的肠神经，从直肠后端起在肠系膜内与肠管平行向前延伸，直至十二指肠终末处。肠神经内有许多神经节，既含有交感纤维，也含有副交感纤维，其节后纤维分布于肠。

第二节　鸡的生物学特性

鸡是一种发育快、寿命短的温血动物。在动物学分类方面，属于脊椎动物门的鸟纲。皮肤没有汗腺和皮脂腺，怕热、怕湿，只在尾根部有一尾脂腺，脂腺有特殊的气味。鸡可用嘴从腺体内吸吮油脂梳润羽毛，羽毛具有弹性及防水性，能保护身体，防止物理性的损伤，维持体温，并有散热作用，翅翼有飞翔功能，喜栖息于树枝或栖架。正常情况下，鸡的羽毛每年更换一次。鸡的消化道短，无牙齿，有嗉囊，视觉和听觉特别发达，嗅觉和触觉不发达。

（一）代谢作用旺盛，体温高

鸡的体温高于其他家畜，为41.5 ℃（40.9～41.9 ℃）。每分钟脉搏可达200～300次，鸡的基础代谢高于其他动物。体温来源于体内物质代谢过程的氧化作用产生的热能。机体内产生热量数量的多少，决定于代谢强度。鸡体的营养物质来自日粮，因此，为了使鸡能维持生命和健康，并且能达到最佳的产肉和产蛋性能，就要利用鸡代谢作用旺盛的特点给予其所需要的营养物质。另外，还要提供良好的生活环境：冬暖夏凉、通风透光、干爽清洁，以利于鸡体温的调节，维持旺盛的代谢作用。

（二）消化道短，日粮通过消化道快

鸡的消化道长度与牛、猪相比短得多，仅是体长的6倍（牛的消化道长度是体长的20倍，猪的是14倍），以致食物通过快，消化吸收不完全。鸡口腔内无牙齿咀嚼食物，腺胃消化性差，只靠肌胃与砂粒磨碎食物；盲肠只能消化少量的粗纤维。因此，为了提高饲料利用率，可将鸡饲料制成颗粒状或在饲料中加入饲料酶制剂。

（三）具有自然换羽的特性

通常，当年鸡有4次不完全的换羽现象，1年以上的鸡每年秋冬换羽1

次。鸡在换羽期间，多数停止产蛋，而且换羽需要相当长的时间。为了提高养鸡效益，蛋鸡一般在72周龄或76周龄即产蛋1年后淘汰；对于产蛋1年以上的鸡，如想继续留用，可进行强制换羽，以提高鸡群的产蛋量。

（四）生长迅速，成熟期早

在目前的遗传育种和饲养条件下，肉仔鸡饲养到8周龄出栏时，体重可达2.4 kg，是初生雏鸡（40 g）的60倍。肉用或肉蛋兼用型鸡养到160~180日龄开始产蛋，蛋用型鸡养到140~150日龄时可开产。如要发挥生长迅速、成熟期早的特性，必须给予适量的全价日粮，合理饲养，加强日常管理，并根据肉鸡、蛋鸡与种鸡的不同要求，适当调节光照与饲养密度，才能获得良好的效果。

（五）饲料转化率高

鸡的日粮以精料为主。由于鸡代谢旺盛，因此，长肉快，产蛋多，耗料少，报酬高。一般现代化养鸡的饲料报酬：肉仔鸡料肉比为（1.9~2.2）：1；产蛋鸡料蛋比为（2.5~3.0）：1。饲料报酬的高低取决于品种、饲料、饲养管理条件的优劣。

（六）繁殖潜力大

母鸡仅左侧卵巢与输卵管功能正常。高产鸡年产蛋为300枚左右，如有70%成为小鸡，则每只母鸡一年可获得200只小鸡，繁殖速度很快。公鸡每天交配10次左右，一只公鸡配10~15只母鸡可以获得高受精率。鸡的精子在母鸡输卵管内可存活5~10 d，人工授精每隔5~6 d输精一次即可。受精蛋在适宜的温度下储存10多天，仍可孵出小鸡。

（七）抗病能力差

从鸡的解剖结构上看，可以看出鸡抗病性差的原因有：①鸡的肺脏很小，但连接很多气囊，这些气囊充斥于体内各个部位，甚至进入骨腔中，通过空气传播的病原体可以沿呼吸道进入肺和气囊，从而进入体腔、肌肉、骨骼之中。②鸡没有横膈膜，腹腔感染很容易传至胸部的器官。③鸡没有淋巴结，这等于缺少阻止病原体在机体内通行的关卡。④鸡的生殖孔与排泄孔都开口于泄殖腔，产出的蛋经过泄殖腔，容易受到污染。

（八）生性胆小，对环境变化敏感

鸡的听觉不如哺乳动物，但听到突如其来的噪声会惊恐不安、乱飞乱叫。鸡的视觉很灵敏，鸡舍进来陌生人可以引起“炸群”。蛋鸡受光照时间长短的影响，产蛋期光照突然变化或由长变短都对产蛋不利，甚至引起换羽停产。

第三节　鸡的行为学特点

（一）群体行为

有合群性，适应高密度、机械化饲养，每平方米笼底面积可容纳 25 只鸡，如果几层重叠起来，鸡舍面积还可以得到进一步利用。只要条件适宜，鸡在狭窄的笼子里高密度饲养，仍表现出很高的生产性能。鸡的粪便与尿液比较浓稠，饮水少而利索，不像鸭子饮水时甩得到处都是水，这给高密度饲养管理带来了有利条件。

（二）沙浴习性

地面平养的鸡群会表现出喜欢沙浴的习性，尤其是当鸡群到舍外运动场活动的时候，会在沙土地上用爪和喙在地面刨坑，当刨出一个小坑时，鸡就会卧在其中，将疏松的沙土揉到羽毛下，过一会儿再抖动羽毛将沙土抖下。通过沙浴可以预防体表寄生虫的发生，还可以在沙土中啄食一些沙粒、草根、虫子等。

（三）栖息习性

鸡的祖先为了躲避敌害，在夜间往往栖息在较高的树枝上，被驯化后依然保留了这种习性。除白羽肉鸡由于体格大、体躯重，不能高飞外，蛋用鸡、优质肉鸡及柴鸡都还有一定的高飞能力。

在平养鸡群的生产中要注意在鸡舍内设置栖架让鸡只夜间卧在栖架上，既可减少地面鸡群的密度，又可以保持羽毛的干净和卫生。对于放养鸡群还要注意在场地周围设置的围网高度不能低，以免鸡只飞蹿出去而丢失。

第三章　鸡的品种与繁殖

第一节　鸡的品种分类

所谓品种是人类在一定的自然生态和社会经济条件下，利用某些特定群体，通过选择和杂交等手段选择出来的具有大体相似的体形外貌和相对一致的生产方向，并且能够将这些特点和性状较稳定地遗传给其后代的类群。

根据鸡形成的历史背景和用途，一般分为地方品种、标准品种和商业品种。其中商业品种也称商业配套系。

根据生产方向和用途，鸡的品种类型可分为：①蛋用型，如罗曼蛋鸡、白来航蛋鸡、海兰蛋鸡等。②肉用型，如爱拔益加白羽肉鸡、罗斯 308 肉鸡、科宝 500 肉鸡。③蛋肉兼用型，如洛岛红鸡、澳洲黑鸡。④药用型，如乌骨鸡。⑤观赏型，如日本长尾鸡。

作为鸡品种，应具有以下特性。

（1）经济价值：人类培育鸡品种的首要目的是满足人类的需要，从而使鸡品种具备了一定的经济价值，这也是品种最主要的特性。

（2）性状一致：同一个品种内的个体必须在许多重要经济性状上表现一致，另外还应在外貌形态、生理结构、生长发育、生活习性等方面尽量一致。

（3）血统来源相同：同一个品种内的个体，必须有着共同的血统来源，从而具有基本一致的遗传基础。

（4）主要性状能够稳定遗传：在正常的繁育过程中，构成品种主要特征特性的性状能够稳定地遗传给后代。

（5）足够的数量：作为一个品种，必须有足够的数量，以满足生产或保种的需要。

（6）合理的结构：这是由现代家禽繁育的技术方法所决定的，主要指一个家禽品种内应有若干个各具特点的类群，这些类群通常指由于选育目标或方法不同而形成的品系。

第二节　蛋鸡品种简介

近几年来，我国引进的蛋用型良种鸡品种较多，按照蛋壳的颜色可分为白壳蛋系、粉壳蛋系和浅褐壳蛋系。

一、白壳蛋鸡

白壳蛋鸡主要是以单冠白来航品种为基础育成的，其特点是所产蛋蛋壳为纯白色，鸡羽毛为白色，胫和喙为黄色，尾巴大而上翘。大多数配套系的商品代雏鸡可根据快慢羽自别雌雄。目前，我国白壳蛋鸡的饲养量较少，主要在黄河以北地区饲养。这种鸡体形较小、紧凑；开产早，无就巢性，产蛋量高，饲料报酬高，适应性强，适宜于集约化笼养管理。它的不足之处是神经质，胆小易惊，抗应激性较差；啄癖较多。

1. 北京白鸡　北京白鸡是北京市种禽公司在引进国外白壳蛋鸡的基础上培育成功的优良蛋用型鸡。既可以在北方饲养，也可以在南方饲养；既适用于工厂化高密度笼养，也适合散养。它体形小而清秀，全身羽毛白色、紧贴，冠大、鲜红，公鸡冠较厚而直立。

北京白鸡的特点是耗料少、产蛋多、适应性强、遗传稳定、可根据羽速鉴别雌雄等。

主要生产性能指标：0～20 周龄成活率为 94%～98%，21～70 周龄成活率为 90%～93%；72 周龄饲养日产蛋数为 300 枚，平均蛋重 59. 42 g，每生产 1 kg 蛋耗精料 2. 2 kg。

2. 海兰白鸡　海兰白鸡是美国海兰国际公司育成的四系配套杂交鸡，常见有海兰 W-36 配套系。公、母均为纯白色羽毛，特点是体形小、性情温顺、耗料少、抗病力强、产蛋多、脱肛及啄羽的发病率低。商品代初生雏鸡可根据快慢羽自别雌雄。公鸡为慢羽型，母鸡为快羽型。

主要生产性能指标：0～18 周龄成活率为 97%，平均体重 1. 28 kg。0～18 周龄耗料量为 5. 66 kg；155 日龄达 50%产蛋率，高峰产蛋率为 93%～94%；入舍 80 周龄产蛋量为 300 枚以上；产蛋期存活率为 94%。每生产 1 kg 蛋耗精料 2 kg。

3. 罗曼白　罗曼白系德国罗曼公司育成的两系配套杂交鸡。

主要生产性能指标：0～20 周龄成活率为 96%～98%，21 周龄体重 1. 30～1. 35 kg；150～155 日龄达 50%产蛋率，高峰期产蛋率为 92%～94%；72 周龄饲养日产蛋数为 290～300 枚，平均蛋重 62～63 g；每生产 1 千克蛋耗精料2. 3～2. 4 kg，产蛋期存活率为 94%～96%。

二、褐壳蛋鸡

褐壳蛋鸡是在蛋肉兼用型品种鸡的基础上经过现代育种技术选育出的高产配套品系，所产蛋的蛋壳颜色为褐色，蛋重大，蛋的破损率较低；褐壳蛋鸡的性情温顺，喙癖少，死亡、淘汰率较低；与白壳蛋鸡相比其体重较大；商品代杂交鸡可以根据羽色自别雌雄。

1. 伊莎褐蛋鸡　伊莎褐蛋鸡是法国伊莎公司培育出的四系配套杂交鸡，是目前国际上优秀的高产蛋鸡之一。其遗传潜力为年产蛋300枚，该公司保证其年产蛋水平260~270枚。

主要生产性能指标：0~20周龄成活率为98%，21~74周龄成活率为93%；76周龄入舍母鸡产蛋数为292枚，168日龄达50%产蛋率，27周龄达到产蛋高峰，高峰期产蛋率为92%，74周龄产蛋率为66.5%；每生产1 kg蛋耗精料2.3 kg。

2. 海兰褐壳蛋鸡　海兰褐壳蛋鸡是美国海兰国际公司培育的四系高产蛋鸡，其父本是洛岛红型鸡种，母本为洛岛白品系的品种。特点是产蛋多、死亡率低、饲料报酬高、适应性强。由于父本洛岛红和母本洛岛白分别带有伴性金色和银色基因，其配套杂交所产生的商品代可以根据羽毛颜色自别雌雄。

主要生产性能指标：育成期成活率为96%~98%，产蛋期成活率为95%；151日龄达50%产蛋率，29周龄达到高峰期，产蛋率为93%~96%；72周龄入舍母鸡产蛋数为298枚，产蛋量为19.4 kg；80周龄入舍母鸡产蛋数为355枚，产蛋量为21.9 kg；每生产1 kg蛋耗精料2.2~2.5 kg。

3. 罗曼褐壳蛋鸡　罗曼褐壳蛋鸡是德国罗曼集团公司培育的四系高产蛋鸡品种，父本两系均为褐色，母本两系均为白色。商品代雏鸡可根据羽色自别雌雄。其特点是产蛋多、蛋重大、饲料转化率高。

主要生产性能指标：0~18周龄成活率为94%~98%，19~72周龄成活率为92%~95%；19~72周龄饲养日产蛋数为316枚，145~150日龄达50%产蛋率，高峰期产蛋率为92%~94%；每生产1 kg蛋耗精料2~2.1 kg。

三、粉壳蛋鸡

粉壳蛋鸡是由褐壳蛋鸡品系与白壳蛋鸡品系间正交或反交所产生的杂种鸡，其蛋壳颜色介于褐壳蛋与白壳蛋之间。

1. 京粉1号蛋鸡　京粉1号蛋鸡是北京峪口企业公司培育的高产蛋鸡。是利用褐壳蛋鸡高产系与白壳蛋鸡高产系相配套而成的。商品代雏鸡羽毛白色并有较小的黑色斑点，可以利用快慢羽自别雌雄。京粉1号蛋鸡具有适应性强、抗病力强、耐粗饲、产蛋量高、耗料低等特点。

主要生产性能指标：72 周龄产蛋总重可达 18.9 kg 以上，死淘率在 10%以内，产蛋高峰稳定，90%产蛋率可维持 6~10 个月，72 周龄蛋鸡体重达 1 700~1 800 g。

2. 豫粉 1 号土种蛋鸡　豫粉 1 号蛋鸡配套系是河南农业大学、河南三高农牧股份有限公司和河南省畜牧总站的技术人员，运用现代数量遗传学原理，经过品系培育、配合力测试和筛选，联合培育而成的蛋鸡配套系。其为两系配套，商品代母鸡为矮小型，耗料少，比正常型节省饲料 20%~25%，蛋品质优良，生产性能稳定，繁殖性能好，易于饲养。

主要生产性能指标：0~18 周龄成活率为 94.5%，19~72 周龄成活率为 93.3%，152 日龄达 50%产蛋率，72 周龄末体重 1.25 kg。72 周龄饲养日产蛋 237 枚，平均蛋重 51~53 g。每生产 1 kg 蛋耗精料 2.49 kg。

第三节　肉鸡品种简介

按鸡肉产品的品质和肉鸡饲养期的不同，肉鸡品种分为快大型与优质肉鸡。优质肉鸡是我国畜牧业最具特色的产品，绝大多数羽毛颜色为黄色或者麻色。20 世纪 80 年代初期，我国开始从国外引进快大型白羽肉鸡品种。目前我国肉鸡生产的主导品种主要就是快大型白羽肉鸡和黄麻羽的优质肉鸡。

一、快大型白羽肉鸡

白羽肉鸡的父本品系基本上都是以白科尼什为育种素材选育出的高产品系。特点是生长快，产肉多，饲养周期短（多数不超过 55 d）。饲料转化率高，每千克增重饲料消耗在 2 kg 左右，一般商品肉鸡 6 周龄体重在 2 kg 以上。胴体整齐，对肉质与外观要求不高。

1. 爱拔益加肉鸡　爱拔益加肉鸡又称 AA 肉鸡，是美国安伟捷公司培育的四系配套杂交鸡。该配套系是当前国内饲养最多的肉鸡，其羽毛白色，单冠，体形大，胸宽腿粗，肌肉发达，尾羽短。

主要生产性能指标：商品鸡 42 日龄体重 2 637 g，料肉比 1.77：1。49 日龄体重 3 234 g，料肉比 1.91：1。胸肌、腿肌率高，体重 2 800 g 时屠宰测定：公鸡胸肉重 537.32 g，腿肉重 455.84 g；母鸡胸肉重 548.8 g，腿肉重433.72 g。父母代母鸡 175 日龄开产，入舍母鸡产蛋数 184.4 枚。

2. 罗斯 308 肉鸡　罗斯 308 肉鸡是美国安伟捷公司培育的四系配套杂交鸡。商品代的生产性能高，饲料报酬高，产肉量高，能充分满足分割肉和深加工肉鸡加工企业所需。该鸡全身白羽，体躯似圆球形，单冠，冠、髯红色，皮肤黄色，可以通过羽速自别雌雄。

主要生产性能指标：商品鸡 42 日龄体重 2 652 g，料肉比 1.75：1。49 日龄体重 3 264 g，料肉比 1.89∶1。胸肌、腿肌率高，体重 2 800 g 时屠宰测定：公鸡胸肉重 542.92 g，腿肉重 450.8 g；母鸡胸肉重 554.68 g，腿肉重428.96 g。父母代母鸡 175 日龄开产，入舍母鸡产蛋数 180 枚。

3. 科宝-500 肉鸡 科宝-500 肉鸡是美国泰森食品国际家禽分割公司培育的白羽肉鸡品种。生长快，饲料报酬高，产肉量高，能充分满足分割肉和深加工肉鸡加工企业所需。该鸡全身白羽，体躯似圆球形，单冠，冠、髯红色，皮肤黄色，可以通过羽速自别雌雄。

主要生产性能指标：商品鸡 42 日龄体重 2 626 g，料肉比 1.76∶1。49 日龄体重 3 177 g，料肉比 1.90∶1。父母代母鸡 168 日龄开产，入舍母鸡产蛋数 180 枚。全期成活率为 95.2%。45 日龄公、母鸡平均半净膛率为 85.05%，全净膛率为 79.38%，胸腿肌率为 31.57%。

二、优质肉鸡

优质肉鸡是我国特有的品种，经过多年的发展，区域优势明显，品质特点突出，生产性能与产品质量稳步提高，市场份额不断扩大。优质肉鸡饲养期较长，肉质鲜美，体形外貌符合消费者的喜好及消费习惯。

1. 北京油鸡 北京油鸡原产于北京德胜门与安定门一带，有近 300 年的历史。北京油鸡耐粗饲，适应性强。外貌独特、肉质细嫩、肉味鲜美。具有毛髯、毛冠、毛腿的“三毛”特征，并具有三黄鸡的所有特点。

主要生产性能指标：成年公鸡体重 2.05 kg，成年母鸡体重 1.75 kg。与国内优良品种杂交，在 90 日龄公、母平均体重 1.5 kg；与国外引进有色肉鸡品种杂交，在 70 日龄公、母平均体重 1.5 kg 以上。

2. 三高青脚黄鸡 3 号 三高青脚黄鸡 3 号是河南三高农牧股份有限公司顺应市场对优质鸡和土鸡蛋的需求，以固始鸡为基础，导入少量的外来血缘，历时 10 年培育而成的一个三系配套的优质肉鸡新品种配套系。父母代产蛋率较高，产蛋期种鸡死淘率低，节省饲料，商品代成活率高，整齐度好，外形清秀，肉质鲜美，符合我国优质肉鸡的市场需求。

主要生产性能指标：商品代肉鸡 112 日龄公鸡体重 1 750~1 850 g，母鸡体重 1 300~1 400 g，公、母平均饲料转化比（3.4~3.5）∶1。

第四节　鸡的良种繁育体系

现代鸡良种繁育包括育种及制种生产两部分。育种体系包括品种场、育种场、测定站和原种场；制种生产体系包括曾祖代场（原种场）、祖代场、父母代场和商品代场，各场分别饲养曾祖代鸡（GGP）、祖代种鸡（GP）、父母代种鸡（PS）和商品代鸡（CS）。一般的种鸡场和商品鸡场属于制种生产体系部分。

一、各级种鸡场及其任务

1. 原种场（曾祖代场）　原种场饲养配套杂交用的纯种鸡。其任务一是保种，二是制种。保种是通过不断的选育以保证种质的稳定和提高；制种则是向祖代场提供单性别配套系种鸡。

2. 祖代场　二系配套的祖代鸡是纯系鸡，三系或四系配套的祖代鸡即纯系种鸡（曾祖代）的单性，只能用来按固定杂交模式制种，不能纯繁，故需每年引种。祖代场的主要任务是引种、制种与供种。

3. 父母代场　每年由祖代场引进配套合格的父母代种雏；按固定模式制种，并保证质量向商品代场供应苗鸡或种蛋。

4. 商品代场　每年引进商品雏鸡，生产鸡蛋或肉鸡。

二、良繁体系的建设

良种对家禽业的影响大而深远，其繁育体系的构成与管理均较复杂，要建设并巩固鸡的良种繁育体系，必须注意以下几点：

（1）遵照国家有关法规、条例，分级管理好各级种鸡场。定期进行检查验收，合格的颁发种畜禽生产经营许可证，凭证经营。

（2）各级种鸡场要有严格的卫生防疫管理。场区规划设计、房舍建筑、隔离和消毒设施、污物处理设施、卫生防疫制度等方面要有系统、完善的条件，并要求经过县级以上行政主管部门的验收，持有动物卫生防疫条件合格证。

三、蛋鸡选育

蛋鸡生产的产品单一，但影响生产效益的因素很多，因此，必须在育种中全面加以考虑。

1. 产蛋数　相关性状有开产日龄、高峰产蛋率及产蛋持续性（高峰后下降的速度）。

2. 蛋重　不但要考虑平均蛋重，还要考虑全程蛋重变化曲线形态，蛋重的变化幅度对种鸡的饲养效益影响较大。

3. 饲料转化率　相关性状有开产日龄、体重等。目前以间接选择为主，发展趋势是直接选择。

4. 蛋品质　包括蛋壳强度、颜色、厚度，蛋形，蛋白高度（哈氏单位），血斑肉斑率等。

5. 自别雌雄性状　在雏鸡自别雌雄配套系中，需要根据鉴别性状对羽毛颜色、羽毛生长速度等进行选择和监测。

6. 成活率 包括育雏育成期成活率和产蛋期成活率。

7. 受精率和孵化率 直接影响鸡的繁殖性能。

8. 监控性状 包括生长发育情况、成年羽毛颜色、皮肤颜色、习性、粪便干燥度、产蛋期末体重等。

四、肉鸡选育

我国目前基本没有开展快大型白羽肉鸡的育种工作，但优质肉鸡育种在国内开展得很广泛，而且取得的成效也很突出，也是今后我国肉鸡育种的重点。在优质肉鸡育种方面重点要把握好以下几个选育指标。

1. 羽毛颜色 在优质肉鸡的育种中，羽色选择要予以充分的重视，优先选育的性状就是黄（或）麻羽。个体选择可以发挥较大的作用，即从表现选择纯黄羽或麻羽，采用闭锁群体选育法，同质选配，经过几个世代，提高群体毛色一致性。

2. 早熟性 对于商品代肉仔鸡来说主要体现在鸡冠的大小和颜色。7 周龄仔鸡的鸡冠表现可以作为选种的重要依据。

3. 体形性状 体形一般有大、中、小三种，应根据不同品种和不同消费习惯来选种肉鸡的体形。对于胫的长度、粗细和颜色，选择方法是先选出体重合格的个体，再从中选出胫短而细、颜色偏黄的个体。其中，对公鸡胫长的选择标准适当放低些，以保证公鸡有足够的体重；而母鸡则加大选择压，尽量选出胫短而细的个体，其体重相应降低一些也是允许的，因为母鸡体重对后代影响相对较小。除选择体形大小和胫的长度、粗细和颜色外，每世代都选留体斜长适中、毛滑光亮的个体。

4. 生长速度与饲料转化率 肉质嫩滑、鸡味浓的鸡生长速度慢，饲料转化率低。为了适应商品生产的需要，要适当对优质肉鸡生长性能进行选育，在不明显影响肉质的情况下，达到提高增重速度和饲料报酬的效果。主要采用个体选择，在出雏时选择头大颈粗，腹圆脐平，健康结实的雏鸡，挑出弱小个体，一般挑出 10%。公、母鸡以不同选择压在 28 日龄、70 日龄、90 日龄时进行三次个体选择。母鸡选体重适中、健康发育好、体形好、被毛紧凑的个体，选留数为母鸡出雏数的 40%～50%。公鸡选留外貌良好、骨架结实、胫部强健、冠红大、眼亮头昂、体重在平均数加一个标准差以上的个体，选留数为公鸡出雏数的 20%。

5. 矮小型基因的利用 性连锁矮小型基因可使鸡体形减小而不明显影响鸡的生活力和生产力，并且可以降低生产成本。在优质肉鸡育种中使用矮小型基因时，要注意尽量靠近当地消费者所认为的那种目标体形，一般以某正常型品种与具有矮小型基因的品种杂交第一代，再与具有目标体形的品种杂交一次为好。

6. 初生雏自别雌雄　在华南地区，优质肉鸡通常只对母鸡而言，这种类型的肉用公雏售价低；在西南和华北地区公雏的价格显著高于母雏。因此，第一天就鉴别雏鸡性别显得比其他品种更为重要。在优质肉鸡的育种中可利用快慢羽型基因，培育出雌雄自别的品系。

对每批雏鸡在出壳24小时内进行羽形鉴别，分开快慢羽。经过一定的育种程序，经3~4世代建立快慢羽纯系，并通过适当配套，建立雌雄自别系。

7. 对繁殖性能的选择　要同时考虑产蛋率、受精率、孵化率、成活率等性状，兼顾各家系的生长速度、体形、羽色等，可以通过家系选择法，各世代用综合指标进行评定，然后确定选留和淘汰，中选家系再组成核心群，进行下一代的选育。

第五节　种蛋的生成与孵化

一、种蛋的构造与形成

1. 种蛋的构造　种蛋由蛋壳、蛋壳膜、气室、蛋白、蛋黄、系带、胚胎七个部分组成。

（1）蛋壳：蛋壳的主要成分是碳酸钙。蛋壳可分三层，外层是角质层；中层为海绵状，由钙质纤维交织而成；最内层为乳头层。

蛋壳表面有许多小孔称气孔，空气或微生物可以通过气孔进入蛋内，而蛋内的水分可由气孔排出。蛋壳有保护内容物和供给胚胎发育所需钙的作用。蛋壳厚度为0.2~0.4 mm，小头壳比大头厚。

（2）蛋壳膜：蛋壳内层的薄膜叫蛋壳膜，蛋壳膜分内外两层，紧贴蛋壳厚而粗糙的称外壳膜，内层的称内壳膜，也称蛋白膜。内、外壳膜有保护蛋内部不受细菌、霉菌等微生物侵袭的作用。在蛋壳的外表面还附有一层胶质膜称壳胶膜，也叫外蛋壳膜。长期保存或洗涤过的蛋，外蛋壳膜易脱落，这样微生物就很容易由气孔进入蛋内，使蛋变坏。

（3）气室：气室是蛋产出后蛋温下降，蛋白及蛋黄浓缩，在内壳膜和外壳膜之间形成的空间。气室的部位在蛋的大头，是气体交换的场所。气室的大小是蛋新鲜程度的标志之一，保存越久的鸡蛋，气室越大。

（4）蛋白：蛋白分稀蛋白和浓蛋白，靠近蛋黄部分是浓蛋白，在它的外层有两层稀蛋白。蛋白的成分是：水分占85.5%，蛋白质占12.8%，脂肪占0.25%，碳水化合物占0.77%；此外，还含有微量元素、无机盐等。

（5）蛋黄：蛋黄为不透明油质状态的乳状物，外有一层极薄而透明的卵黄膜。蛋黄中脂肪占33.0%，蛋白质占17.4%，碳水化合物占0.2%，矿物质占1.0%。

（6）系带：蛋黄两端各有一条带状物叫系带，其作用是固定蛋黄的位置，使蛋黄居于中央不触及蛋壳。系带是由浓蛋白构成的，具有弹性；但保存时间长时系带弹性变弱，并与蛋黄脱离。

（7）胚胎：在蛋黄表面的上部有一色淡而细小的白点，受精后即是胚胎或称胚盘，未受精的称为胚珠。

2. 蛋的形成 蛋是在母鸡生殖器官内形成的。母鸡的生殖器官主要包括卵巢和输卵管两部分。当母鸡性成熟时，卵巢上生成许多大小不等，发育阶段不同的卵细胞（即蛋黄），外面包有卵黄囊。卵子成熟后，卵黄囊破裂，卵细胞掉入输卵管，称为排卵。

输卵管按形态和功能由前向后分为五个部分：一是漏斗，形如喇叭，中央为缝状的输卵管腹腔口（漏斗口），排卵后，卵子在此与精子结合形成受精卵。二是膨大部，在活动期呈乳白色，内有发达的腺体，分泌蛋白，因此又称蛋白分泌部，主要分泌浓蛋白，并形成蛋黄两端的系带。三是峡部，较细而短，峡部分泌角蛋白，形成蛋壳膜。四是子宫部，该部最宽，呈囊状，壁较厚，肌层发达，黏膜呈灰或灰红色，腺体分泌碳酸钙、碳酸镁，形成蛋壳及蛋壳的色素。子宫腺又称壳腺，因此子宫又称壳腺部，卵在此停留时间最长。五是阴道部，是输卵管最后一段，平时折曲成“S”形，末端开口于泄殖道的左侧。阴道部分泌釉质，包住壳外表，便于蛋排出。蛋在输卵管停留时间为24~26 h。

3. 畸形蛋及其产生的原因 鸡有时会生出各种各样的畸形蛋，常见的畸形蛋及其形成原因有以下几种。

（1）双黄蛋和三黄蛋：形成原因是两个或三个卵子同时成熟，或成熟时间相近，在输卵管中相遇，被蛋白包裹在一起。产双黄或三黄蛋多发生在高产的当年新鸡，因它们生活力旺盛，两年以上的老母鸡很少发生，另外营养良好的鸡也易产。

（2）软壳蛋：鸡的饲养不良，饲料中缺少钙质或维生素D时会产生软壳蛋；在炎热季节或盛产期也有发生；在接种新城疫疫苗后有些鸡产生反应会产软壳蛋；患病后的恢复期也会产软壳蛋；磺胺类药物因能抑制鸡体内碳酸酐酶的活性，故长期内服可导致鸡群产软壳蛋或停产；鸡受惊吓输卵管的肌肉收缩异常，母鸡体内脂肪过多或输卵管发生炎症，以及母鸡体质虚弱，石灰质分泌机能发生障碍等都会产软壳蛋。

（3）蛋中蛋：原因是蛋形成即将产出时受惊吓或输卵管生理反常发生逆蠕动，又将蛋推回到输卵管上部，生理恢复正常后，蛋又下行，在蛋壳外又包上一层蛋白，到子宫后又分泌一层蛋壳，就形成蛋中蛋。一般蛋中蛋都比较大。

（4）变形蛋：是由于输卵管收缩反常或子宫扩张力变化而形成的。

（5）补壳蛋：是由于蛋在生殖器官形成蛋壳后未排出，又被分泌的石灰质重覆于蛋壳上所致。

（6）小蛋：是由于输卵管黏膜上皮细胞或其他异物脱落，刺激输卵管分泌蛋壳和蛋白所致。一般小蛋无蛋黄，如蛋黄碎块进入输卵管，则所形成的小蛋中有碎蛋黄。

（7）血斑、肉斑蛋：蛋中有血点存在的叫血斑蛋，有黏膜上皮组织的叫肉斑蛋。血斑蛋是输卵管发炎出血，初产鸡输卵管破裂出血或饲料中维生素 K 不足所致。肉斑蛋主要是生理机能控制差的原因所致，如黏膜脱落被蛋白包围便形成肉斑蛋。

二、种蛋的选择、保存、运输与消毒

1. 种蛋的选择　种蛋品质的好坏与孵化率的高低、初生雏的品质及其以后的健康、生活力和生产性能都有密切的关系。因此，对种蛋必须根据具体情况进行严格认真的选择。所谓种蛋是指公、母鸡按一定性比例组群配种或运用人工授精配种后所产的蛋。

（1）种蛋的来源：种蛋必须来源于非疫区高产的健康鸡群。公、母比例恰当，受精率才高，种蛋受精率应在 80%以上。初产母鸡半个月以内的蛋不应作种蛋，因为这时的母鸡性机能活动差，故受精率低。

（2）种蛋的保存期：种蛋越新鲜越好，一般以保存 1 周以内的蛋为好。夏季保存期不应超过 10 天，春、秋季不应超过半个月。

（3）种蛋的颜色：蛋壳颜色应符合品种特征，如来航鸡蛋呈白色，洛岛红、白洛克及当地的土种鸡则为褐色，色不正表明品种不纯。

（4）蛋壳厚度：蛋壳应致密，厚薄要适度，过厚不利于破壳出雏，过薄易破碎。凡蛋壳不光泽、粗糙有砂眼（称砂皮蛋）或硬壳（称钢皮蛋）、皱皮者不可用作种蛋，一般壳厚应在 0. 2～0. 4 mm，壳厚 0. 33～0. 35 mm 孵化率最高，0. 27 mm 以下孵化率较低。

（5）种蛋大小及形状：大小应以品种而论，一般在 45～65 g。如来航以在 45～50 g 为好，巴布考克 B-300 在 50～60 g 为好，其他兼用种应在 50～65 g。种蛋的形状应正常。过大的、过小的、过长的、过圆的、腰鼓蛋等畸形蛋均不宜作种蛋，而且双黄、三黄、蛋中蛋，以及血斑、肉斑蛋都不可作种蛋。

（6）种蛋表面要清洁卫生：如蛋上沾染粪便、污泥、饲料等，易遭细菌侵入，引起种蛋腐败变质或造成死胎。

2. 种蛋的保存条件 鸡的胚胎发育的临界温度是23.9 ℃，因此种蛋保存的环境温度应保持10~15 ℃，如果保存期较长则以不超过12 ℃为宜。湿度以70%~75%适宜。种蛋放置应小头向上，如大头向上则必须每天翻蛋一次。

3. 种蛋的运输 运输种蛋要注意包装，严防震动，应用有格的蛋箱装，将每个蛋、每层蛋分隔开并装上填充物，如纸屑或碎草等。填充物必须充实，装蛋应大头向上竖放，在运输途中切忌震动。蛋箱要保持清洁卫生、干燥。

4. 种蛋的消毒 为控制和消灭病原微生物的传播，保证雏鸡的健康，在孵蛋前必须对种蛋进行消毒，下面介绍几种常用的消毒方法。

（1）新洁尔灭消毒法：新洁尔灭原液为5%，用时加水50倍配成千分之一浓度（取5%新洁尔灭原液0.5 kg倒入25 kg清水中，搅拌均匀即成），用以喷洒种蛋表面即可。但此种溶液不可与碱、肥皂、碘和高锰酸钾混合。

（2）氯消毒法：将种蛋浸在含有活性氯1.5%的漂白粉溶液中3 min（即50 kg水中加0.75 kg含活性氯的漂白粉），沥干即可。

（3）高锰酸钾消毒法：将种蛋浸泡在万分之二浓度的高锰酸钾溶液中1~2 min（即50 kg水中加10 g高锰酸钾粉，搅拌均匀，水温为40 ℃），沥干即可。

（4）碘溶液消毒法：将碘配成0.1%浓度的碘溶液喷洒蛋面即可（配制碘溶液时需1.5倍的碘化钾以利碘溶解）。具体配法为1 kg水加10 g碘片和15 g碘化钾使之溶解，然后倒入9 kg清水中，水温约40 ℃。

（5）福尔马林消毒法：有以下三种方法。

1）用福尔马林（即40%的甲醛原液或工业用甲醛）与高锰酸钾混合熏蒸。每立方米用15 g高锰酸钾加30 mL福尔马林溶液熏蒸30~45 min。方法是将种蛋码好盘后放入孵化箱中或摊床上，然后将高锰酸钾均匀地放在容器中（容器要大于所用福尔马林量的10倍），再倒进福尔马林，关紧门窗。

2）福尔马林直接熏蒸法。用同上法相同的标准量将福尔马林加入适量水中，直接放在火炉上加热熏蒸。

3）福尔马林浸泡消毒法。将40%甲醛原液配成1.5%的溶液（即0.75 kg福尔马林倒入50 kg水中）浸泡种蛋2~3 min即可。

（6）抗生素溶液浸泡消毒法：将蛋温提高到38 ℃，经6~8 h，置于配好的0.05%的土霉素或链霉素溶液中（即50 kg水中加25 g土霉素或链霉素拌均匀），浸10~15 min即可。

（7）呋喃西林溶液消毒法：将呋喃西林碾成粉后配成0.02%浓度的水溶液浸泡种蛋3 min洗净晾干即可。

（8）紫外线消毒法：在离地约1 m高处安装40 W的紫外线灯管，辐射10~15 min即可达到消毒目的。

三、鸡的胚胎发育

1. 鸡胚胎发育阶段的划分　整个发育可分为成蛋阶段的发育与成雏阶段的发育。

（1）胚胎在卵形成过程中的发育：即母体内的发育，也是成蛋阶段的发育。这个阶段的发育过程是受精卵+卵裂+囊胚期+原肠期。当胚胎发育到原肠期时，已分化形成内胚层和外胚层，从外观上看形如一个圆盘状体即为胚盘。当卵排出体外，因温度下降，胚胎生长发育随即停止。

（2）胚胎在孵化过程中的发育：卵排出体外后，保存在 18 ℃以下的环境中，胚胎发育基本处于静止状态。当入孵后，胚胎即开始发育。胚胎在孵化过程中发育的时期称孵化期。鸡的孵化期为 21 天。

种蛋入孵后，胚在原肠期形成的同时，上胚层像个碟状圆盘，在其末端，细胞不断地向中线集中，形成一条细胞带，称原条。原条细胞通过原沟的底部逐渐转入外胚层与内胚层之间，并分别向两侧扩展，这些转至内外胚层之间的细胞称为中胚层。原条细胞也逐渐转入外胚层与中胚层之间，并分别向前伸展，伸展的结构称为头突，后发育成脊索。脊索是胚胎期的纵轴支持器官，最终为脊柱所代替，随着胚胎的不断发育，由外、中、内三个胚层逐渐形成各种腺体、器官、骨骼、肌肉、皮肤、羽毛和喙，最后形成新的机体——雏鸡。

2. 胎肢的形成及其物质代谢　胚胎的发育包括胚内发育和胚外发育两部分，胚内部分即胚胎自身的发育，胚外部分即胚膜的形成。胚胎的呼吸和物质代谢所需的营养主要是靠胚膜来实现。胚膜包括以下四部分：

（1）羊膜与绒毛膜：羊膜在孵化后 33 h 左右开始出现，第 2 d 即覆盖于胚胎的头部并逐渐包围胚胎，至第 4 d 合拢将胚胎整个包围起来形成两层膜，靠近胚胎内层的称羊膜，包围整个蛋内容物的称为绒毛膜。绒毛膜与尿囊共同形成尿囊绒毛膜。羊膜腔中充满羊水而起保持鸡胚不受机械损伤、防止胎膜粘连及促进鸡胚运动的作用。

（2）卵黄囊：卵黄囊是早期形成的胚膜，于孵化的第 2 d 开始形成，以后逐渐向卵黄表面扩展，第 4 d 包围卵黄 1/3，第 6 d 包围卵黄 1/2，到第 9 d 几乎覆盖整个卵黄的表面。在卵黄囊上有许多血管，形成循环系统，通入胚体，供胚胎从卵黄中吸取水分与营养。卵黄囊在孵化初期具有与外界交换气体的功能，出壳前与卵黄一起被吸入腹腔中。

（3）尿囊：尿囊位于羊膜与卵黄囊之间，在孵化第 2 d 开始形成，以后逐渐增大，第 6 d 达到蛋壳膜的内表面，孵化到 10～11 d 时包围整个蛋内容物并在蛋的小端合拢。在尿囊接触蛋的内壁继续发育的同时，与绒毛膜结合成尿囊绒毛膜，贴于蛋壳，开始起气体交换作用。同时通过尿囊血管吸收蛋壳的矿物质供给胚胎，而胚胎所有的排泄物则积存在尿囊，尿囊内充满尿囊液使胚胎与蛋壳分开，使其处于湿润的环境中，以保护胚胎。

在孵化过程中，胚胎物质代谢主要取决于胎膜的发育。孵化 2 d 后卵黄囊血液循环开始形成，这时胚胎主要吸收卵黄囊的营养物质和氧气；孵化 5~6 d 后，尿囊血液循环形成，这时胚胎既靠卵黄囊血液循环吸收卵黄的营养物质又靠尿囊血液循环吸收蛋壳中的营养物质。因尿囊已接近蛋壳膜，又可通过尿囊循环吸收外界氧气；孵化 10~11 d 以后尿囊合拢，胚胎的物质代谢及气体代谢均大为增强，蛋温升高；孵化到 18~19 d 后蛋白已经耗尽，尿囊枯萎，开始肺呼吸，靠卵黄囊吸收卵黄中的营养物质，脂肪代谢加强，呼吸量增大。

实践中应特别注意孵化前期与孵化后期气体代谢的差异，一般鸡胚氧气耗量末期为初期的 64 倍，呼出的二氧化碳为初期的 146 倍，产热量为初期的 230 倍。为此，要合理安排胚胎发育各个时期所需要的外界条件。

3. 胚胎发育的主要特征 为了解胚胎的发育情况，及时纠正不利的孵化环境因素，掌握胚胎发育的主要特征是必要的。

四、孵化的原理、条件及生物学检查

所谓孵化是指体外成雏阶段，它是通过外界条件（如温度、湿度、通气等条件）的影响，使鸡蛋变成雏鸡的过程。孵化的好坏直接影响孵化率的高低、小鸡的成活率，以及生长发育和生产性能，所以一定要重视孵化，了解和掌握孵化的原理、胚胎发育过程中各阶段对外界条件的要求，熟练掌握孵化条件、孵化技术等，以获得良好的孵化效果。

1. 孵化的原理 鸡胚的新陈代谢依赖于种蛋内各种酶（如淀粉酶、蛋白酶、氧化酶、溶菌酶等）的活力，而酶活力的强弱又受到温度的制约。使酶活力最强所需的温度，就是胚胎发育所要求的最适宜温度，这就是孵化的原理。

2. 孵化的条件 胚胎发育所需要的条件有温度、湿度、通风、翻蛋、晾蛋等。

（1）温度：温度是孵化条件中最重要的条件。胚胎只有在适宜的温度下才能正常发育。胚胎发育的各个阶段对温度的要求不同。孵化初期，胚胎处于形成阶段，胚胎物质代谢处于低级阶段，没有体温，因此初期要给予较稳定的高温，以促进胚胎的发育。中期，特别是后期，随着胚龄增长，物质代谢逐渐加强，特别是脂肪代谢增强，胚胎自身可散发出大量热量，这时胚胎自身的温度高于孵化器的温度，应给予较低的温度。因而在孵化过程中，一般采用高—中—低的给温方式。

孵化温度可分为恒温与变温两种制度。孵化温度与孵化季节、孵化器类型、入孵种蛋批次有很大关系，所以在人工孵化时，要根据孵化器的类型、季节和气温高低等，大体确定施温方案。

（2）湿度：通常是指孵化箱内的相对湿度。一般孵化器的相对湿度应经常保持在55%~70%。湿度与胚胎发育有很大关系：①湿度可影响蛋内水分蒸发和胚胎的物质代谢。湿度过高，则蛋内水分不易蒸发，从而影响胚胎的物质代谢及气体交换，有碍胚胎发育。相反，如湿度过低，则蛋内水分蒸发过多，可导致胚胎与蛋壳发生粘连，使尿囊绒毛膜复合体变干，也会影响胚胎正常的物质代谢。②湿度有导热作用。初期保持一定湿度可使胚胎受热均匀，后期则可使胚胎散热加强。③湿度与胚胎的破壳有关。出雏时保持一定的湿度，可使空气中二氧化碳作用于构成蛋壳的碳酸钙，使其变成碳酸氢钙，从而使蛋壳变脆，有利于雏鸡啄壳而出。

（3）通风：胚胎在发育过程中不断吸入氧气，排出二氧化碳。一般孵化器内氧气含量为21%，二氧化碳含量为0.5%。二氧化碳超过0.5%，胚胎发育迟缓，超过1%，死亡率增高，并出现胎位不正和畸形等现象，所以必须重视通风，使新鲜空气进入。一般在孵化初期，为保温及使温度平稳可以关闭进气孔或部分开放进气孔（一般可开启1/4~1/3），以后逐渐增加进气孔，出雏时完全开放进气孔。

（4）翻蛋：①可避免胚胎与壳膜粘连。因卵黄含脂量高，相对密度较小，总是浮在蛋的上部，易与壳接触。翻蛋可经常改变蛋的位置使其不会因粘连而造成胚胎死亡。②翻蛋可使胚胎受热均匀，有利于胚胎发育。③翻蛋有助于胚胎运动，增强活力，保持胎位正常。一般翻蛋呈90°，前45°后45°，每2 h翻一次。18 d以后可不再翻蛋，整批入孵时14 d后即可不再翻蛋。

（5）晾蛋：晾蛋可使孵化器彻底换气，同时间歇的低温还可促进胚胎发育，增强活力，有利于后期胚胎散热，但如进气良好，各孵化条件正常也可不进行晾蛋。如通风不良或利用同一孵化器出雏时则应进行晾蛋。一般每天2~8次，每次15~40 min，晾至蛋壳表面温度接近于32 ℃即可。

3. 孵化的生物学检查 生物学检查的目的是为了及时掌握胚胎发育情况，以便发现问题，查明原因，及时采取措施，以提高孵化率和雏鸡体质。因此，孵化的生物学检查是提高孵化率的重要措施。

（1）照蛋：照蛋是利用灯光或自然光透视蛋的内部状况，操作简便，效果确切。照蛋的作用一是检查胚胎发育情况是否正常，判断孵化条件是否恰当，以便及时纠正和调整；二是通过照蛋区别受精蛋、无精蛋、散黄蛋和死胎蛋等。

（2）孵蛋失重测定：入孵前选用100个种蛋（以后每次测重都用这100个蛋），做上记号并测重。孵化到第6 d、第12 d和第18 d分别进行一次重量测定，以观察失重。并计算是否分别符合 2.5%～4%、7%～9%、11%～13%的标准，从而确定供湿是否正常。

（3）死亡曲线分析：在孵化条件正常的情况下，孵化期间胚胎死亡的分布是比较有规律的，根据正常死亡情况绘制出一条胚胎死亡曲线。从曲线可以看到两个死亡高峰，一是孵化的 2～4 d，一是孵化的 18～20 d，尤其是后期死亡较多。

孵化条件不正常，如温度过高或过低，往往造成曲线的异常变动。为综合掌握胚胎发育情况，分析孵化条件的合适与否，应绘制胚胎死亡曲线图。绘制方法是：在每次照蛋后取出一定数量的死胚蛋进行解剖，判定死亡日龄，然后即可给出实际死亡曲线，将其与标准死亡曲线进行比较分析，大致可找出死因。如种蛋品质不良，早期温度变化大，则孵化初期死亡率变高，曲线显著上升。如果中后期死亡率变高，除温度因素外，通常与种蛋的营养状况、保存条件有直接关系。

（4）出雏时的检查：出壳时间正常、啄壳整齐、出壳持续时间（开始出壳至全部出完为止）约 40 h、死胚蛋（毛蛋）的比例在 10%左右，说明孵化温度适当。死胚蛋超过 15%，二照胚胎发育正常而出壳时间提早，且弱雏中有明显胶毛现象，说明二照后温度太高。如死胚蛋的死亡时间都集中在某一相同时刻，说明某天温度明显偏高。出壳时间推迟、弱雏较多、体软肚大、死胎比例明显上升，而在二照时发育正常，说明二照后温度偏低。

五、孵化方法简介

孵化鸡的方法有两种：一是利用母鸡自身的抱窝性进行孵化，称作天然孵化法；二是在人工孵化条件下进行孵化，称作人工孵化法。

1. 天然孵化法 这是我国广大农村家庭养鸡一直延用的方法。这种方法的优点是设备简单、管理方便、孵化效果好，雏鸡由于有母鸡抚育，成活率比较高；缺点是孵量少、孵化时间不能按计划安排。因此，该方法只限于饲养量不大的农家使用。

（1）抱窝鸡的选择：要选择个体较大、健壮、温顺、抱窝性强的母鸡。

（2）抱窝地点及窝巢布置：将抱窝鸡放在箩、盆或木箱做成的窝巢内，窝内垫草，置于安静、避光、干燥、通风处，并要防止猫、鼠等的侵害。

（3）抱窝鸡的管理：首先对抱窝鸡进行驱虱。可用 5%的 DDT 粉抹在鸡翅下，然后视鸡体大小放入一定数量的种蛋，一般放 20 个左右，每天定时喂料、饮水和让鸡排粪。放出时间不宜过长，一般 20 min 左右，为不使种蛋受凉可在窝上盖一覆盖物。如抱窝性强的鸡不愿离巢，一定要定时抓出，让其吃食、饮水、排粪。孵化过程中分别于第 7 d 和第 18 d 各验蛋一次，将无精蛋、死胚蛋及时取出，出壳后应加强管理，即时将出壳的雏鸡和壳拿走。为使母鸡安静，雏鸡应放置在距母鸡较远的保暖的地方，待出雏完毕、雏鸡绒毛干后接种疫苗，然后将雏鸡放到母鸡腹下让母鸡带领。出雏结束立即清扫、消毒窝巢。

2. 人工孵化法　人工孵化法种类很多，现重点介绍以下几种：

（1）立体孵化法。

1）孵化前的准备：孵化前对孵化室和孵化器要做好检修、消毒和试温工作。孵化室内必须保持良好的通气和适宜的温度，一般孵化室的温度以 22 ℃左右为合适，不得低于 20 ℃，亦不应高于 24 ℃，夏季外温高时尽可能采取措施降低室内温度。室内湿度应保持在 55%～60%。为保持这样的温湿度，孵化室应严密，保温良好；孵化室的窗子要小而亮，光照系数以 1∶（15～20）为宜。孵化室要高，天棚距地面在 3.1～3.5 m 内，保证室内有足够的新鲜空气；孵化室应有专门的通气孔或风机，以保持孵化器和孵化室的空气清洁、新鲜。孵化器要离开温源，并避免日光直射，以免影响器内温度。孵化室的地面要坚固平坦，室内要有蛋盘架的设备以便于工作。

为保证雏鸡不受疾病感染，孵化室的地面、墙壁、孵化器及其附件均应彻底消毒。孵化室的墙壁最好用石灰刷白。孵化器的出雏盘因经常出雏而带很多粪便和绒毛，应先用碱水彻底清洗，再用药液消毒，器内清洗后用福尔马林熏蒸。熏蒸的方法是，按每立方米容积的孵化器用福尔马林 30 mL、高锰酸钾 15 g，先将高锰酸钾盛于搪瓷皿，放在孵化器的底部，然后注入福尔马林并随即关闭机门，保持正常的孵化温度，相对湿度提高到68%左右，使风扇照常转动 30 min 后，打开机门，放出气味。

为避免孵化中途发生事故，孵化前应彻底进行孵化器的检修工作。电热丝、风扇、电动机的效力，孵化器的严密程度，调节器和温度计的准确性等均需检修或校正后方可使用。特别是电动机在整个孵化季节中不停地转动，最好多备一台，一旦发生问题即可装换，保证继续孵化。此外，孵化前还应进行试温工作，先将孵化器调至所需要的温度，然后观察 2～3 d，调节器灵敏，温度稳定，一切机件运转正常时，才可入孵。

2）上蛋：一切准备就绪以后，即可上蛋正式开始孵化。种蛋在保存期间一般温度较低，为了上蛋后能很快地恢复孵化器的温度，在孵前 12 h 左右即将装盘的种蛋移至孵化室中，然后放在蛋架上温暖一些时间。上蛋的时间最好是在下午 4 时以后，这样大批出雏时可以赶在白天，工作比较方便。上蛋的方法依孵化器的规格而异，一般是每 3～5 d 上一次蛋，每次上一套蛋盘，入孵时使每套蛋盘在蛋架上的位置互相交错起来，以便“新蛋”和“老蛋”能互相调节温度。通风和调温性能良好的现代孵化器可一次装满种蛋。

3）照蛋：孵化期应照蛋两次，分别在第 5 d 和第 18～19 d 进行。

4）移蛋（落盘）：在孵化第 18 d 或第 19 d 最后一次照蛋后，将蛋架上的蛋移到出雏盘中。此后停止翻蛋，增加水盘，提高湿度，准备出雏。移蛋的时期可依胚胎发育情况灵活掌握，如最后一次照蛋时，气室已很弯曲，气室下部黑暗，气室内见有喙的阴影，则胚胎发育良好，可及时移蛋。如照蛋时大部分蛋的气室外界平齐，气室下部发红，则为发育迟缓，应推迟一些时间移蛋，以促进胚胎的发育。

5）出雏的处理：发育正常时，移蛋当时就有破壳的，满 20 d 就开始出雏，此时应关闭孵化器内的照明灯，以免雏鸡骚动影响出雏。出雏期间，视出壳情况，拣出空蛋壳和绒毛已干的雏鸡，以利继续出雏。但不可经常打开机门而导致温度、湿度降低，影响出雏。出雏结束前，对于最后出壳有困难的雏鸡，如尿囊血管已经枯萎时，可人工破壳，如尿囊血管尚有血液环流则不得助产，否则容易死亡。出雏期如气候干燥，孵化室地面应经常洒水，以保持孵化器内足够的湿度。正常情况下鸡蛋满 21 d 即全部结束出雏。出雏结束以后，应抽出水盘和出雏盘，清理孵化器的底部。出雏盘和水盘要彻底清洗、消毒和晒干，准备下次出雏用。如果孵化出雏在一个孵化器内，则在出雏期要增加水盘。每次拣出的雏鸡放在分隔的雏箱或雏篮内，然后置于 22～25 ℃的暗室中，使雏鸡充分休息，准备接运。

6）孵化器的管理：要注意温度的变化，注意温度计的水银有无断裂现象，观察调节器的灵敏程度，遇有温度上升或下降时，可以及时调节。注意孵化器的湿度，非自动调湿的孵化器，每天要定时往水盘加温水。要注意湿度计的纱布在水中容易因钙盐作用而变硬或沾染灰尘和绒毛，影响水分的蒸发，因此必须保持清洁，经常清洗或更换，湿度计的水管以盛蒸馏水为好。孵化器的风扇叶片、蛋架等均应保持清洁、无灰尘，否则影响机内通风。孵化室的温度、湿度及通风情况等也应经常检查，并依天气情况加以调节。为供日后参考，最好每 2 h 记温一次。此外，应经常留意机件的运转情况，如电动机是否发热，机器内有无异常的音响。孵化器的轴杠、电动机均要定期加油。

7）停电措施：为防停电，孵化室应备有加温用的火炉或火墙，在停电前几小时将火炉烧起。停电时使室内温度达到 37 ℃左右（孵化器的上部），打开全部机门，每隔半小时或一小时翻蛋一次，保证上下部温度均匀，同时在地面上喷洒热水，以调节湿度。必须注意，停电时不可立即关闭通气孔，以免器内上部的蛋过热而遭损失。此外，如为临时停电而不超过几小时，则不必生火加温，大型孵化厂如有条件应自备发电机以供停电之用。

8）孵化器的温度调节系统：孵化器设有两套调节设备，主调节为一根水银导电表，连通一套继电器（也有用可控硅调节的）。水银导电表上有活动的螺帽，叫作磁钢，可以调节到所需要的温度。当孵化器内温度达到所需要控制的温度的时候，水银导电表产生通路讯号，通过继电器控制电热盘停止加温，此时电风扇仍然在转动；当温度不足时，水银导电表发出断路讯号，重新接通电热盘加温。如此反复地进行，达到温度调节的作用。

（2）土法孵化法。

1）炕孵法：火炕孵化是我国北方普遍采用的传统孵化法。火炕孵化需备有火炕、摊床等。火炕以土坯搭成，炕上铺麦秸，上铺席。摊床是由木条或竹竿搭成，为孵化中期以后放种蛋继续孵化的地方。在炕的上方可设一或两层摊床，床铺席或麦秸，并用棉被包蛋或盖蛋。

种蛋的前 11 d 为炕孵期，温度较高，尤以最初 2 d 最高；以后为摊孵期，温度稍低。此外，在第 3 d 和第 13～14 d 要降温，第 15～16 d 以后提高一次温度。

为达到上述温度要求，孵化期内要定期移蛋和增减盖层数。火炕孵化通常是 5～6 d 入蛋一次，入蛋时先将蛋分上下两层，直接摆在炕席上，然后盖被烧炕，如在下午 4 时放蛋，至午夜 12 时再烧一次，并开始第一次翻蛋。到次日清晨上层蛋较温暖，下层蛋已相当温热而不感烫眼的程度，即开始上包。上包的方法是按每一个被（包）容蛋 1 000 枚，将炕上层的蛋放到包的下层，下层的蛋放在包的上层，然后包紧，包上再加一层棉被。上包以后温度便急剧增高，应每隔 2 h 左右翻蛋一次，直到上下层温度达到一定要求时，再转入正常孵化。如下午 4 时上蛋，大约在次日中午 12 时左右即可达到这种程度。为使蛋温很快达到要求，以简化上包前后的管理手续，放蛋前可将蛋放在 45 ℃的热水中洗烫 7～8 min，然后立即上包。

温度达到正常要求之后，要每隔 4～6 h 翻蛋一次，将上下层蛋、边缘与中间部分的蛋对调，使所有的胚胎受热均匀。翻蛋之前要检温转包（在原地调转包的方向）；翻蛋过后如温度过高即行“晾包”晾蛋，待晾到正常温度时，重新包上。翻蛋时应注意操作轻稳，防止打破胚蛋，翻完要排齐包紧，以防混层而遭损失。孵化期内通过烧炕、盖被、去被、翻蛋、晾包、移包等办法调节温度。温度高时可减少被层，提早翻蛋和晾蛋，温度低时可增加被层，延迟翻蛋和烧炕等来调节。

第 5 d 头照，照后移至北炕，第 11 d 二照，照后上摊。摊孵期主要靠自温孵化，管理简单，每天仍按时翻蛋，调换蛋位置，并依当时蛋温情况增减被单，以掌握适宜的温度。

2）缸孵法：缸孵法需准备孵缸及蛋箩等。孵缸用稻草泥土制成，壁高 100 cm，内径 85 cm，中间放置铁锅或黄缸，用泥抹牢。囤内的铁锅（缸）离地面 30～40 cm，囤壁开 25～30 cm 的灶口，以便生火加温。锅上先放几块土坯，后将蛋箩放在上面。蛋箩可放鸡蛋 1 000 枚。

缸孵法的缸孵期又分为两个阶段，即新缸期和陈缸期。缸期 5 d。种蛋入缸前首先加木炭生火烧缸，除净缸内潮气，一般预烧 3 d 左右，缸内温度达 39 ℃以上开始孵化。入孵 3 h 后开始翻蛋，缸孵的翻蛋方法有 3 种，依胚胎发育时期而异。

①“抢心”：将缸箩内的蛋逐一翻入另一缸箩中，翻时上与下、边缘与中间的蛋互换位置，翻至中心处时，取出 180~200 枚蛋放在一旁，待翻完后将取出的蛋放在上面。

②“抢心取面”：翻蛋时先取出 150 枚面蛋放在一处，待翻至中心处时取出心蛋 150 枚放在另一处，将先取出的面蛋放在中心处继续翻蛋，翻毕将取出的心蛋放在上面。

③“平缸”：又称“匀缸”。翻蛋时仅将上与下、边缘与中间的蛋调换位置。

新缸期第一天翻蛋 5 次，第一次“抢心”，其他 4 次“抢心取面”。其余 4 d 每天翻 4 次，早晨 1 次“抢心取面”，其他 3 次作“平缸”。

新缸期结束后转入陈缸孵化，为期 5 d，每天翻蛋 4 次。陈缸期头 2 d（即孵化第 6~7 d）第一次翻蛋“抢心取面”，其他各次作“平缸”，陈缸期其余 3 d 的翻蛋均作“平缸”。

缸孵期的蛋温，在孵化头两天大致保持在 38.5~39.0 ℃，第 3~10 d 保持在 38 ℃。上摊以后温度的掌握与炕孵法相同。每次翻蛋时要掌握所需的温度，一般翻前温度要升高些，翻后要保持平稳，每次翻蛋后要加温到所需的程度。温度低时盖严缸盖，温度高时可撑起缸盖调节。

3）桶孵法：桶孵法又称炒谷孵化（稻谷可连续使用多年），此法需孵桶和蛋网。孵桶为竹篾编织而成的圆筒形无底竹箩，外表糊以粗厚草纸数层或涂一层牛粪，然后用纱纸内外裱光。桶高 90 cm，直径 60~70 cm，每桶附篾编箩盖一个，供保温及盛蛋用，每个孵桶可装鸡蛋 1 200 枚。

蛋网底平口圆，外缘穿一根网绳，便于翻时提出和铺平。网长 50 cm，口径 85 cm，每网可装鸡蛋 60~80 枚。每层放两网，一网为边蛋，一网为心蛋，均铺平，使成单层均匀平放。

桶孵法的主要操作有：炒谷、暖桶、暖蛋、入桶、翻蛋等。每年第一次孵化时，先将稻谷炒热，用以孵化新蛋。每锅每次炒谷 2.5 kg 左右，炒后用纱纸包好。炒谷的落桶温度要求达到 38~39 ℃，上下层还要高些，达 40~42 ℃。8~10 d 以后只炒底面的两层即可。

入孵前先将烘笼放在孵桶内加温或用热谷温桶，然后将选出的种蛋放在阳光下暖蛋，阴天时在室内炒谷“焙蛋”，使温度达到与眼皮温度相似的程度。入桶时桶底先放一层冷谷，再放两层热谷，然后视新蛋的冷暖程度，每装一层蛋即填一层炒热稻谷或每两层蛋填一层热谷并加隔一层纱纸。最后，上面放两层热谷，一层冷谷，再盖一层棉絮。入桶几批之后即可采取“老蛋孵新蛋”的办法，不再用炒谷，较为经济。

开始孵化的新蛋用热谷连续加温 2~3 次，使种蛋定温，然后按常规每天翻蛋三四次。翻蛋时备一空桶，将原在上层的蛋放在桶的下层，下层的蛋放在上层，心蛋改为边蛋，边蛋改为心蛋。每层之间放以炒热的稻谷，使蛋温保持 37~38 ℃。蛋在桶内孵至 12~13 d 时转入摊床孵化。

4）煤油灯孵化法：本法不用电，且总装蛋量较多，故适合农村家庭孵化用。本法需要温箱和蛋架，其规格大小视总装蛋量而定，现以总装蛋量 1 440 枚为例介绍如下。

温箱的外壳由 4 块双层保温板组装而成，板厚 8 cm，中间用隔热材料（锯末或石棉等）填紧保温。前后 2 块高 103 cm，长 189 cm，在离下边缘 71 cm 处内面开 4 cm×2. 5 cm 的横木条孔 4 个，在距孔高 2. 75 cm 处凿成半圆弧。前面 1 块在离下边缘 12. 5 cm 处的上方开 2 个 50 cm×38 cm 的小门。侧面 2 块高 107. 5 cm，宽 90 cm。距下缘 12. 5 cm 及 45. 5 cm 处两边各开 2 个直径 4 cm 的圆孔，作为进出煤油灯管孔。在正中距下缘 63 cm 处内面开 2. 5 cm×4 cm 的孔 1 个。然后将 4 块板用活页或连接铁片固定，组装成无底无顶的温箱，放置在室内准备孵化。

温箱内结构：在前后 2 块距地面 71 cm 内横穿 4 根半圆弧的硬木条（也可用钢筋代替），两边相距 33 cm，中间相距 41 cm，作为蛋盘的中心转轴。每根木条上横放 3 层蛋盘，蛋盘底坐落在圆弧木条上，可以左右翻转。

在两侧面的进出煤油灯管孔组装 4 根镀锌薄白铁皮制作的圆管，圆管直径为 4 cm，长为 210 cm，由一侧下方孔进，通向另一侧上方孔出，箱内呈两组交叉烟道管，提供热能。正中心穿过一条硬木，低于横向蛋盘架木条 8 cm，作为蛋盘倾斜 45°角的档条，起到左右翻蛋的作用。在 4 根白铁管进烟处分别覆盖上 4 条小毛巾，浸泡在 4 个水碗里，作为湿度蒸发器。箱底直接坐落在孵化室地面上（地面要坚实，防止鼠洞），内铺 4 个装有锯末的麻袋，上方最好再铺一层布单，形成一个软木床，出雏时雏鸡掉落在锯末上。

该孵化箱内共装 12 个蛋盘。每个蛋盘外长 73. 5 cm，外宽 36 cm，高 4. 5 cm，盘底钉有 1. 5 cm×1. 5 cm×4. 5 cm 的小木块，增加蛋盘间隙和透气。盘内用 2 条高出盘框 1. 5 cm 的横木条，将蛋盘分隔成 3 个方格，横条突起高度起到使叠盘固定的作用，每方格上方用 13 号铁丝分成 5 行，行距为 4. 5 cm。下方为托盘铁丝，铁丝与蛋盘两边间距为 1 cm，其余行距为 2. 5 cm。每行放蛋 8 枚，每盘装蛋 120 枚，全箱 12 个蛋盘共装鸡蛋 1 440 枚。

孵化方法：入蛋前要进行试温。先准备好 4 个玻璃罐头瓶，瓶口用铁皮做一斜行如筷子粗的灯芯管盘盖，灯芯管口再做一个活动调节套管，能上下滑行，调节灯头大小。入蛋前 4 个煤油灯点着，火烟斜向烟管口，将管烧热，箱上覆盖棉被或毛毯。毛毯的一面用 4 根 4 cm×4 cm×106 cm 的木条以等距离固定。加温时木条面朝上，毛毯严密覆盖箱面。通风换气时木条面朝下，将毛毯撑起，形成透气孔。在蛋盘正中摆放一支温度计，室温保持在 23 ℃左右。箱内温度全靠煤油灯焰的大小来控制，保持在 37～39 ℃，当箱温达 37 ℃时，熏蒸消毒 30 min，然后揭开被排除余气，进而入蛋。种蛋临入箱前要消毒。如采用分批入蛋，则上层为第一批，中层为第二批，下层为第三批。往后入蛋放中层，出雏蛋放上层，7 d 一循环地进行。

入第一批蛋前，先将两盆开水放入箱内预热 4～6 h。入蛋后等箱温升到 41 ℃时取出水盆。以后每隔 2～4 h 查温 1 次，同时进行翻蛋。根据蛋面温度高低调整盖被的厚薄及灯头的大小；每天需加煤油 1 次。还可采用调换箱两边蛋盘与中间蛋盘的位置的办法来调温，使温度保持在 38～39.5 ℃，第 7 天入第二批蛋时仍用开水助热 4～6 h。入第三批蛋因前批孵蛋产生自热，故要停止用开水助热。箱内温度按入孵天数保持如下，1～6 d 为 38.9～39.4 ℃，7～9 d 为 38.3～38.9 ℃，10～12 d 为 37.8～38.3 ℃，13～16 d 为 37.2～37.8 ℃，18 d 以后应为 37～37.3 ℃。箱内湿度由箱下部水碗中的 4 条毛巾蒸发水分来调节，因此碗中水不能干。相对湿度 1～7 d 保持在 60%，8～17 d 保持在 50%～55%，18 d 以后为 65%～70%。为了保证毛巾能正常蒸发水分，应经常用清水洗去毛巾上沉淀的矿物质。

通风换气，在孵化前期观察温度和翻蛋同时进行，就可满足要求。孵化中期，胚胎代谢增强，需氧量增加，要注意增加通风换气的次数。当进入 18 d 至出雏时要加大通风量。保证箱温 37.3 ℃的条件下，应尽量扩大通风量。此时应将被换成薄毯，将薄毯的固定木条朝下，形成 8 个出气孔。如出现高温，还要适当晾蛋、喷水，使温度降至正常。

每隔 2 h 翻蛋 1 次，整个孵化期照蛋 3 次（第 5 d、第 11 d 和第 18 d 至第 19 d）。21 d 出雏，等出雏达 1/3 时，将出雏的蛋盘拿出，快速去掉蛋壳，重新整理后放回箱内再出。然后从小门把箱底锯末上的小鸡拾出，放在铺好垫草的纸箱里。经 2～3 次整理蛋盘，最后对已破壳但难以出壳的进行人工助产。

5）沼气孵化法：沼气孵化是一种值得推广的节能新法，它的优点是，①投资小，成本低。沼气孵鸡，建造沼气池和孵化室的投资是电孵机及其附属电气设备投资的 1/8 到 1/10，投产后无须电费支出。同时，又不影响肥效。②节约能源。沼气孵化特别适合于农村电源不足的地方。规模可大可小。鸡场的鸡粪可全部利用生产沼气，用沼气孵化种蛋或照明。③劳动强度减轻，管理方便。用沼气孵鸡，只要在进蛋前将水箱内加好热水（加一次可用 1～2 个月），点燃水箱下的沼气燃烧器，控制好火头，在半天至一两天内可恒定在所需要的温度上，管理也方便。④沼气孵鸡，出雏率和健雏率都较高，雏鸡易于饲养。

沼气孵化的孵化箱，由箱框、蛋盘、水箱、沼气燃烧器、输气管、水钵、温度计等组成。箱框是薄木板夹层，中间用锯木屑保温。箱的规格根据具体情况可大可小，现以总容蛋 1 600 枚为例介绍如下。

箱内净长 1.2 m、高 1.06 m、宽 52 cm。水箱长 1 m、宽 36 cm、高 8 cm，安装在孵箱底部，水箱一端有进出水管。沼气燃烧器安装在水箱下面。蛋盘分 8 层，每层前后平放长 56 cm、宽 51 cm 的蛋盘 2 个，每个容蛋 100~110 枚。孵化门一扇，需保温良好。箱内上、中、下层各放温度计 1 支。水箱上放水钵 3~5 个，加水保持湿度。沼气燃烧器设 2~4 个火头。另设蛋盘架，以放置蛋盘翻蛋。

操作方法：入孵前先将种蛋消毒，然后装盘，提前半天送入孵化室预热，以排除蛋面的水分，避免入箱后水汽不易散发和升温慢。

孵化时，将孵化室的温度保持在 20~24 ℃。如气温 15 ℃以下时，必须点火加热才能保持箱温和蛋温正常；如 15 ℃以上时，就不需加热。在孵蛋之前，向水箱加满热水，点燃沼气，使孵箱内温度达到孵蛋所需温度时，再将装好蛋的蛋盘放入箱内孵化。定时照蛋、查温、翻蛋、调换蛋盘、晾蛋和通换气等。

种蛋在孵化过程中的温度，1~6 d 控制在 38.9~39.4 ℃，7~14 d 控制在 37.8~38.3 ℃，15~21 d 控制在 36.7~37.2 ℃。掌握适时调盘，上下、前后对调。初孵时，蛋本身不产热，箱温是上高下低；在孵化中期，蛋开始自产热，一般箱温上下前后较为恒定；孵化后期，蛋自产温度高，需要降低加给的温度，箱温为上高下低。初孵和后期，必须勤查勤调。调节温度的方法是：高温时，可关小或关灭火头，水箱加换冷水，开气孔，开箱门，端蛋盘出箱晾蛋和喷水等。

翻蛋、晾蛋、通风换气是一致的。翻蛋、晾蛋就可达到通风换气的目的。

每隔 2 h 查温 1 次，4 h 调盘 1 次，8 h 翻蛋 1 次，入孵第 5 d、第 11 d 和第 17 d 各进行 1 次照蛋。

相对湿度前期 60%左右，中期 55%左右，后期 70%左右，可通过水箱水钵来调节。到 18~19 d 时，可喷 1 次水增加湿度或调节温度，促进雏鸡出壳整齐和易于脱壳。

正常情况下 21 d 出雏，一般于 11 d 上摊。雏鸡出壳后，待绒毛干时即捡出。

第四章　规模化商品鸡场饲养模式及养殖工艺

第一节　饲养模式

一、蛋鸡场

根据鸡的活动空间，蛋鸡的饲养模式分为笼养和散养两大类，随着动物福利养殖理念的推广，散养模式正逐渐得到重视。

1. 笼养模式　笼养模式于20世纪30年代早期起源于美国，20世纪70年代机械化蛋鸡笼养技术及设备引入我国。蛋鸡笼养同传统的庭院养殖相比，具有产蛋量高、饲料转换率高、蛋鸡存活率高、劳动效率高等优点。到20世纪90年代规模化笼养蛋鸡模式得到迅速推广，目前全世界约90%的鸡蛋来源于笼养蛋鸡。

普通型笼养模式下（图4.1），鸡在笼内饲养密度较大，每只鸡的空间及活动范围小，始终站于倾斜的铁丝网板上，处于很不舒服的状态。据统计蛋鸡运动量不足，在淘汰时经捕捉和运输可造成30%以上的母鸡发生主要骨骼的断裂或在饲养期内患蛋鸡疲劳症。

图4.1　普通型笼养

欧洲已经禁止了普通型笼养模式，改为大笼饲养（图 4.2），虽然鸡仍在笼内生活，但采用大群笼养，每只鸡的活动面积增大，要求每平方米饲养数量不大于 18 只，每笼饲养数量不大于 80 只，大大改善了鸡的生存环境。但生产成本要比传统的笼养模式高 10%左右。

图 4.2　大笼饲养

近年欧洲国家对鸡笼的内部设施进行完善，在笼内增加栖架、沙盘和产蛋区等设施以丰富蛋鸡的生活环境，这种鸡笼被称为富集型笼养（图 4.3）。

图 4.3　富集型笼养

2. 舍内栖架散养模式　指在舍内提供分层的栖架，并配有产蛋箱、水线、料线及履带式输粪机，鸡可在栖架间自由活动，生存环境比笼养鸡大大改善，鸡的健康水平及鸡蛋质量得到提高，这种饲养模式在德国、荷兰应用较普遍（图 4.4）。

图 4.4　舍内散养

3. 舍外自由散养模式　指鸡晚上在舍内休息，白天在露天的草场采食，鸡可采食到青草、虫子，可接受阳光照射，鸡的生存环境自然舒服，鸡蛋质量高。鸡舍要求质量高，需配套大量的土地，场址要远离居民点、道路及其他养殖场，周围用高 2 m 的铁丝网围住，且地下也要埋20 cm深，防止食肉动物打洞进入。其生产成本比一般的鸡蛋要高 20%～30%，但市场需求在逐渐增大（图 4.5）。

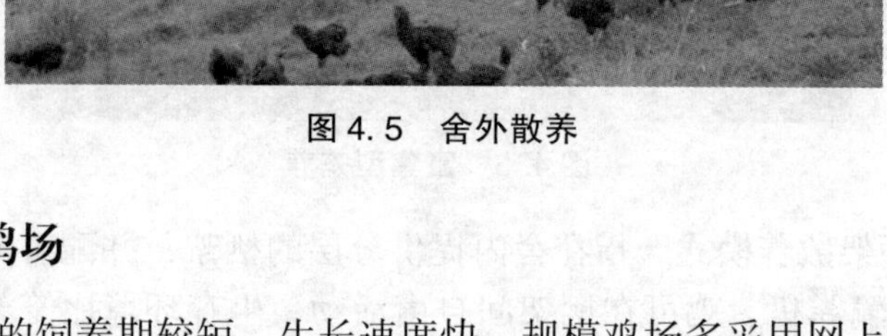

图 4.5　舍外散养

二、肉鸡场

由于肉鸡的饲养期较短，生长速度快，规模鸡场多采用网上平养及笼养的模式。

1. 网上平养　多采用自动供料、自动供水系统饲养。网上平养分为高网养殖和低网养殖。高网养殖，网下高度在 1.8~2 m，可直接在网下清粪，但一般至少养一批鸡才出粪一次。低网高出地面 60 cm 左右，多采用网下刮粪板清粪。网上平养的特点是投资较少，相对占地面积较大（图 4.6）。

图 4.6　网上平养

2. 笼养　多采用“H”形笼叠层饲养，采用自动环境控制系统（控制温度、湿度、空气质量、光照），配合行车喂料、自动饮水、履带式清粪、自动喷雾消毒系统。设备投资较高，占地面积小，节约能源，生产效率高（图 4.7）。

图 4.7　笼养

第二节　养殖工艺

一、蛋鸡场

1. 工艺流程

（1）三阶段饲养法：其工艺流程如图 4.8 所示。

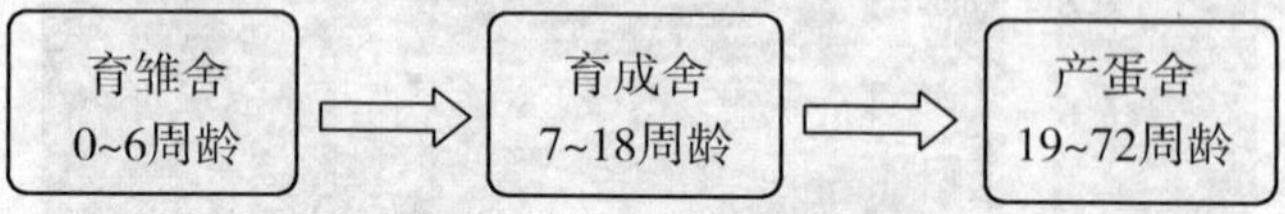

图 4.8　三阶段饲养工艺

（2）二阶段饲养法：现在多采用二阶段饲养法，其工艺流程如图 4.9 所示。

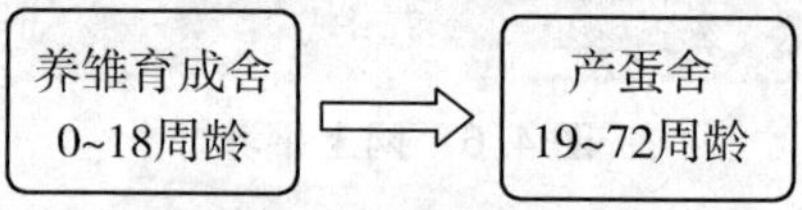

图 4.9　二阶段饲养工艺

2. 各阶段生产参数　不同品种的鸡的生产参数略有不同，现以海兰褐蛋鸡为例，参数见表 4.1、表 4.2。

表 4.1　育雏温度表

日龄（d）	笼养系统（℃）	平养系统（℃）
1~3	35~37	35
4~7	32~34	33
8~14	29~31	31
15~21	26~29	29
22~28	24~26	26
29~35	21~23	23
36 后	21	21

表 4.2　不同温度，不同周龄鸡的换气量［单位：m^3/（h·只）］

舍外温度（℃）	1 周	3 周	6 周	12 周	18 周	18 周以上
35	2.0	3.0	4.0	6.0	8.0	12~14
20	1.4	2.0	3.0	4.0	6.0	8~10
10	0.8	1.4	2.0	3.0	4.0	5~6
0	0.6	1.0	1.5	2.0	3.0	4~5
-10	0.5	0.8	1.2	1.7	2.5	3~4
-20	0.3	0.6	0.9	1.2	1.5	2~3

3. 供料方案

（1）链式输料：这种送料方式多用于产蛋鸡，见图 4.10。

图 4.10　链式输料系统

（2）行车输料：行车输料应用于层叠式笼养和阶梯式笼养，见图 4.11 与图 4.12。

图 4.11　用于层叠式笼养的行车输料系统

图 4.12　用于阶梯式笼养的行车输料系统

4. 饮水方案 鸡的饮水系统包括上水管道、过滤器、加药器及饮水器等部件。

（1）过滤器及加药器：如图 4.13 所示。

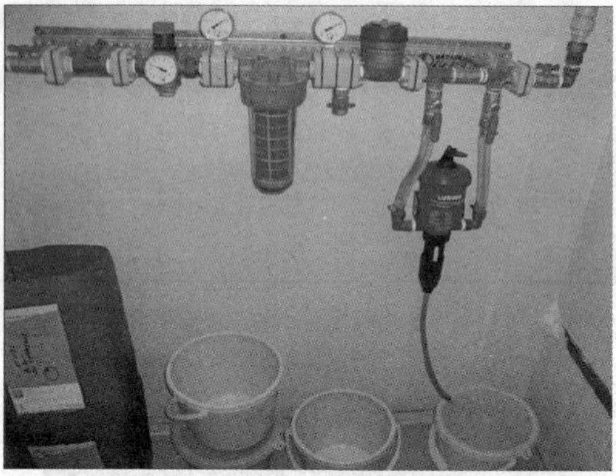

图 4.13 水压计、过滤器、水表、加药器等

（2）饮水器：常用的有吊挂式饮水器和乳头式饮水器。

1）吊挂式饮水器：多为平养育雏育成鸡使用（图 4.14）。

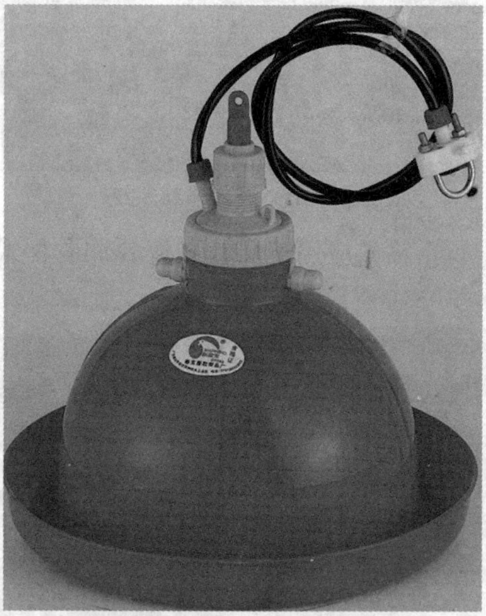

图 4.14 吊挂式饮水器

2）乳头式饮水器：如图 4.15 所示。

图 4.15　乳头式饮水器

二、肉鸡场

1. 饲料供应

（1）饲料消耗及体重变化：现以 AA+肉鸡为例，见表 4.3、表 4.4。

表 4.3　公鸡耗料及增重

周龄	体重（g）	增重（g）	总耗料（g）	日耗料（g）	日料/增重
0	42				
1	50	8			
2	60	10			
3	74	14			
4	91	17			
5	112	21			
6	134	22			
7	161	27	146		
8	190	29	177	31	1.07
9	221	31	213	36	1.16
10	256	35	255	42	1.20
11	294	38	301	46	1.21
12	335	41	353	52	1.27
13	379	44	411	58	1.32
14	427	48	477	66	1.38

续表

周龄	体重（g）	增重（g）	总耗料（g）	日耗料（g）	日料/增重
15	477	50	547	70	1.40
16	531	54	625	78	1.44
17	588	57	710	85	1.49
18	648	60	801	91	1.52
19	711	63	899	98	1.56
20	777	66	1 002	103	1.56
21	845	68	1 111	109	1.60
22	917	72	1 228	117	1.63
23	991	74	1 350	122	1.65
24	1 067	76	1 475	125	1.64
25	1 144	77	1 605	130	1.69
26	1 225	81	1 743	138	1.70
27	1 307	82	1 881	138	1.68
28	1 391	84	2 025	144	1.71
29	1 477	86	2 173	148	1.72
30	1 564	87	2 326	153	1.76
31	1 652	88	2 484	158	1.80
32	1 742	90	2 645	161	1.79
33	1 832	90	2 809	164	1.82
34	1 924	92	2 980	171	1.86
35	2 016	92	3 151	171	1.86
36	2 109	93	3 332	181	1.95
37	2 201	92	3 514	182	1.98
38	2 294	93	3 700	186	2.00
39	2 387	93	3 891	191	2.05
40	2 480	93	4 085	194	2.09
41	2 573	93	4 283	198	2.13
42	2 664	91	4 481	198	2.18

表 4.4　母鸡耗料及增重

周龄	体重（g）	增重（g）	总耗料（g）	日耗料（g）	日料/增重
0	42				
1	51	9			
2	62	11			
3	76	14			
4	95	19			
5	115	20			
6	139	24			
7	165	26	149		
8	193	28	181	32	1. 14
9	225	32	217	36	1. 13
10	258	33	257	40	1. 21
11	294	36	302	45	1. 25
12	332	38	353	51	1. 34
13	373	41	409	56	1. 37
14	416	43	470	61	1. 42
15	462	46	537	67	1. 46
16	510	48	609	72	1. 50
17	560	50	686	77	1. 54
18	612	52	768	82	1. 58
19	666	54	855	87	1. 61
20	712	56	946	91	1. 63
21	779	57	1 042	96	1. 68
22	839	60	1 144	102	1. 70
23	900	61	1 249	105	1. 72
24	963	63	1 359	110	1. 75
25	1 027	64	1 472	113	1. 77
26	1 093	66	1 589	117	1. 77
27	1 160	67	1 710	121	1. 81

续表

周龄	体重（g）	增重（g）	总耗料（g）	日耗料（g）	日料/增重
28	1 228	68	1 837	127	1.87
29	1 297	69	1 962	125	1.81
30	1 367	70	2 095	133	1.90
31	1 438	71	2 232	137	1.93
32	1 510	72	2 372	140	1.94
33	1 583	73	2 516	144	1.97
34	1 657	74	2 666	150	2.03
35	1 731	74	2 816	150	2.03
36	1 805	74	2 974	158	2.14
37	1 880	75	3 133	159	2.12
38	1 954	74	3 298	165	2.23
39	2 029	75	3 465	167	2.23
40	2 104	75	3 639	174	2.32
41	2 179	75	3 816	177	2.36
42	2 253	74	3 991	175	2.36

从表4.3、表4.4可知，公鸡比母鸡的生长速度快，相同周龄时的饲料转化率高。

（2）饲喂方式：肉鸡的饲喂方式常用搅龙+料盘系统或行车喂料系统，与蛋鸡的育雏期饲喂方式类似。

1）搅龙+料盘系统：如图4.16所示。

图4.16 搅龙+料盘系统

2）行车喂料系统：如图 4.17 所示。

图 4.17　行车喂料系统

2. 饮水量　肉鸡的饮水量与饲料采食量及温度有关系，在温度为 21 ℃时料水比为（1.6~1.8）：1，环境温度每升高 1 ℃，饮水量约增加 5%。

饮水系统前段应包括过滤器、加药器等组件，饮水方式多为塔式饮水器或乳头式饮水器。

3. 温度控制　1~48 日龄的鸡对温度的要求如表 4.5 所示。

表 4.5　温度要求

日龄	适宜温度（℃）	日龄	适宜温度（℃）	日龄	适宜温度（℃）
1~2	35	9~10	31	18~20	27
3~4	34	11~12	30	21~24	26
5~7	33	13~14	29	25~35	25
8	32	15~17	28	36~48	24

（1）升温措施：常用的升温措施有热水锅炉+散热器、热水锅炉+地暖管、热风炉等，燃料常用天然气、油、煤炭及电供热（图 4.18~图 4.22）。

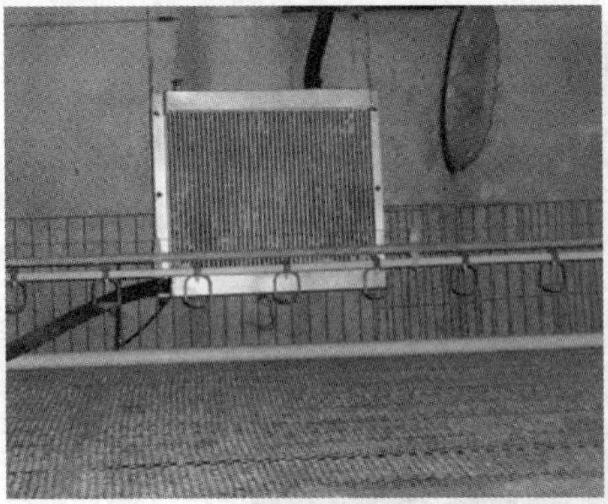

图 4. 18　热水锅炉+散热器供暖系统

图 4. 19　地暖管进出阀

图 4. 20　燃油热风炉

图 4. 21　燃气热风炉

图 4. 22　热量回收系统

热水地暖采用锅炉加热产生热水，经地暖管供暖，多用于叠层笼养肉鸡，不同层间温差小。

热量回收系统通过排气与进气的热交换，回收热量。

(2) 降温措施：常用降温方式有风机降温和湿帘降温（图 4. 23、图 4. 24）。

图 4. 23　风机降温

图 4. 24　湿帘降温

4. 换气

(1) 换气设备：鸡舍换气，需要进风窗、排风机、循环风机等（图4. 25~图 4. 27）。

图 4.25　进风窗

图 4.26　屋顶排风机

图 4.27　循环风机

（2）换气量：最大通风量为 6 m^3/（h · kg）。通风要求舍内没有死角，常采用横向风机配合纵向风机，屋顶风机配合纵向风机等方式避免舍内出现死角。舍内空气质量要求见表 4.6。

表 4.6　舍内空气质量要求

尘埃含量（mg/m^3）	有害气体浓度		
	CO_2（%）	NH_3（mL/m^3）	H_2S（mL/m^3）
<5	<0.20	<13	<3

5. 光照方案　有研究显示不同光色对肉仔鸡的增重有明显不同的影响，其中以红灯的效果最好，日光灯的效果最差，但还需进一步研究应用。竖直灯管或LED灯带，比灯泡供光照度更均匀（表4.7）。

表4.7　光照时间及强度

日龄	照度（lx）	明/暗
0~7	30~40	23/1
8~28	10~15	20/4
29~出栏	3~5	23/1

6. 出鸡方案　平养鸡舍多采用人工出鸡，而叠层式鸡笼可采用活动底板的机械出鸡，即抽下地板后，鸡落在传粪带上，经传粪带输送到出鸡端，再由横向输送机运出舍外（图4.28~图4.30）。

图4.28　横向输送机

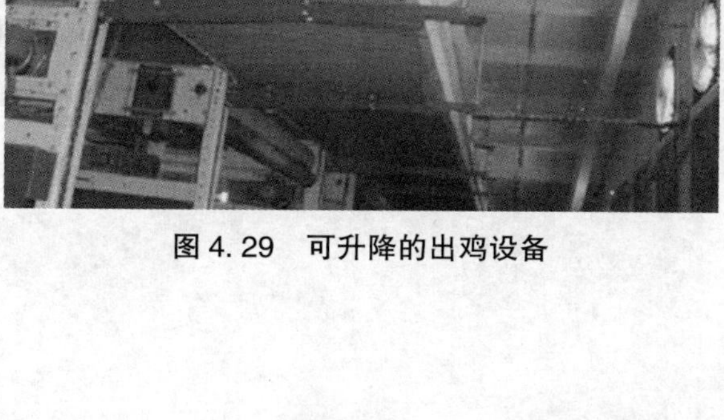

图4.29　可升降的出鸡设备

图 4.30　出鸡设备

7. 粪便的清理及运出　网上平养，一批鸡养完后，集中清粪消毒（图 4.31），但舍内氨味较重。

图 4.31　网下集中清粪

网下采用刮粪板，每天清理粪便（图 4.32）。

笼下采用履带式输粪机，运到一端，再由横向和斜向输粪机运到舍外的车上或输送到鸡粪处理场（图 4.33～图 4.35）。

图 4.32　网下刮粪板

图 4.33　履带式输粪设备

图 4.34　横向输粪设备

图 4.35　斜向输粪设备

第五章　规模化商品鸡场选址及总体布局

第一节　场址的选择

场址选择首先应考虑当地土地利用发展规划和村镇建设发展规划，其次应符合环境保护的要求，不能在水资源保护区、旅游区、自然保护区等投资建场，以避免被拆迁造成各种资源浪费。满足规划和环保要求后，才能综合考虑拟建场地的自然条件（包括地势、地形、土质、水源、气候条件等）、社会条件（包括水、电、交通等）和卫生防疫条件，决定建场地址。

养鸡场的环境应符合国家标准《农产品安全质量 无公害畜禽肉产地环境要求》（GB/T18407.3—2001），必须选择在生态环境良好、有清洁水源、无或不直接受工业“三废”及农业、城镇生活、医疗废弃物污染的区域，至少在养殖区周围500 m范围内及水源上游没有受到上述污染。同时，也要避开水源保护区、风景名胜区、人口密集区等。具体还要考虑以下几方面问题。

一、周围环境

场址应该选在交通便利的地方，有利于饲料、鸡只等的运输，但要与主要交通干道保持300～500 m的距离，并通过修建专用道路使养鸡场与主干道相连；与其他养禽场间距应在1 000 m以上，同时与工矿企业、机关学校、市场、居民区等保持较远的距离，防止饲养场受外界环境的影响，也有利于防疫。为了避免引起与附近居民的环境污染纠纷，最好把地点选在当地居民居住地的主风向下风处，但要离开居民点污水排出口。不应选在化工厂、屠宰厂、制革厂等容易造成环境污染企业的下风处或附近。

二、地形地势

地形地势包括场地的形状及坡度等，理想的养鸡场应当建在地势高燥、排水良好、背风向阳、地势平坦或略带缓坡的地方。不能选择沼泽地、低洼地、四面有山或丘陵的盆地或山谷风口。若饲养场建在山区，应选择较为平坦、背风向阳的坡地，这种场地具有良好的排水性能，阳光充足并能减弱冬季寒风的侵害。坡度不宜太大，否则不利于生产管理与交通远输。地形比较平坦的坡地，每100 m长高低差应保持在1~3 m为好，这不仅可以避免山洪雨水的冲击与淹没，也便于场内污水排出，保持场内干燥。一般来说，低洼潮湿的场地，有利于病原微生物和寄生虫的生存，不利于鸡的体温调节，并严重影响建筑物的使用寿命。在南方的山区、谷地或山坳里，鸡舍排出的污浊空气有时会长时间停留和笼罩该地区，造成空气污染，这类地形都不宜做养鸡场场址。

地形要开阔整齐，不要过于狭长或边角太多，场地狭长往往影响建筑物合理布局，拉长了生产作业线，同时也使场区的卫生防疫和生产联系不便。此外，养鸡场不宜建在山坡的北坡上。

三、水源和水质

饲养场用水量大，在饲养生产过程中，鸡群的饮水、鸡舍和用具的洗涤、员工生活与绿化等都要使用大量的水。一个规模有10万只的鸡场，每日饮水需要10~18 t，其他用水近50 t。所以，建造一个养鸡场必须有一个可靠的水源。水源应符合以下要求：

（1）水量充足。能满足各种用水，并应考虑防火和未来发展需要。

（2）水质良好。不经处理即能符合饮水标准的水最为理想。

（3）便于防护。保证水源水质经常处于良好状态，不受周围环境的污染。

（4）取用方便。设备投资少，处理技术简单易行。

水质主要指水中病原微生物和有害物质的含量。一般来说，采用自来水供水时，主要考虑管道口径是否能够保证水量供应；采用地面水供水时，要调查水源附近有没有工厂、农业生产和牧场污水与杂物排入，最好在塘、河、湖边设一个岸边砂滤井，对水源做一次渗透过滤处理；多数采用地下深井水供水，井深应超过10 m以上。地面和深井供水的，应请相关部门进行水质检测，合格的才能取用，以保证鸡和场内职工的健康和安全。

四、土壤

要求土壤透气透水性能良好，无病原和工业废水污染，以沙壤土为宜。这种土壤疏松多孔，透水透气，有利于树木和饲草的生长，冬天可以增加地温，夏天可以减少地面辐射热。砾土、纯沙地不能建饲养场，这种土壤导热快，冬天地温低，夏天灼热，缺乏肥力，不利于植被生长。应尽可能用非耕地，在丘陵山地建场要选择向阳坡，坡度不超过20°，土壤质量符合国家标准（GB15618—1995）的规定。

五、供电

充足的电源很重要。鸡场很多设备都是靠电力驱动的，如果供电不足将影响整个鸡场的运行，影响鸡的健康成长。自动化程度越高的鸡场，越要保证电力的充足，必须自备发电机。

第二节　总体布局

鸡场规划的原则是在满足卫生防疫等条件下，建筑紧凑，在节约土地、满足当前生产需要的同时，综合考虑将来扩建和改建的可能性。鸡场的环境规划是鸡场环境工程设计的总体规划和布置。总平面布置是各种房舍的平面相对位置的确定，它包括各种房舍分区规划、道路规划、绿化的布置、供水排水和供电等管线的线路布置以及场内防疫卫生环境保护设施的安排。合理的总平面布置可以节省土地面积，节省建场投资，给管理工作带来方便的条件。否则，生产流程混乱，道路迂回逆转，不仅浪费了土地和资金，还会给日后工作造成很多不便。因此，鸡场的环境规划和总平面布置是一项十分重要的工作，要综合分析研究各种因素给以科学的安排布置。切勿只注意鸡舍建筑的单体设计而忽视总体环境规划的设计。

一、鸡场规划布局

总体布局原则：满足生产工艺要求，创造良好生产和生活环境；合理利用地形，减少土方量，降低造价，节约土地；保证建筑物满足采光、通风、防疫、防火等间距要求；充分考虑废弃物处理与利用，保证清洁生产；长远考量，留有发展余地。

按夏季主导风向，管理区应位于生产区的上风向或侧风向，隔离区应位于生产区的下风向或侧风向。各区之间用隔离带隔开，并设置专用通道和消毒设备，保障生物安全。

鸡舍朝向应兼顾通风和采光，鸡舍纵向轴线与常年主导风向呈 30°~60°。

鸡舍之间间隔应考虑采光、通风和防疫。

$$L_{采光} = (1.5\sim2)H$$

式中，$L_{采光}$——满足两个舍采光要求的间距；H——舍的檐口高度。

地理纬度越高，系数的取值应越大

$$L_{通风} = (3\sim5)H$$

式中，$L_{通风}$——满足两个舍通风要求的间距；H——舍的檐口高度。

风向入射角为 0°时取（4~5）H，30~60°时取 3H；自然通风时取 5H，机械通风时取 3H。

$$L_{防火}=(3\sim5)H$$

式中，$L_{防火}$——在没有任何保护措施的情况下，建筑物不会因为相邻建筑物起火的热辐射作用而引起火灾的安全距离；H——舍的檐口高度。

鸡舍为二、三级耐火等级建筑物，防火间距应在8~12 m以上。

鸡舍的供水、供电、供暖等设施应靠近生产区的负荷中心布置。

二、规模化鸡场功能区划分

鸡场功能分区包括生活管理区、辅助生产区、生产区、隔离区、粪污处理区。

1. 生活管理区 位于场区上风向和地势高燥处，处于场区主要出入口，接近交通干线便于内外联系。

2. 辅助生产区 位于生产区上、侧风向，位置适中，便于联系生活管理区和生产区。

3. 生产区 位于生活管理区和辅助生产区之间，应设围墙和必要的隔离设施；入口处应设人员及车辆消毒设施；位置应接近场外道路，方便运输。

4. 隔离区、粪污处理区 位于场区的下风向或地势较低处；与生产区之间应保持适当的卫生间距和绿化隔离带；与生产区和场外的联系应有专门的大门和道路。

三、不同功能区的建筑组成

根据鸡场组织生产、生物安全、环境控制等要求，设置生产、公共配套、管理、生活、防疫和粪污无害化处理等设施，具体工程可根据工艺设计和饲养规模实际需要增删。

按建筑设施的用途，鸡场建筑共分为五类：行政管理用房，包括行政办公室、接待室、会议室、图书资料室、财务室、值班门卫室以及配电、水泵、锅炉、车库、机修等用房；职工生活用房，包括食堂、宿舍、医务、浴室等房舍；生产性用房，包括各种鸡舍、孵化室等；生产辅助用房，包括饲料库、蛋库、兽医室、消毒更衣室等；间接生产性用房，如粪污处理设施处等。以上为一般必需的房舍建筑，根据生产任务、规模不同还有其他房舍，如大型工厂化养鸡场需设病鸡剖检、化验室，以及生产统计等房舍，可根据工作性质分别列入相应类别用房之内。

四、分区规划

1. 分区规划的原则 鸡场各种房舍和设施的分区规划，主要从有利于防疫，有利于安全生产出发，根据地势和风向处理好鸡场内各类建筑的安排问题。即就地势的高低、水流方向和主导风向，将各种房舍和建筑设施按其环境卫生条件的需要次序给予排列。并首先考虑人的工作和生活集中场所的环境保护，使其尽量不受饲料粉尘、粪便气味和其他废弃物的污染；其次需要注意生产鸡群的防疫卫生，尽量杜绝污染源对生产鸡群环境污染的可能性。地势与风向根据防疫环境条件的要求，则按人、鸡、污的排列顺序排列各房舍顺序，如地势与风向在方向上不一致时，则以风向为主。对因地势造成水流方向的地面径流，可用沟渠改变流水方向，避免污染应受保护的鸡舍；或者利用侧风向避开主风，将需要重点保护的房舍建在“安全角”的方向，免受上风向空气污染。根据拟建场区土地条件和可能性，也可用林带相隔，拉开距离，将空气自然净化。对人员流动方向的改变，可筑墙阻隔，防止流窜。总之，养鸡场分区规划应注意的原则是：人、鸡、污，以人为先，污为后的排列顺序；风与水，则以风为主的排列顺序。

2. 各分区的布局规划 鸡场分区规划布局顺序如图 5.1 所示。鸡场的分区规划，要因地制宜，根据拟建场区的自然条件——地势地形、主导风向和交通道路的具体情况进行，不能生搬硬套采用别场图纸，尤其是鸡场的总体平面布置图更不能随便引用。

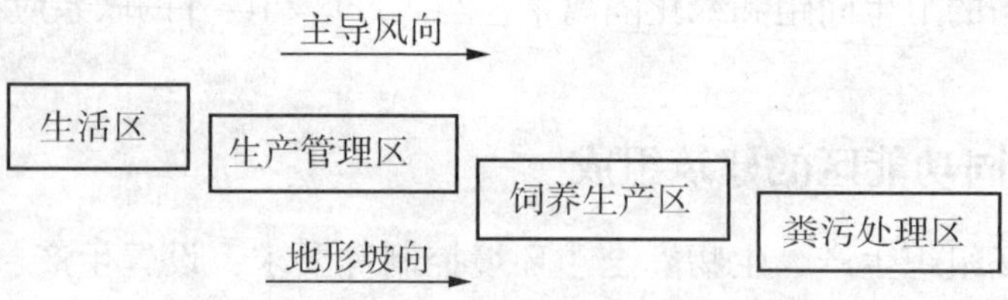

图 5.1 按地势、风向各区规划先后顺序

五、鸡场房舍功能

专业性鸡场的鸡群单一，鸡舍功能只有一种，涉及布置的问题只是生产辅助性用房和建筑设施。如料塔、饲料库、粪污处理场等。我国像德青源这类的大型养鸡集团，已经实行了专业的青年鸡场和蛋鸡场的分别设置，但大部分地区尚未形成完善的良种生产体系，种鸡群布点各地区不均衡，难以按期保证供应各场所需要的种蛋及种雏，从而难以实现整场全进全出的专业生产方式。因此，自行配套的“小而全”“大而全”综合性鸡场是普遍存在的。这虽非方向，但也为不得已的权宜之计。下面将以综合性鸡场为例对场区房舍功能关系进行分析。

1. 主要依据 根据设计任务书和鸡场生产工艺流程简图，将相应各建筑物的功能关系做好分析。功能关系即房舍的功能和彼此间的工作联系。在考虑平面布置方案时，以生产工艺流程中工作联系最频繁、劳动强度最大、养鸡生产最关键的环节为中心，同时兼顾防疫卫生、提高工效、缩短管线道路等三个方面，统筹规划，合理安排各种房舍的平面位置，做出鸡场总平面布置图，以有利于组织生产。

（1）鸡场的生产工艺流程：综合性鸡场从孵化开始，育雏、育成、蛋鸡以及种鸡饲养，完全由本场解决。各鸡群间生产工艺流程顺序，优质肉种鸡场为种鸡（舍）-种蛋（室）-孵化（室）-育雏（舍）-育成（舍）-产蛋鸡（舍）。肉鸡场的产品为肉用仔鸡，多为一次育成出场，育雏、育成并为一幢鸡舍，即肉鸡舍。

综合性鸡场，由于鸡群类型较多，鸡舍的种类也相应增多。此外还有生产辅助性用房和行政管理用房及生活用房，其房舍功能概括起来有如下内容：种鸡群的饲养管理；孵化以及种蛋保存处理；育雏及肥育；产蛋鸡的饲养管理；饲料储存、运送——料库、车库；配电、供水、供暖——水泵、锅炉房；种蛋保鲜库；兽医防治及病鸡处理；粪便、污水处理；行政管理及生活用房。

无论是专业性鸡场，还是综合性鸡场，育雏区要优先安排，而且与成年鸡区应保持一定的距离，需要工程防疫设施给予防护，力求杜绝疫病的交叉感染。有条件时，最好另设分场，专养幼雏。综合鸡场两群雏鸡舍及设备功能相同时，可在同一区域内培育，做到全进全出。种鸡雏、商品雏繁育代次不同，必须有分群分养的条件，以保证鸡群的质量。

（2）鸡场工艺流程：鸡场内有两条最主要的流程，一条为饲料（库）-鸡群（舍）-产品（库），这三者间联系最频繁，劳动量最大；另外一条流程线为饲料（库）-鸡群（舍）-粪污（场），其末端为粪污处理场。饲料库、蛋库和粪场均要靠近生产区，但不能在生产区内，因为三者需与场外联系。饲料库、蛋库和粪场为相反的两个末端，因此其平面位置也应是相反方向或偏角的位置。

2. 应注意的三个方面

（1）卫生防疫条件：综合性鸡场鸡群组成比较复杂，种鸡群、生产鸡群和雏鸡育成鸡群同时存在于一个鸡场中，对生产管理和防疫工作十分不利。因此进行总平面布置时，与其相应的鸡舍建筑于饲养区（生产区）内还要分区规划，形成小区，为改善防疫环境创造有利的条件。各个小区之间既要联系方便，又要有防疫隔离的条件。

根据鸡场的工艺流程，综合性鸡场的总平面布置，应该把同一功能的鸡舍相对集中，按其流程顺序，并将与其衔接的两个生产环节尽量靠近。各种鸡舍的平面位置，应该根据鸡群的经济价值和鸡群自然的免疫力，并以防疫需要为主依次排列。种鸡生产小区的防疫环境应优于商品鸡生产小区；两个小区中的育雏育成鸡小区的防疫环境又应优于成年鸡小区，而且育雏育成舍与成年鸡舍的间距要远远大于本群鸡舍的间距，并需设沟、墙（或树木、绿篱）、门卡等隔离条件，以确保育雏育成鸡群的防疫安全。为了充分发挥雏鸡舍的利用率，综合性鸡场的种鸡和蛋鸡的育雏鸡，往往采用统一培育，只在种鸡区内设育雏育成鸡舍，为两个小区培育育成鸡。

有条件的地方，综合性鸡场内各个小区可以扩大距离，形成各个专业性的分场，便于控制疫病。

孵化室与场外联系较多，如在一个综合场内，宜建在靠近场前区的入口处，不宜深入场区尽头深处，而且与场内鸡群有隔离条件。如另设分场，则可以在专用道路的入口处单独建点。种鸡虽为鸡场的核心，但种鸡舍不能布置在鸡场的中心位置。

专业性鸡场专门饲养某种鸡群，工序简单，鸡舍功能单一，生产工艺技术专业性强，如原种鸡场、种鸡场、肉鸡场，还有专门饲养雏鸡、育成鸡的育成鸡场。专业化鸡场由于任务单一，鸡舍类型不多，容易做好卫生防疫工作，总平面布置牵涉问题少，安排布置也比较简单，只需把分区规划搞好，注意生产区鸡群的防疫安全、有利于提高劳动生产率的安排布置和相应设施的位置。

(2) 劳动生产条件：虽然鸡场在某些饲养管理工作上可以采用劳动力密集型的饲养工艺，不必追求机械化程度，但是在生产管理中某些环节，必须施行机械化管理，以减轻人的劳动强度，改善劳动条件。要从长远考虑，为某些生产管理环节将来施行机械化或提高机械化水平，留有余地。与鸡场总平面布置有关的机械化有两个方面：供水系统，从水源提水到各幢鸡舍饮水设备全过程机械化、自动化；运输系统，连接饲料库、蛋库或肉鸡屠宰处理以及屠体冷藏处理，粪便堆存处理场和污水处理池的机械化、系列化。

进行鸡场总平面布置规划设计，需将各种鸡舍排列整齐，便于饲料、粪便、产品、供水等直线输送，减少转弯拐角及机械停行，以提高机械效率、降低功耗。

养鸡生产机械化是现代化养鸡的一个重要方面，它将随着我国国民经济发展而日趋完善。同时也要认识到，我国幅员辽阔，各地条件不同，在考虑鸡场总体平面布置规划设计时，还要根据现场条件和对机械化程度的要求以及机械化类型、机具选型配套等，因地制宜地给以安排。

(3) 道路管线铺设：鸡场内道路、上下水管道、供电线路的铺设，是鸡场建筑设计中的一项重要内容，这些线路的设计直接关系着建材和资金的使用，而这些道路管线的设计又直接受建筑物的排列和场地规划设计的影响。因此，在考虑总平面布置时，在保证鸡舍之间所应有的卫生间隔的前提下，各建筑物排列要紧凑，间距要尽量缩小，以缩短修筑道路、铺设给排水管道和架设供电外线的距离，节省建筑材料和建场资金。

改建或扩建鸡场，应该很好研究已有的房舍建筑能否利用，尽量减少拆迁。如果可以利用，只是某些方面不合适，则可做些必要的翻改和增建。如翻改、增建比拆改重建所耗工料大，或翻改、增建后违反工艺流程和防疫要求，则需要考虑重建方案。改建或扩建，必须有一个完整的工艺设计和总体规划设计方案，拆改、增建必须根据新的总体平面图进行。

六、鸡舍朝向和间距

鸡舍朝向和间距是鸡场总平面布置的一项重要内容，它关系着鸡场占地面积，与防疫、排污、防火的关系也很大，需要慎重地考虑和研究。鸡舍朝向的选择与鸡舍采光、保温和通风等环境效果有关，主要是对太阳光、热的利用和对主导风向的利用。阳光可以影响光照，太阳辐射影响鸡舍内环境温度；主导风向对鸡场的排污、鸡舍内的通风换气效果及鸡舍内的温度等均有影响。鸡舍的间距应从防疫、排污、防火和节省占地面积等四方面的要求给予确定。

1. 影响鸡舍朝向的四个因素

（1）光照：太阳光是很好的自然光源，是促进雏鸡正常生长、发育和产蛋鸡的产蛋等不可少的环境因素。阳光中的紫外线有很好的杀菌消毒作用，是净化场区环境的有效“杀菌剂”。

我国大多地处北纬20°~50°之间，各地太阳高度因季节和地理纬度不同而有差异，各地房舍的朝向也因自然因素和风俗习惯等原因各有不同。我国处于北半球，若鸡舍朝南，冬季日光斜射，可以利用太阳辐射的温度效能和射入鸡舍内的光束给鸡舍保温。夏季日光直射，太阳高度角大，因此直射光射入鸡舍的并不多。故我国大部分地区，选择南向的方位较多是符合科学道理的。采用自然光照，光照强度偏大，高出鸡舍所需10~25 lx的强度十几倍到几十倍，往往造成光害——啄癖，需要注意遮光，如加长出檐、窗面涂暗等。

（2）太阳辐射：太阳辐射热总量随地理位置、季节和朝向的不同而变化，冬季需要利用，夏季则需避开，各地应依据当地的冬、夏季太阳辐射热总量对鸡舍的利害因素来选择鸡舍朝向。

（3）冷风渗透：由于冬季主导风向对鸡舍迎风面所造成的压力，致使墙体细孔不断由外向内渗透寒气，成为冬季鸡舍的冷源，是鸡舍温度下降的重要因素。冷风的压力还会使鸡舍围护结构的外表面加速与外面空气间的热交换，致使鸡舍围护结构内外表面温差加大，造成鸡舍的失热。

（4）通风效果：自然通风鸡舍的朝向与通风效果有密切关系，鸡舍需要借助自然气流来达到舍内的通风换气。因此，气流的均匀性和通风量的大小，主要看进入鸡舍的风向角度。如风向角为0°，从窗口而入的气流则以最短路线流向对面的窗子，两侧墙壁相对的开口（窗子或风洞）形成“穿堂风”；而窗间墙的区域则没有气流，形成无风带或称作“滞流区”。如果改变鸡舍的方位（朝向），使鸡舍与主导风向有些角度，则鸡舍内气流的均匀性加强，滞流区相应缩小，到风向角为45°时，滞流区最小，通风效果最佳。当风向角为90°时，即鸡舍与主导风向平行，两面墙壁风压系数相等，失去了由风压造成的通风动力差，故此时通风效果最差，通风量等于零。但是，如果在迎风面的山墙上开一个孔洞（气窗），可在鸡舍内造成短浅的少量纵向气流，气流流向鸡舍两面墙壁的开口或窗子。

2. 决定鸡舍间距的四要素

（1）防疫要求：鸡群以鸡舍分群，鸡舍是鸡群防疫隔离的条件。因此，应尽量杜绝或减少鸡舍之间的相互感染。鸡舍借通风系统经常地排出污秽气体和水汽，这些气体和水汽中夹杂着饲料粉尘和微粒，如某幢鸡舍中的鸡群发生了疫情，病原菌常常是通过排出的微小物粒而被携带出，威胁着相邻的鸡群。为了防疫，鸡舍排出的污气，不能进入相邻鸡舍。为此，从卫生防疫要求确定鸡舍间距时，应取最为不利时的间距所需的数值，即当风向与鸡舍长轴垂直时背风面涡旋范围最大的间距。同济大学烟风洞剖面模型的试验结果表明，背风涡旋区长度与鸡舍高度（H）之比为5∶1。因此，开放型鸡舍间距应为$5H$。当主导风向入射角为30°~60°时，涡旋长度约缩小到$3H$，此时对开放鸡舍的防疫、通风更有利。封闭型鸡舍、横向通风鸡舍多采用相邻鸡舍相向排气和进气，故影响不大，$3H$的间距即可满足防疫的要求。纵向通风鸡舍风机全部安装在一侧山墙上，利用污道而不是鸡舍间的空地作为排风区，因而可以取消鸡舍间隔，建成连栋鸡舍。

（2）排污要求：为了改善鸡场的环境，有效地排除各幢鸡舍排入场区的污秽气体氨、二氧化碳、硫化氢等鸡体代谢和粪污发酵腐败所产生的气体，以及粉尘、毛屑等有毒有害物质，鸡舍的间距大小要考虑场区的排污效果。开放型鸡舍场区排污需要借助于自然通风，要利用主导风向与鸡舍长轴所形成的角度，适当缩小鸡舍间距，同济大学所做鸡舍模型烟风洞试验结果表明，当风向角为30°~60°时，背风面的涡旋区较小，此时用1.3~1.5H的鸡舍间距，鸡舍建筑群内仍会获得比较好的排污效果。因此，合理的组织场区通风，使鸡舍长轴与主导风向形成一定的角度，是可以以较小的鸡舍间距达到较好的排污效果的。整场或小区全进全出的相邻鸡舍，间距可以很小，甚至可以连栋鸡舍。

（3）防火要求：消除安全隐患，防止事故发生是安全生产的保证。鸡场的防火问题，除了在确定结构的建筑材料抗燃性能外，建筑物的防火间距也是一项主要的防火措施。鸡舍的防火间距可以参照民用建筑的防火间距规定，民用建筑的最大防火间距是12 m，鸡舍多为砖混结构，无须采取最大防火间距，多采用10 m左右，相当于2~3H。一般能够满足防疫要求的间距，也可满足防火等其他间距的要求。

(4) 节省占地面积：鸡舍间距还要考虑经济利用土地的问题，不能只注意防疫、排污、防火的问题而忽略占地多少，单纯强调防疫而一味追求扩大间距是不适宜的，特别是在农区和城郊建场，更要节约用地。进行养鸡场总体布置时，需要根据当地土地资源及其利用情况，参照拟建鸡场的任务特点给予确定。对建场占地，国家应有限额标准，如规定场地面积与建筑面积的比值，建筑面积中生产与其他房舍面积的比值，鸡舍面积与辅助面积的比值，以及鸡场场地单位面积产蛋量、产肉量和土地肥瘠、沙荒程度。这些数值，均有待于农业建筑环境工作者就我国的特点做好调查总结，科学论证，使防疫与占地符合科学规律。

与确定鸡舍间距有关的还有日照的因素。日照所需间距主要考虑相邻鸡舍的日照遮阴问题，按民用建筑的日照间距要求即可，应为1.5~2H。

综上所述，鸡舍间距的大小，出自不同要求与鸡舍高度的比值各有不同：排污间距为2H；防火间距为2~3H；日照间距1.5~2H；防疫间距视鸡舍形式的不同而有差别，为3~5H。综合几种因素的要求，取3~5H的间距，即可满足各方面的要求。

七、鸡场道路

道路是总体布置的一个组成部分，是场区建筑物之间、建筑物与建筑设施、场内与场外联系的纽带。它对组织生产活动的正常进行、卫生防疫及提高工作效率起着重要作用。它的主要功能是为人员流动，运输饲料、产品和鸡场的废弃物提供便捷。因此，需要合理的布置和设计。

1. 分道布置 为了场区环境卫生和防止污染，场内道路应该净、污分道，互不交叉，出入口分开。净道是饲料和产品的运输通道；污道为运输粪便、死鸡、淘汰鸡及废弃设备的专用道。为了保证净道不受污染，在布置道路时可按梳状布置；道路末端只通鸡舍，不再延伸，更不可以与污道贯通。净道和污道以草坪、池塘、沟渠或者是果木林带相隔。

与场外相通的道路，至场内的道路末端终止在蛋库、料库及排污区的有关建筑物或建筑设施，绝不能直接与生产区道路相通。

2. 道路的纵横断面 是指沿道路中心线纵向所做的截面，纵断面的设计包括路的标高和纵坡度。道路的标高必须与附近道路各交叉口及道路规定的建筑线的标高、重要的地上地下建筑物的标高及竖向布置相配合。

道路的纵坡度与当地的地形特征有很大关系。平原地区自然地形坡度平缓，道路的纵坡度与自然地面坡度易于接近，因此土方量小。山区、丘陵须选用较大的纵坡度，对车辆行驶不利，主要行车道路的最大纵坡度不可大于6%~7%，一般道路的纵坡度为8%~10%。

为满足道路的标高和纵坡度的要求，需要借助于土石方工程。纵断面的设计既要使运输方便，有利于车辆行驶，也要注意节约土石方工程量。

道路的横断面是指垂直于道路中心线所做的截面。道路的横断面可以反映出道路的宽度和地上地下各种设施的位置。养鸡场道路的宽度要考虑鸡场的人员和车辆运输和流量，主要着重于行车道。人行道和便车道的人车流量小，不宜宽大。

横坡基本上采用两种形式：凸形横断面是从路中心向道路两侧倾斜，雨水能迅速流向两旁，从明沟或暗管排除；单向倾斜横断面，从路一侧排水，这样可以节省土方和排水系统的建筑费用，道路横坡度见表5.1。

表5.1　道路横坡度

路种	路面结构	横坡度（%）
行车道	水泥混凝土	1~1.5
	沥青混凝土	1.5~2.5
	沥青碎石或表面处理	2.0~2.5
	修整石块	2.0~3.0
人行道	砖石铺砌	1.5~2.5
	碎石、砾石	2.0~3.0
	沙土	3.0
	沥青面层	1.5~2.0

八、鸡场绿化

鸡场绿化不仅可以美化环境、改善鸡场的自然面貌，而且能够保护鸡场环境，促进安全生产，提高鸡场经济效益。绿化与果木、蔬菜、牧草结合，可以直接提供产品，为鸡场增加收入。一般在总平面设计中，将植物的作用与鸡场生产功能结合考虑，合理种植，使绿化对鸡场生产起促进作用。

1. 绿化环境的自净作用

（1）改善鸡场小气候：树木叶面面积为种植面积的75倍，草地为25~30倍，由于叶表面水分的蒸发和绿色植物的光合作用大量吸收太阳辐射热，从而降低周围的空气温度。叶面蒸发的水汽，降低了树木、草地上方空气的透明度，也减弱了日辐射光能，树冠可遮挡50%~90%的太阳辐射热，草地遮挡80%。树木和草皮的蒸发、光合和遮阴等作用，使树下地面上方的温度降低2~3℃。鸡舍周围植树种草使进入鸡舍的空气经过“预冷”，无疑降低了夏季舍内温度。冬季由于树木枝叶的阻挡和摩擦，可以减低气流速度，缓和了气流对鸡舍的袭击。鸡场四周的防护林带，特别是迎风面的林带，可减轻冬季风对鸡舍造成的危害。防护林带的防风范围可达树高的 15~20 倍。

（2）净化空气、保护环境：由于鸡群的呼吸作用和废弃物的发酵腐败，鸡舍不断地散发出二氧化碳、氨气和硫化氢。绿色植物可以利用太阳能吸收二氧化碳放出氧气。据试验，1 hm^2 阔叶林在生长季节每天吸收二氧化碳量可达 1 t，放出氧气 0.73 t。植物还能从周围空气中吸收可以满足植株需要的总氨量的 10%~20%。有些树种还可以吸收其他有毒有害气体，如槐、柳、杉、柏、梧桐等可以吸收二氧化硫，柳杉混交林每年每公顷吸收二氧化硫 720 kg。铺地柏、珊瑚树、广玉兰还可以吸收一定量的氟。

（3）吸尘灭菌、消毒空气：树木叶面上的纤毛、树脂，枝条树皮的纹理细缝均可吸收空气中的尘埃而使空气中尘埃的含量降低，如云杉林每年吸尘 32 t/hm^2，油松林每年吸尘 36 t/hm^2。由于树木、草地降低了局部地段的风速，使尘埃可以降落到地面，遇雨冲洗到土壤中。自然界相当数量的细菌是吸附在尘埃中的，鸡舍排出的粉尘也携带着大量的毛屑和其他污染物。经树木、草皮的吸附、过滤，经雨淋洗不断清除，空气中细菌和污染源的含量减少。此外，树木在其生命活动过程中，可以产生大量的臭氧（O_3），有些绿色植物还能分泌具有杀菌性的挥发物质，可以消灭单细胞微生物和病原菌。据测定，柏树林每昼夜分泌杀菌素 32 kg/hm^2。

（4）增强防火效果：树木枝叶蒸发水分及枝叶层间含有大量的湿气，可以提高树木草地环境的相对湿度，如杨树林夏季每日每公顷蒸腾 57 t 以上的水。湿度的增加和林带减弱风势，大大增强了防火效能。

（5）其他作用：绿化可以减弱噪声对鸡群的影响，阔叶树木树冠能吸收 26%的音能，夏季树叶茂密时可降低噪声 7~9 dB，秋季可降低 3~4 dB。植物能够通过根系吸收水和土壤中溶解的有害物质以净化水质和土壤。植物的净化空气、消毒灭菌、防火作用等有利因素，可以缩短鸡场分区间隔，从而节约鸡场建筑用地。鸡场绿化选用经济价值高的植物如果木、油料、药用植物，可以使鸡场增加收益。此外，植树种草美化环境，选择树种花草时配植一些观赏植物和花卉，使鸡场场地园林化，人们工作于空气清新的绿色花园中，有助于身心健康，提高工作效率。

2. 养鸡场的绿化布置　绿化布置是总平面布置中的组成部分，需要与总图设计统一规划，绿化园地目的性明确，发挥各种树木的功能作用，美化环境。养鸡场的绿化林木有下列几种。

（1）防护林带：以降低场区风速为目的，防止低温气流、风沙对场区和鸡舍的侵袭。防护林带有主林带和副林带之分。主林带位于场区迎冬季主风边缘地段。副林带多配置在非主林带地段的其他三方向边缘地段。主林带的宽度一般为 5～8 m，植树行数视当地冬季主风的风力而定，株距 1.5 m，行距 1.5 m，呈“品”字形栽植。树种选择乔木、灌木和高树、低树搭配栽植，主林带植以枝条较稠密的树种和不落叶的树种，如槐、柳、柏、松树为宜，以高大的乔木为好。副林带的行数较少，其他方面与主林带相同。由于通风排污的需要，树林修剪时副林带的树冠应高些，树干保留在 4～5 m，灌木也应疏枝。

（2）隔离绿化：鸡场的各分区之间和沿鸡场四周围墙，应设隔离的绿化设施，包括防疫沟和树木、水草、灌木，以绿篱的形式为好。如防疫沟旁有路也可与行道树的配置统一考虑。场区围墙与场区地界很近，可与防护副林带结合起来。防疫沟水面放养水生植物，俗称“三水一萍”，即水浮莲、水葫芦、水花生和浮萍。也可种植其他水生植物，如莲藕、慈姑、茭白等。

（3）遮阴植物：散养鸡舍运动场四周，笼养和网养鸡舍间距，均需要植树种草，尽量给以完善的绿色覆盖。鸡舍间距的绿化，既要注意遮阴效果，又要注意不影响通风排污；尤以开放型鸡舍更应注意不影响鸡舍窗洞的进风。在植物配置方面可选遮阴的树种，如柿、枣、核桃等枝条长、树冠大而透风性好的树种，在修剪树型时，宜使树干高过鸡舍屋檐，对舍前棚架植物下部枝叶也需注意疏剪。散养鸡舍运动场树木也应选择遮阴树种，以相邻两株树冠相接，又能透风为好。

（4）行道树：鸡场内道路两旁的绿化，以遮阴、吸尘为主要目的，同时也应注意通风排污的效果。与风向平行的道路宜种植树冠大、叶小而密的树种，如槐树、柳树、榆树和小叶杨。与风向垂直的道路宜植枝条长而稀的树种，如合欢、梧桐、杨树。或者种植植株较矮的灌木，如夹竹桃、黄杨等。

3. 树木的密度及与建筑物的水平间距 树木种植的密度通常为成年树冠的宽度或稍小于成年树冠宽度。为了在短期内收效，可以在种植时加大植树密度，为成年树冠宽度的 1/2、1/3 或 1/4。还可以利用两种或多种配置，把生长快的树种做第一、二次间伐或移植。

树木种植时，应注意树木与建筑物的水平距离，以免树根破坏建筑物基础或影响通风排污效果。

第六章　规模化商品鸡场生产建筑工程设计

第一节　设计原则

一、创造适宜的环境

满足鸡群对鸡舍小气候的要求，不同生产阶段的鸡群对环境温度、湿度、光照、通风与空气洁净程度的要求不尽相同，要通过房舍结构和环境控制方法的设计使要求得到满足或基本解决。一个适宜的环境可以充分发挥鸡的生产潜力、提高饲料利用率。

二、符合生产工艺要求，保障生产的顺利进行和畜牧兽医技术措施的实施

鸡舍设计要适合预定生产工艺的需要，必须与生产设备相配套。如笼养鸡舍的长度、宽度应使鸡笼数量与安装合适，走道便于操作等，便于畜禽养殖的科学饲养管理。在建筑畜禽车间时，应充分考虑到建筑空间和安装机械设备的操作方便性，降低劳动强度，特别是随着劳动用工成本的不断增加，要节省劳动用工人数，减少劳动费用的支出，充分提高劳动安全性和实施劳动保护。

三、严格卫生防疫，防止疫病传播

通过合理修建鸡舍，为鸡只创造适宜环境，将会防止或减少疫病的发生。此外，修建鸡舍时还应注意卫生要求，以利于兽医防疫制度的执行。例如，确定鸡舍的朝向，安装消毒设施，合理安置污物处理设施等。

四、做到经济合理，技术可行

在满足以上几项要求的前提下，鸡舍修建还应尽量降低工程造价和设备投资，以降低生产成本，加快资金周转。因此，在满足畜禽养殖功能需要的前提下，应考虑建筑材料的选取、要素配置的相对经济性和生产实践的实用性。此

外，鸡舍设计方案必须是通过施工能够实现的，否则，方案再好而施工技术上不可行，也只能是空想。

第二节　鸡舍建筑类型

鸡舍的建筑类型根据鸡舍窗墙的特点可以分为开放式或半开放式鸡舍、有窗式鸡舍、密闭式鸡舍；根据饲养方式的不同可以分为地面平养鸡舍、网上平养鸡舍、地网结合式鸡舍和笼养鸡舍。

一、根据鸡舍窗墙特点分类

1. 开放式或半开放式鸡舍　鸡舍仅有立柱支撑屋顶，四周无墙壁或仅有半高墙，或仅一侧有墙。属于一种简易鸡舍，受自然环境影响较大，鸡群的生产性能不能充分发挥，舍内小环境表现出极大的不稳定性。但是这种鸡舍建筑投资小，资金效率高，适宜于南方高温地区。

2. 有窗式鸡舍　鸡舍侧壁设有窗户，可以充分利用自然光照和通风，关闭窗户后也可以进行机械通风。舍内环境受自然气候的影响较大，如果设计合理，既能充分利用自然环境条件，又可以减轻高温和寒流对鸡群的威胁。有的鸡场将有窗鸡舍的窗户遮黑、封严，可以当作密闭鸡舍使用。

3. 密闭式鸡舍　鸡舍四壁封闭，两侧不留采光墙、通风窗，只有面积很小的应急窗，两侧山墙上的门也常常关闭着。舍内的温度、湿度、光照、通风条件等环境完全靠水帘、风机、进风小窗等设备来控制。其优点是可以人为地给鸡创造良好的生长环境，满足不同生长阶段鸡对温度、湿度、光照、通风等条件的要求，有利于最大限度地发挥鸡的生产性能，且管理方便；缺点是建设投资大、运作耗能多，对电的依赖性极强，需要配备发电设施，否则极易造成重大经济损失。适用于饲养规模大、效益高的鸡群，在规模化鸡场中应用广泛。

二、根据饲养方式分类

1. 地面平养鸡舍　鸡群整日活动、采食、饮水及生长或者生产都在舍内地面上，这种方式主要用于养肉仔鸡或育成鸡。多为有窗式或开放式鸡舍，地面铺设垫料的（如麦秸、稻草、锯末、刨花、沙子等）称为厚垫料地面平养，饲养小规模肉鸡效果较好。

2. 网上平养鸡舍　在鸡舍地面上高 50～70 cm 处，可以采用铁网、塑料网、竹板网或者木条网等，使鸡群生活在网上。其优点是鸡粪可以通过网孔漏下，减少了鸡与粪便的接触，卫生防疫状况较好，饲养密度较大，适用于各类型的鸡，但饲养占地面积较大。

3. 地网结合式鸡舍（两高一低平养鸡舍）　鸡舍内靠近窗户的两侧设网，中间为厚垫料地面，面积比约2∶1或3∶2。鸡可在网上采食、饮水、产蛋与休息，在地面上活动、交配，给鸡以选择的余地。这种方式兼有网上和地面平养的双重优点。

4. 笼养鸡舍　鸡群在舍内笼中生活与生产。其优点是饲养密度大，可以节省鸡舍面积，适于机械化操作，喂料和清粪都采用自动化，管理方便，劳动效率高；缺点是设备投资大，鸡的活动少。笼养虽然增加了笼具等设备投资，但其饲养密度大，建筑面积利用率高，可以充分利用鸡舍空间，土建投资相对较低；而且鸡群相对集中，饲养管理方便。鸡只离开地面，很少接触粪便，减少了疫病感染的机会，各种鸡群都适用。规模化鸡场应用较多。

笼养鸡舍的鸡笼配置有多重形式，平置式的饲养密度较低（9~10只/m^2），建筑利用率不高。全阶梯式鸡笼因其笼架横向宽度大而影响建筑跨度；半阶梯式和复合式鸡笼笼架的横向宽度相对小些，且可丰富平面布置形式，饲养密度也有所增加，但由于鸡笼部分重叠需要加设承粪板，清粪工作较麻烦；层叠式鸡笼饲养密度和生产效能均高，须配置较复杂的清粪、喂料、集蛋等机械系统，对通风和光照进行特别设计。

第三节　鸡舍建筑设计

商品鸡场的建筑设计，应根据鸡场规模的大小、经营范围（联合企业还是专业型企业）、饲养方式（平养、笼养）、鸡舍建筑形式（单层、楼房）等的不同而采取不同的设计策略。鸡舍建筑设计应根据鸡舍类型、饲养对象来考虑鸡舍内地面、墙壁、外形及通风条件等因素，以求达到舍内最佳小环境，满足生产需求。

目前，我国新建的大型蛋鸡场一般采用二阶段笼养的饲养工艺。可根据饲养模式、蛋鸡养殖阶段的划分、当地气候条件和投资情况，选择不同的鸡舍建筑形式。现主要将笼养的鸡舍建筑设计情况介绍如下。

一、鸡舍平面设计

鸡舍的平面面积包括使用面积、辅助面积与结构面积，三部分合计即建筑面积。使用面积包括养鸡面积与走道面积，即饲养间的全部可用面积，也称饲养面积；辅助面积包括用来短时间存放饲料、鸡蛋及人员值班的工作间面积，一般设置在靠近净道的鸡舍首端；结构面积指墙与方柱构体所占面积。

评定平面设计合理性的指标，称平面系数或使用系数（K），

K=使用面积/建筑面积×100%

通常鸡舍的K值应≥85%。

鸡舍的形状（长与宽）与总面积，主要取决于场地条件、鸡群规模、设备规格、笼或网栏的布置、走道的数量与宽窄等因素。各种因素与鸡舍长、宽的关系见图 6.1。

鸡舍的平面布置确定后，绘制出平面图。图中明示建筑物各组成部分的尺寸，鸡舍的跨度、开间与总长度，舍内外标高和坡度、门窗位置等，并附有关文字说明。

开放式、有窗式、密闭式 } 建筑类型
温热效果、通风效果 } 气候条件
笼、网、栏——设备尺寸与数量
笼列布置、隔栏排列 } 走道数量与宽度
选用构件——建筑模式
（以上 } 鸡舍跨度）

饲养管理定额与总规模配套 } 每舍容纳鸡数
场地地形条件——总平面图布置
机械设备选型配套——设备所占长度
设备两端空间——操作所需空间
（每舍容纳鸡数至设备两端空间 } 鸡舍长度）

（鸡舍跨度、鸡舍长度 } 鸡舍面积）

图 6.1　影响鸡舍跨度与长度设计的因素

1. 鸡舍朝向　开放式鸡舍场区排污需要借助于自然通风，因此利用主导风向与鸡舍长轴所形成的角度，可以获得较好的排污效果。当取主导风向入射角 30°~60°时，背风面涡旋区长度缩小，这样就能以较小的鸡舍间距达到较好的排污效果。鸡舍主要窗户尽可能向南或基本向南。

2. 长度　鸡舍长度取决于设计容量，应根据每栋舍具体需要的面积与跨度来确定。大型机械化生产鸡舍较长，过短则机械效率较低，房舍利用也不经济，按建筑模数一般为 66 m、90 m、120 m。中小型普通鸡舍为 36 m、48 m、54 m。计算鸡舍长度的公式如下：

平养鸡舍长度=鸡舍面积/鸡舍跨度

3. 跨度　跨度指所设计鸡舍的宽度，与鸡舍类型和舍内的设备安装方式有关。普通开放式鸡舍跨度不宜太大，否则，舍内的采光与换气不良，一般以 6~9.5 m 为宜；采用机械通风跨度可在 9 ~12 m。笼养鸡舍要根据安装列数和走道宽度来决定鸡舍的跨度。

4. 鸡栏与走道

（1）平养鸡舍：平养鸡舍按鸡栏排列与走道的组合有以下几种。

1）无走道平养鸡舍：这种鸡舍不设专门走道，舍内面积利用率高。管理鸡群时，饲养人员需进入鸡栏，操作不便，也不利于防疫。

2）单列单走道：舍内走道约1 m宽，饲养人员在走道上操作，管理方便，不经常进入栏内，有利于鸡群防疫。但走道所占鸡舍面积的比例较大，有效利用面积较低，适于跨度较小的种鸡舍采用。

3）双列单走道或双走道：双列单走道指鸡舍纵向的中央设走道，分别管理两侧栏圈鸡群，人员操作方便，提高走道的利用率，垫料或网上平养鸡舍多用这种形式。也可将走道设在沿墙两侧，将双列鸡栏放在鸡舍中部，集中使用一套喂料设备，便于鸡群管理，且开窗方便。

4）三列二走道或四走道：舍内设置三列鸡栏，若有二列纵向沿墙排列则用二走道，舍内面积利用率高。但开放式鸡舍靠墙鸡栏易受外界气温和光照影响，夏季开窗时还易因洒落雨水而弄湿垫料。还可采用三列四走道排列，走道宽度应控制在60~80 cm，否则舍内面积利用率降低。

上述方式中，以单列式、双列式排列比较普遍。跨度较大的鸡舍采用三列式，甚至还有四列多走道排列形式。

（2）笼养鸡舍：笼养鸡舍鸡笼的列数与平养鸡舍的形式大致相同，只是每列笼都必须在走道上操作，应留有一定宽度工作道，半架笼组为单侧道，整架笼组两侧都设走道。

舍内鸡笼排列与走道设置如下：

1）鸡笼呈“M”形排列，走道数比笼列数多1。数列整架鸡笼与鸡舍长轴平行排列，笼列之间及笼与山墙之间均设操作走道，故走道数比笼列数多1。如二列三走道或四列五式排列。大型鸡场、大跨度鸡舍采用此种排列较多。

2）鸡笼呈“W”形排列，走道与笼列数相同。鸡笼仍然纵向排列。中间的一至几列笼也是整架鸡笼，不同的是靠近两边侧墙各安装一列半架笼，所以按整架笼计算，与走道数相同。如二列二走道、三列三走道式。小跨度鸡舍采用此种排列较多。

5. 门　门设在鸡舍山墙中央，宽1.0~1.2 m，高1.8~2.0 m；也可在两侧墙留小门，方便进鸡出鸡。

6. 窗　有窗鸡舍窗户设置形式不一，除南北侧墙上部设面积较大的通风窗外，有的鸡舍上部设天窗，或在侧壁下部设地窗，起调节气流或辅助通风作用。利用机械负压通风时，风机口是集中的排气口，窗口为进风口，其面积和位置应与风机功率大小相一致，既要避免形成穿堂风又要使气流均匀，防止出现涡流或无风的滞留区。

二、鸡舍剖面设计

鸡舍剖面设计主要是确定舍内各部位、各种构（配）件及舍内的设备、设施的高度尺寸。包括舍内净高（指地面或走道至屋架底线的高度）、结构高度（梁或板的厚度）、粪坑深度与宽度等以及舍内空间的组合利用状况。

1. 高度 高度应根据饲养方式、笼层高度、跨度与气候条件来确定。跨度不大、平养、气候不太热的地区，鸡舍不必太高，一般从地面到屋檐口的高度为 2.5 m 左右；跨度大、气温高的地区，采用多层笼养可增高到 3 m 左右。笼养鸡舍笼顶至顶棚之间的距离，自然通风时应不小于 1 m，机械通风时不少于 0.8 m；网上平养时，网面至顶棚距离应在 1.7 m 以上。

2. 地面 舍内地面一般要高出舍外地面 30 cm，潮湿或地下水位高的地区应在 50 cm 以上。笼养鸡舍地面设有浅粪沟，比地面深 15~20 cm。

3. 墙壁 墙体高度一般为 2.6~3.6 m，屋顶高出最上层鸡笼 1~1.5 m。

三、鸡舍立面设计

鸡舍立面设计是在平面设计与剖面设计的基础上进行的。主要表示鸡舍的前、后、左、右各方向的外貌、重要构配件的标高和装饰情况。立面设计包括屋顶、墙面、门窗、进排风口、屋顶风帽、台阶、坡道、雨罩、勒脚、散水，以及其他外部构件与设备的形状、位置、材料、尺寸和标高。

鸡舍首先要满足“饲养”功能这一特点，然后再考虑技术条件和经济条件，运用某些建筑学的原理和手法，使鸡舍具有简洁、朴素、大方的外观，创造出内容与形式统一的、能表现农业建筑特色的建筑风格。

四、鸡舍其他配套设计

根据鸡栏、饲喂通道、排水沟、粪尿沟、附属用房等的布置，分别进行水、暖、电、通风等设备工程设计。

1. 地面及屋内排污处理 三层鸡笼两列整架三条走道布列，中间设 1~1.2 m 走道，两边各一条 0.6 m 的走道，鸡架下方为排污区。采用机械除粪的，应低于地面 30~40 cm；采用人工除粪的，应低于地面 10~15 cm。走道及排污区均应硬化。

2. 通风设备 为保持适当的舍内温度、湿度和空气的清新，应安装通风设备，一般在两面山墙上各安装风机和湿帘。

3. 光照设计 开放式鸡舍采用自然光照与人工补光相结合，人工补光采用节能灯或白炽灯，同时安装伞形灯罩。灯泡的布局应使灯光照到料槽，灯泡应高出顶层鸡笼 50 cm，位于过道中间和两侧墙上，应特别注意下层笼的光照强度。具体设计如下：

高度：一般安装高度为 1.8~2.4 m（超过顶层笼 0.3~0.5 m）。

位置：安装在鸡舍过道中央；两排以上的灯泡应交错排列；前 7 d 60W 灯泡（20~30 lx）或 9 W 节能灯；7 d 后改用 45 W（10~20 lx）或 7 W 节能灯。

间距：间距约为安装高度的 1.5 倍。电线采用封闭式线路。灯泡间距 2.5~3.0 m，灯泡交错安装，两侧灯泡安装在墙上。

第四节　辅助建筑物建筑设计

一、蛋库

鸡蛋储存需要适宜的环境条件，合适的温度与湿度可延缓蛋内容物的变化，有效地抑制微生物活动，达到长期保存的目的。墙体与屋面材料应具有良好的隔温效果，室内应设通风控温设施。蛋库要靠近生产区，房舍面积与生产规模要配套。

二、粪污处理场地

鸡场建设要求必须有粪污处理装置。粪污处理场地应设在远离生产场的下风区。提倡鸡场把粪污处理和综合利用相结合，开发废弃物无害化利用。如鸡粪发酵、干燥、高压膨化作为有机肥；污水经沉淀氧化或厌氧处理制作沼气等。

第五节　鸡舍建筑构造设计

一、鸡舍建造方式

按鸡舍建造方式可分为砌筑型和装配型两种。砌筑型常用砖瓦或其他建筑材料。近年广泛应用的装配型结构的鸡舍，施工时间短，鸡舍构件已有专业厂家生产，建造质量也有保障。目前适合装配型鸡舍复合板块的材料有多种，房舍面层有金属镀锌板、玻璃钢板、铝合金、耐用瓦面板。保温层有聚氨酯、聚苯乙烯等高分子发泡塑料，以及岩棉、矿渣棉、纤维材料等。

二、基础和地基

基础是鸡舍地面以下承受鸡舍的各种负载，并将其传递给地基的构件。基础应具备坚固、耐久、防潮、防震、抗冻和抗机械作用能力。在北方通常用砖石做基础，埋在冻土层以下，埋深厚度不小于 50 cm，防潮层应设在地面以下 60 mm 处。

地基是基础下面承受负载的土层，有天然地基、人工地基之分。天然地基的土层应具备一定的厚度和足够的承重能力，沙砾、碎石及不易受地下水冲刷的沙质土层是良好的天然地基。

三、地面

舍内地面一般要高出舍外地面 30 cm，潮湿或地下水位高的地区应在50 cm以上。表面坚固无缝隙，多采用混凝土铺平，虽造价较高，但便于清洗消毒，还能防潮保持鸡舍干燥。笼养鸡舍地面设有浅粪沟，比地面深 15~20 cm。

四、墙面

墙是基础以上露出地面将鸡舍与外部隔开的外围结构，墙体对鸡舍的保温与隔热起着重要作用。应采用坚固耐用、防潮、经济实用的结构材料，一般多采用土、砖和石等材料。近年来建筑材料科学发展很快，许多新型建筑材料如金属铝板、彩钢板和隔热材料等，已经用于各类畜舍建筑中。用这些材料建造的畜舍，不仅外形美观，性能好，而且造价也不比传统的砖瓦结构建筑高多少，是大型规模化鸡场建筑的发展方向。

墙要坚固保暖。在北方墙厚为 24~37 cm。墙壁根据经济条件决定用料，全部砖混结构或土木结构均可。无论哪种结构都要坚固耐用。潮湿和多雨地区可采用墙基和边角用石头，砖砌一定高度，上边为轻质墙体材料。木头紧缺地区可用砖建拱顶鸡舍，既经济又实用。

墙体分承重墙和非承重墙，前者除了需要满足构造外，还需要满足结构设计要求，后者只需要满足构造要求。墙体的结构材料与结构厚度由结构设计来确定，墙体的构造设计包括建筑材料选择、保温与隔热层厚度确定、防结露和墙体保护措施。

新建的鸡舍应该优先选用新型砌体和复合保温板。特别是我国鸡舍建设应该逐步采用装配式标准化鸡舍，结构构件采用轻型钢结构，维护部分采用新型复合保温板，这样可以加快鸡舍建造速度，也可以降低造价。

鸡舍内的空气相对湿度很大，特别是在封闭式鸡舍，下部鸡只和地面水分不断蒸发，轻暖的水汽很快上升而聚集在鸡舍上部，使上部和下部的湿度均较高，如果地面、墙壁和天棚的隔热性能差，温度很快低于露点，易在鸡舍的内表面形成结露，甚至再结成冰，因此冬季需要特别重视鸡舍墙体的防结露。防结露措施主要由建筑热工来计算保温层厚度，确保冬季时墙体和屋面等非透明部分的内表面温度不低于允许值，构造设计主要解决一些局部的冷桥等问题。

墙体保护措施主要指墙体防潮层、面层和墙裙的做法。鸡舍内表面（墙体、屋顶或吊顶）经常处于潮湿的环境当中，也经常需要消毒，所以，应该采用水泥砂浆抹面或贴面砖等防潮措施；墙体应该做 1.2~1.5 m 的墙裙进行保护。

五、屋顶

屋顶具有防雨水和保温隔热的作用。要求选用隔热保温性好的材料，并有一定厚度，结构简单，经久耐用，防雨，防火，便于清扫消毒。其材料有陶瓦、石棉瓦、木板、塑料薄膜、稻（麦）草、油毡等，也可采用彩色压型钢板和聚苯乙烯夹心板等新型材料。

小跨度鸡舍为单坡式，一般鸡舍常用双坡式、拱形或三角形顶。由于近年来机械风的利用，钟楼式、天窗式屋顶应用较少。在气温高、雨量大的地区，屋顶坡度要大一些，两侧加长房檐。屋顶最好设顶棚，三角形顶可用轻钢或钢混结构建成。

六、顶棚

又名天棚、天花板，主要用来增加房屋屋顶的保暖隔热性能，同时还能使坡屋顶内部平整、清洁、美观。吊顶所用的材料有很多种类，如板条抹灰吊顶、纤维板吊顶、石膏板吊顶、铝合金板吊顶等。鸡舍内的吊顶应采用耐水材料制作，以便清洗消毒。天棚材料要求导热性小、不透水、不透气，本身结构要求简单、轻便、坚固耐久和有利于防火；表面要求平滑，保持清洁，最好刷成白色，以增加舍内光照。

顶棚的结构一般是将龙骨架固定在屋架或檩条上，然后在龙骨架上铺钉板材。不论在寒冷的北方或炎热的南方，天棚上铺设足够厚度的保温层（或隔热层），是提高天棚保温隔热性能的关键，而结构严密（不透水、不透气）则是提高保温性能的重要保证。

第六节　建筑工程材料

一、基础材料

基础是鸡舍地下承重部分，它承受由承重墙和承重柱等传递来的一切重量，并将其下传给地基。因此，基础要求具有足够的强度和稳定性，以保证鸡舍的坚固、耐久和安全。基础的类型较多，按基础所用材料及受力特点分为刚性基础和非刚性基础。按所在位置分为墙基础和柱基础两类。用刚性材料制作的基础称为刚性基础。刚性材料一般是指抗压强度高，而抗拉和抗剪强度低的材料。常用的砖、石、混凝土等均属刚性材料。

刚性基础常用于地基承载力较好、压缩性较小的中小建筑。

非刚性基础也叫柔性基础。常用于建筑物的荷载较大而地基承载力较小的建筑物中。

1. 各种刚性基础的材料和特点

（1）普通烧结砖：主要用于砌筑砖基础，采用台阶式逐级向下放大的做法，称之为大放脚。为满足刚性角的限制，一般采用每两批砖挑出 1/4 砖或每两批砖与每一批砖挑出。砌筑砖基础前基槽底面要铺 20 mm 厚沙垫层。具有造价低、制作方便的优点，但取土烧砖不利于保护土地资源，目前一些地区已禁止采用黏土砖，可发展各种工业废渣砖和砌块来代替。由于砖的强度和耐久性较差，所以砖基础多用于地基土质好、地下水位较低的多层砖混结构建筑。

（2）毛石：由石材和砂浆砌筑毛石基础。石材抗压强度高、抗冻、耐水和耐腐蚀性都较好，砂浆也是耐水材料，所以毛石基础常用于受地下水侵蚀和有冰冻的多层民用建筑。毛石基础剖面形式多为阶梯形，基础顶面要比墙或柱每边宽出 100 mm，每个台阶挑出的宽度不应大于 200 mm，高度不宜小于 400 mm，以确保符合高宽比不大于 1∶1.5 或 1∶1.25 刚性角的要求。当基础底面宽度小于 700 mm 时，毛石基础应做成矩形截面。

（3）混凝土：混凝土基础具有坚固耐久、可塑性强、耐腐蚀、耐水、刚性角较大等特点，可用于地下水位高和有冰冻的地方。混凝土基础断面可以做成矩形、梯形和台阶形。为方便施工，当基础宽度小于 350 mm 时，多做成矩形；大于 350 mm 时，多做成台阶形；当底面宽度大于 2 000 mm 时，为节省混凝土，减轻基础自重，可做成梯形。混凝土基础的刚性角为 45°，台阶形断面台阶宽高比应小于 1∶1 或 1∶1.5，而梯形断面的斜面与水平面的夹角应大于 45°。

2. 柔性基础的材料和特点　柔性基础的材料即钢筋混凝土。利用基础底部的钢筋来承受拉力，可节省大量的土方工作量和混凝土材料用量，对工期和节约造价都十分有利。基础中受力钢筋的直径不宜小于 8 mm，数量通过计算确定，混凝土的强度等级不宜低于 C20。施工时在基础和地基之间设置强度等级不低于 C10 的混凝土垫层，其厚度宜为 60~100 cm。钢筋距离基础底部的保护层厚度不宜小于 35 mm。

二、墙体材料

1. 烧结砖　烧结砖按孔洞率分为无孔洞或孔洞率小于 15% 的实心砖（普砖）；孔洞率等于或大于 15%，孔的尺寸小而数量多的多孔砖；孔洞率等于或大于 15%，孔的尺寸大而数量少的空心砖等。砖按制造工艺分为经焙烧而成的烧结砖；经蒸汽（常压或高压）养护而成的蒸养（压）砖；以自然养护而成的免烧砖等。

凡经焙烧而制成的砖称为烧结砖。烧结砖根据其孔洞率大小分为烧结普通砖、烧结多孔砖和烧结空心砖等三种。

(1) 烧结普通砖：黏土、页岩、煤矸石、粉煤灰等原料的化学组成相近，都可作为烧结普通砖的主要原料。因此，烧结普通砖有黏土砖、页岩砖、煤矸石砖、粉煤灰砖等多种，目前一些地区已禁止采用黏土砖。烧结普通砖的长度为 240 mm，宽度为 115 mm，厚度为 53 mm，烧结砖是以上述原料为主，并加入少量添加料，经配料、混匀、制坯、干燥、预热、焙烧而成。

烧结普通砖根据 10 块砖样的抗压强度平均值和强度标准值，分为 MU30、MU25、MU20、MU15、MU10 和 MU7. 5 共 6 个强度等级。烧结普通砖有一定的强度、较好的耐久性，可用于砌筑承重或非承重的内外墙、柱、拱、沟道和基础等。

(2) 烧结多孔砖：烧结多孔砖是以黏土、页岩、煤矸石等为主要原料，经焙烧而成的。烧结多孔砖为大面有孔的直角六面体，孔多而小孔洞垂直于受压面。砖的主要规格为 M 型 190 mm×190 mm×90 mm，P 型 240 mm× 115 mm×90 mm。

烧结多孔砖孔洞率在 15%以上，表观密度约为 1 400 kg/m^3，虽然多孔砖具有一定的孔洞率，使砖受压时有效受压面积减小，但因制坯时受较大的压力，使砖孔壁致密程度提高，且对原材料要求也较高，这就补偿了因有效面积减少而造成的强度损失。故烧结多孔砖的强度仍较高，常被用于砌筑 6 层以下的承重墙。

(3) 烧结空心砖：烧结空心砖是以黏土、页岩、煤矸石等为主要原料，经焙烧而成的。烧结空心砖为顶面有孔洞的直角六面体，孔大而少，孔洞为矩形条孔或其他孔形，平行于大面和条面，在与砂浆的接合面上应设有增加结合力的深度 1 mm 以上的凹线槽。

烧结空心砖孔洞率一般在 35%以上，表观密度 800~1 100 kg/m^3，自重较轻，强度不高，因而多用作非承重墙，如多层建筑内隔墙或框架结构的填充墙等。

多孔砖、空心砖可节省资源，且砖的自重轻、热工性能好，使用多孔砖尤其是空心砖和空心砌块，既可提高建筑施工效率，降低造价，还可减轻墙体自重，改善墙体的热工性能等。

2. 蒸养（压）砖 蒸养（压）砖是以石灰和含硅材料（沙子、粉煤灰、煤矸石、炉渣和页岩等）加水拌和，经压制成型、蒸汽养护或蒸压养护而成。我国目前使用的主要有灰砂砖、粉煤灰砖、炉渣砖等。

(1) 灰砂砖：又称蒸压灰砂砖，是由磨细生石灰或消灰粉、天然砂和水按一定配比，经搅拌混合、陈伏、加压成型，再经蒸压（一般温度为 175~203

℃、压力为0.8~1.6 MPa的饱和蒸汽）养护而成。实心灰砂砖的规格尺寸与烧结普通砖相同，其表观密度为1 800~1 900 kg/m^3，导热系数约为0.61 W/(m^2·K)。按砖浸水24 h后的抗压强度和抗折强度分为MU25、MU20、MU15、MU10共4个等级，每个强度等级有相应的抗冻指标。

（2）粉煤灰砖：粉煤灰砖是以粉煤灰、石灰为主要原料，添加适量石膏和骨料经坯料制备、压制成型、常压或高压蒸汽养护而成的实心砖。

粉煤灰具有火山灰性，在水热环境中，在石灰的碱性激发和石膏的硫酸盐激发共同作用下，形成水化硅酸钙、水化硫铝酸钙等多种水化产物，而获得一定的强度。

粉煤灰砖可用于工业与民用建筑的墙体和基础，但用于基础或易受冻融和干湿交替作用的建筑部位必须使用一等砖与优等砖。粉煤灰砖不得用于长期受热（200 ℃以上），受急冷、急热和有酸性介质侵蚀的建筑部位。用粉煤灰砖砌筑的建筑物，应适当增设圈梁及伸缩缝，或采取其他措施，以避免或减少收缩裂缝的产生。粉煤灰砖出窑后宜存放1周后才能用于砌筑。砌筑前，粉煤灰砖要提前浇水湿润，如自然含水率大于10%时，可以干砖砌筑。砌筑砂浆可用掺加适量粉煤灰的混合砂浆，以利黏结。

（3）炉渣砖：炉渣砖又名煤渣砖，是以煤燃烧后的炉渣为主要原料，加入适量石灰、石膏（或电石渣、粉煤灰）和水搅拌均匀，并经陈伏、轮碾、成型、蒸汽养护而成。

炉渣砖呈黑灰色，表观密度一般为1500~1 800 kg/m^3，吸水率6%~18%。炉渣砖按抗压强度和抗折强度分为MU20、MU15、MU10共3个强度等级。

炉渣砖可用于一般工程的内墙和非承重外墙。其他使用要点与灰砂砖、粉煤灰砖相似。

3. 砌块　砌块是用于砌筑的人造块材，外形多为直角六面体，也有各种异形的。砌块系列中主规格的长度、宽度或高度有1项或1项以上分别大于365 mm、240 mm或115 mm，但高度不大于长度或宽度的6倍，长度不超过高度的3倍。系列中主规格的高度大于115 mm而又小于380 mm的砌块，称为小砌块；系列中主规格的高度为380~980 mm的砌块，称为中砌块；系列中主规格的高度大于980 mm的砌块，称为大砌块。实用中以中小型砌块使用较多。砌块按其空心率大小分为实心砌块和空心砌块两种。空心率小于25%或无孔洞的砌块为实心砌块；空心率等于或大于25%的砌块为空心砌块。砌块通常又可按其所用主要原料及生产工艺命名，如水泥混凝土砌块、粉煤灰硅酸盐砌块、混凝土砌块、多孔混凝土砌块、石膏砌块、烧结砌块等。制作砌块能充分利用地方材料和工业废料，且制作工艺不复杂。砌块尺寸比砖大，施工方便，能有效提高劳动生产率，还可改善墙体功能。

（1）混凝土小型空心砌块：混凝土小型空心砌块是由水泥、粗细骨料加水搅拌，经装模、振动（或加压振动或冲压）成型，并经养护而成；其粗、细骨料可用普通碎石或卵石、沙子，也可用轻骨料（如陶粒、煤渣、煤矸石、火山渣、浮石等）及轻砂。混凝土小型空心砌块可用于低层和中层建筑的内墙和外墙。使用砌块作墙体材料时，应严格遵照有关部门所颁布的设计规范与施工规程。这种砌块在砌筑时一般不宜浇水，但在气候特别干燥炎热时，可在砌筑前稍喷水湿润。砌筑时尽量采用主规格砌块，并应先清除砌块表面污物和芯柱所用砌块孔洞的底部毛边。采用反砌（即砌块底面朝上），砌块之间应对孔错缝搭接。砌筑灰缝宽度应控制在 8～12 mm，所埋设的拉结钢筋或网片，必须放置在砂浆层中。承重墙不得用砌块和砖混合砌筑。

（2）粉煤灰硅酸盐中型砌块：粉煤灰硅酸盐砌块简称粉煤灰砌块。粉煤灰中型砌块是以粉煤灰、石灰、石粉和骨料等为原料，经加水搅拌、振动成型、蒸汽养护而制成的密实砌块。通常采用炉渣作为砌块的骨料。粉煤灰砌块原材料组成间的互相作用及蒸养后所形成的主要水化产物等，与粉煤灰蒸养砖相似。

粉煤灰砌块可用于一般工业和民用建筑的墙体和基础，但不宜用于有酸性介质侵蚀的建筑部位，也不宜用于经常处于高温影响下的建筑物，如铸铁和炼钢车间、锅炉房等的承重结构部位。砌块在砌筑前应清除表面的污物及黏土。常温施工时，砌块应提前浇水湿润，湿润程度以砌块表面呈水印为准。冬季施工砌块不得浇水湿润。砌筑时砌块应错缝搭砌，搭砌长度不得小于块高的1/3，也不应小于 15 cm。砌体的水平灰缝和垂直灰缝一般为 15～20 mm（不包括灌浆槽），当垂直灰缝宽度大于 30 mm 时，应用 C20 细石混凝土灌实。粉煤灰砌块的墙体内外表面宜作粉刷或其他饰面，以改善隔热、隔声性能，并防止外墙渗漏，提高耐久性。

（3）蒸压加气混凝土砌块：蒸压加气混凝土砌块是以钙质材料和硅质材料以及加气剂、少量调节剂，经配料、搅拌、浇注成型、切割和蒸压养护而成的多孔轻质块体材料。原料中的钙质材料和硅质材料可分别采用石灰、水泥、矿渣、粉煤灰、砂等。根据所采用的主要原料不同，加气混凝土砌块也相应有水泥—矿渣—砂、水泥—石灰—砂、水泥—石灰—粉煤灰三种。加气混凝土砌块可用于一般建筑物的墙体，可作多层建筑的承重墙和非承重外墙及内隔墙，也可用于屋面保温。

4. 预应力混凝土空心墙板　预应力混凝土空心墙板简称预应力空心墙板，是以高强度低松弛预应力钢绞线、水泥及砂、石为原料，经张拉、搅拌、挤压、养护、放张、切割而成。使用时按要求可配以泡沫聚苯乙烯保温层、外饰面层和防水层等。其外饰面层可做成彩色水刷石、剁斧石、喷砂、釉面砖等多种式样。预应力空心墙板可用于承重或非承重外墙板、内墙板、楼板、屋面板、雨罩和阳台板等。

5. 轻型复合板 轻型复合板除钢丝网水泥夹心板外，还有用各种高强度轻质薄板为外层、轻质绝热材料为芯材组成的复合板。外层板材可用彩色镀锌钢板、铝合金板、不锈钢板、高压水泥板、木质装饰板、塑料装饰板及其他无机材料、有机材料合成的板材。轻质绝热芯材可用阻燃型发泡聚苯乙烯、发泡聚氨酯、岩棉和玻璃棉等。这类板的共同特点是质轻、隔热、隔声性能好，且板外形多变、色彩丰富。

例如，以镀锌彩色钢板为面层，阻燃型发泡聚苯乙烯作芯材的轻质隔热夹心板，板重量为10~14 kg/m^3，导热系数为0.031 W/（m^2·K)，且具有较好的抗弯、抗剪等力学性能和良好的防潮性能，安装灵活快捷，还可多次拆装，重复使用。这种板可用于一般工业与民用建筑，还可用于加层、组合式活动房、室内隔断、天棚、冷库等。

三、屋顶材料

随着现代畜牧业的发展，畜牧建筑的内部环境调控要求也在不断提高，而屋面是建筑物重要的围护结构，目前我国用于鸡舍建筑屋面的材料有各种材质的瓦和复合板材。

1. 黏土瓦 黏土瓦是以黏土为主要原料，加适量水搅拌均匀后，经模压成型或挤出成型，再经干燥、焙烧而成。制瓦的黏土应杂质含量少、塑性好。黏土瓦按颜色分为红瓦和青瓦两种；按用途分为平瓦和脊瓦两种，平瓦用于屋面，脊瓦用于屋脊。

2. 混凝土平瓦 混凝土平瓦的标准尺寸有400 mm×240 mm和385 mm×235 mm两种。单片瓦的抗折力不得低于600 N，抗渗性、抗冻性应符合要求。混凝土平瓦耐久性好、成本低，但自重大于黏土瓦。在配料中加入耐碱颜料，可制成彩色瓦。

3. 石棉水泥瓦 石棉水泥瓦是用水泥和温石棉为原料，经加水搅拌、压滤成型、养护而成。石棉水泥瓦分大波瓦、中波瓦、小波瓦和脊瓦四种。石棉水泥瓦单张面积大，有效利用面积大，还具有防火、防腐、耐热、耐寒、质轻等特性，适用于简易工棚、仓库及临时设施等建筑物的屋面，也可用于装敷墙壁。但石棉纤维对人体健康有害，现正采用耐碱玻璃纤维和有机纤维生产水泥波瓦。

4. 彩色压型钢板 彩色压型钢板是指以彩色涂层钢板或镀锌钢板为原材，经辊压冷弯成型的建筑用围护板材。彩色涂层钢板各项指标应符合GB/T12754的规定，建筑用彩色涂层钢板的厚度包括基板和涂层两部分，压型钢板的常用板厚为0.5~1.0 mm，屋面一般为瓦楞性，常见的规格为750型、820型。

5. 轻型复合板　同墙面板一节。

6. 聚氯乙烯波纹瓦　聚氯乙烯波纹瓦又称塑料瓦楞板，它是以聚氯乙烯树脂为主体，加入其他配合剂，经塑化、压延、压滤而制成的波形瓦，其规格尺寸为2 100 mm ×（1 100~1 300）mm ×（1.5~2）mm，这种瓦质轻、防水、耐腐、透光、有色泽，常用作车棚、凉棚、果棚等简易建筑的屋面，另外也可用作遮阳板。

7. 玻璃钢波形瓦　玻璃钢波形瓦是用不饱和聚酯树脂和玻璃纤维为原料制成的波形瓦，其尺寸为：长1 800~3 000 mm、宽700~800 mm、厚0.5~1.5 mm。这种波形瓦质轻，强度大，耐冲击，耐高温，透光，有色泽，适用于建筑遮阳板及凉棚等的屋面。

8. 沥青瓦　沥青瓦是以玻璃纤维薄毡为胎料，以改性沥青为涂敷材料制成的一种片状屋面材料。其特点是质量轻，可减少屋面自重，施工方便，具有互相黏结的功能，有很好的抗风能力。制作沥青瓦时，表面可撒以各种不同色彩的矿物粒料，形成彩色沥青瓦，可起到装饰美化建筑物的作用。

第七章　规模化商品鸡场养殖设备

第一节　饲养设备

一、笼具

1. 育雏笼　笼养育雏一般采用3~4层重叠式笼，笼体总高1.7 m左右，笼架脚高10~15 cm，每个单笼的笼长70~100 cm，笼高30~40 cm，笼深40~50 cm。网孔一般为长方形或正方形，底网孔径为1.25 cm×1.25 cm。笼门设在前面，笼门间隙可调范围为2~3 cm，每笼可容雏鸡30只左右（图7.1）。

图7.1　雏鸡笼

2. 育成鸡笼　大育成笼总体宽度为1.6~1.7 m，高度为1.7~1.8 m。单笼长80 cm，高40 cm，深42 cm。笼网孔径为4 cm×2 cm，其余网孔为2.5 cm×2.5 cm。笼门尺寸为14 cm×15 cm，每个单笼可容纳育成鸡7~15只（图7.2）。

小育成笼为1.95 m×0.45 m×0.4 m，由3个小笼组成，其规格为0.64 m×0.45 m×0.4 m，每个单笼可容纳育成鸡6~7只（图7.3）。

图 7.2　大育成笼

图 7.3　小育成笼

3. 蛋鸡笼　蛋鸡笼有阶梯、半阶梯、层叠几种形式。每只鸡笼底面积大于 500 cm^2 为宜（图 7.4、图 7.5）。

图 7.4　阶梯式蛋鸡笼（A 笼）

图 7.5　层叠式蛋鸡笼（H 笼）

4. 种鸡笼　全阶梯式笼具是目前优质种鸡生产中采用人工授精方式时的主要饲养笼具之一。这种笼具各层之间全部错开，粪便直接掉入粪坑或地面，不需安装承粪板，多采用两层结构。近年来南方很多鸡场均采用高床饲养，即笼子全部架空在距地面 2 m 左右高的水泥条板上，以降低舍内氨气浓度和方便除粪。这种结构，单位面积上养鸡数量虽不及其他方式多，但生产中使用效果较好（图 7.6）。

图 7.6　种鸡笼

二、喂料设备

1. 人工喂料设备

（1）料盘：一般设计成四周吃料，食盘上要盖料隔，以防鸡把料刨出料盘，同时也防止鸡只踩入，保持饲料卫生（图 7.7）。

（2）长形食槽：适用于笼养鸡舍，一般采用镀锌板和硬塑料板等材料制成，可根据鸡的不同生长期设计料槽的倾斜角度、高矮、宽度，所有食槽边口都应向内弯曲，以防止鸡采食时挑剔而将饲料溢出槽外（图 7.8）。规模化鸡场经常结合行车式喂料设备使用。

（3）料车与喂料撮子：料车里装料，人工推动轮子行走喂料；喂料撮子可以做成各种形状，但要求结实耐用，上方应有把手便于操作（图 7.9、图 7.10）。

图 7.7　料盘

图 7.8　长形食槽

图 7.9　料车

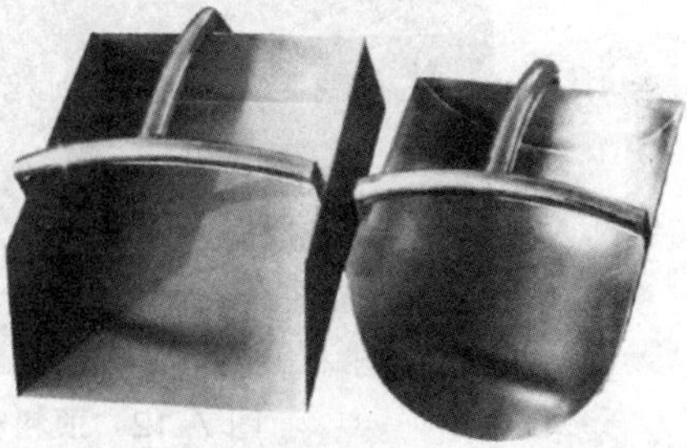

图 7.10　喂料撮子

2. 自动喂料设备

（1）料塔：料塔一般在鸡舍的一端或侧面，配合笼养、平养自动喂料系统。一般由高质量的镀锌钢板制成，其上部为圆柱形，下部为圆锥形，可根据客户要求配置气动方式填料或绞龙加料装置。具有防潮、防霉、防止鼠害等优点（图 7.11）。

图 7.11　料塔

（2）行车式喂料机：多用于多层鸡笼和叠层式笼养成鸡舍。优点是喂料均匀、节省时间、节省劳动力，解决了人工喂料时产生的喂料不均匀、因走动产生的应激等一系列问题。缺点是成本高，能耗大，对鸡舍的建筑要求较高。根据料箱的配置不同可分为顶料箱式和跨笼箱式。顶料箱行车式喂料机设有料桶，当驱动部件工作时，将饲料推送出料箱，沿滑管均匀流放食槽。跨笼箱行走式喂料机根据鸡笼形式有不同的配置，当驱动部件运转带动跨笼箱沿鸡笼移动时，饲料便沿锥面下滑至食槽中（图 7. 12、图 7. 13）。

图 7. 12　顶料箱行车式喂料机

图 7. 13　跨笼箱行车式喂料机

（3）链条式喂料机：普遍应用于平养和各种笼养成年鸡舍，适用于各鸡场大中型鸡舍的喂料作业，主要用于输送粉状配合饲料或颗粒饲料，是我国目前使用最广的一种喂料机。它由料箱、链环、长饲槽、驱动器、转角轮和饲料清洁器等组成，链环经过饲料箱时将饲料带至食槽各处。

（4）绞龙式喂料机：广泛应用于平养鸡舍。该输料系统运行平稳，能迅速将饲料运至每个料盘中并保证充足的饲料；自动电控箱配备感应器，大大提高了输料准确性；料盘底部容易开合，清洗方便（图 7.14）。

7.14 绞龙式喂料机

三、饮水设备

1. 乳头式饮水器 乳头式饮水设备是利用毛细管原理，使阀杆底部经常保持挂有一滴水，当鸡只啄水滴时便触动阀杆顶开阀门，水自动流出（图 7.15）。使用乳头式饮水器，水质不易污染，蒸发量少，能减少疾病的传播，适用范围广，而且使用后不需清洗，能减轻劳动强度，节省用水，是一种理想的封闭式饮水设备。但乳头式饮水器对水质要求高，易堵塞，应在供水管路上加装过滤器，滤网规格不小于 200 目，同时应配自动加药器。

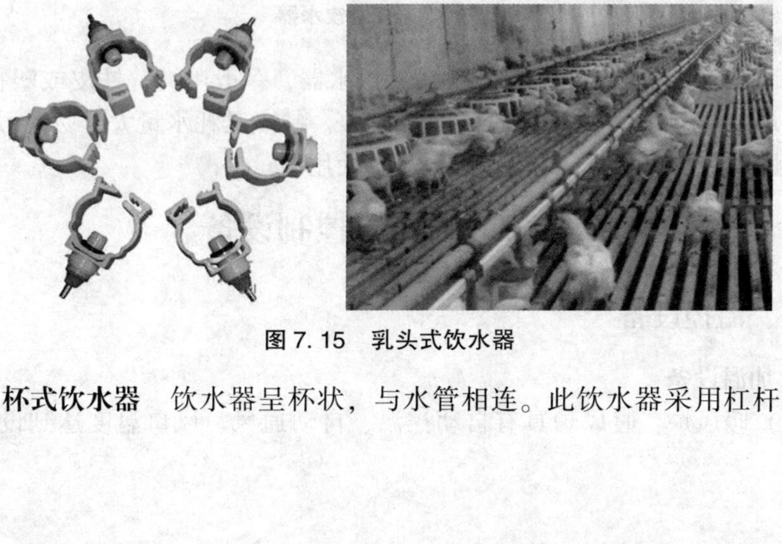

图 7.15 乳头式饮水器

2. 杯式饮水器 饮水器呈杯状，与水管相连。此饮水器采用杠杆原理供水，杯中有水能使触板浮起，由于进水管水压的作用，平时阀帽关闭；当鸡吸触板时，通过联动杆即可顶开阀帽，水流入杯内，借助于水的浮力使触板恢复原位，水不再流出。缺点是水杯需要经常清洗，且需配备过滤器和水压调整装置（图 7.16）。

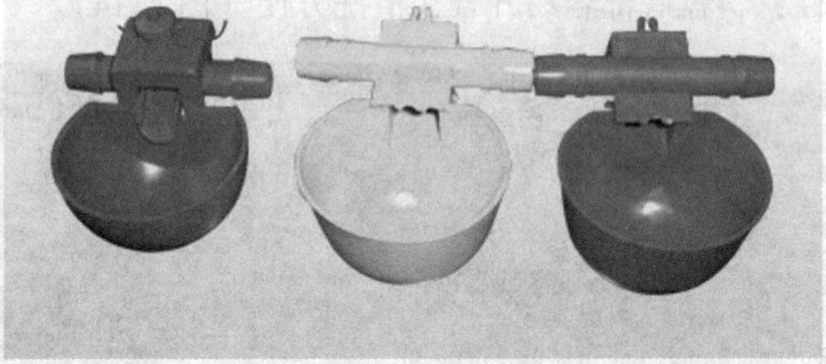

图 7.16　杯式饮水器

3. 真空饮水器　真空饮水器由聚乙烯塑料筒（水球）和水盘组成，筒倒扣在盘上。水由壁上的小孔流入饮水盘，当水将小孔盖住时即停止流出。优点是供水均衡，使用方便；缺点是清洗工作量大，饮水量大时不宜使用。水球的容量为 0.5~15 L，分别用于不同的饲养方式和不同类型的鸡群（图 7.17）。

图 7.17　真空饮水器

4. 水槽　水槽是老鸡场常用的一种饮水器，一般用镀锌铁皮或塑料制成。其优点是结构简单，成本低，便于饮水免疫。缺点是耗水量大，易受污染，刷洗工作量大。在目前的鸡场生产中已不再使用。

第二节　环境控制设备

一、温控设备

1. 加温设备

（1）暖风炉：暖风炉具有自动控温、自动通风、风口温度达到设定时自动压火、缺煤自动报警、自动加湿等功能，适用于大型鸡舍（图 7. 18）。

图 7. 18　暖风炉

（2）保温伞：雏鸡可在伞下自由进出，寻找适宜的温度区域，比较干净卫生；缺点是耗电较多。可根据雏鸡的行为表现，调整保温伞的高度（图 7. 19）。

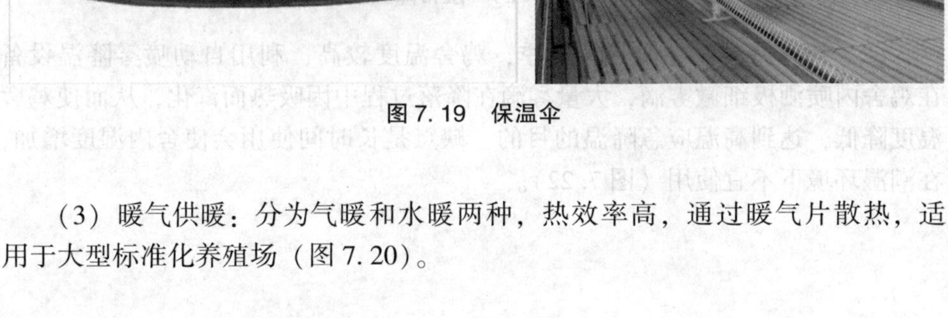

图 7. 19　保温伞

（3）暖气供暖：分为气暖和水暖两种，热效率高，通过暖气片散热，适用于大型标准化养殖场（图 7. 20）。

图 7.20　暖气片

2. 降温设备

（1）湿帘降温：是最常见的降温方式。湿帘安装在鸡舍的前端，大流量轴流风机安装在鸡舍末端。湿帘或者风机安装在侧墙上容易造成通风不均匀，降温效果受到较大影响。风机启动时室外空气通过湿帘进入鸡舍，空气经过湿帘的过程中发生热交换，空气温度会降低 3~5 ℃（图 7.21）。

图 7.21　湿帘降温

（2）喷雾降温：在酷热的夏季，鸡舍温度较高，利用自动喷雾降温设备在鸡舍内喷洒极细微雾滴，大量雾滴在降落过程中因吸热而汽化，从而使鸡舍温度降低，达到高温应急降温的目的。缺点是长时间使用会使舍内湿度增加，在潮湿环境下不宜使用（图 7.22）。

图 7.22　喷雾降温

二、通风设备

1. 低压大流量轴流风机　利用离心原理制作的百叶窗自动开闭系统，可保证百叶窗的完全打开，使风机一直在最高效率下运行，降低了能耗，增强了空气流量；停机时百叶窗在钢制弹簧的控制下关闭更加严密，防止任何地方空气的泄漏（图 7.23）。

2. 环流风机　广泛应用于温室大棚、畜禽舍的通风换气，尤其对湿度大、密度大、空气不易流动的封闭式棚舍，按定向排列方式做接力通风，可使棚舍内的混杂湿热空气流动更加充分，降温效果极佳（图 7.24）。

3. 屋顶风机　屋顶风机能有效地将舍内噪声和含有粉尘的空气排出，起到了换气及降温的作用（图 7.25）。

图 7.23　轴流风机

图 7.24　环流风机

图 7.25　屋顶风机

三、光照设备

光照控制设备一般采用电子光照控制器，根据设定自动调节光的强弱明暗；可设定开启和关闭时间，自动补充光源等。灯具推荐使用节能灯，层叠笼养等立体养殖方式需要考虑光照均匀度，需在不同高度安装 2~3 排灯具（图 7.26）。

图 7.26 光源布置

第三节 清粪设备

1. 牵引式刮粪机 一般由牵引机、刮粪板、框架、钢丝绳、钢丝绳转动器、转向滑轮等组成（图 7.27）。

图 7.27 牵引式刮粪机

2. 传送带清粪机 由传送带、主动轮、从动轮、托轮等组成。常用于高密度层叠式上下鸡笼间清粪（图 7.28）。

图 7.28　传送带清粪机

第四节　消毒设备

1. 高压清洗机　主要用途是冲洗鸡舍、饲养设备、车辆等，在水中加入消毒剂，可同时实现物理冲刷与化学消毒的作用，效果显著（图 7.29）。

图 7.29　高压清洗机

2. 喷雾消毒装置　喷雾消毒能杀灭场内、舍内的灰尘和空气中的各种致病菌，大大降低舍内病原体的数量，从而减少传染病的发生，提高养殖场的经济效益（图 7.30～图 7.32）。

图 7.30　臭氧消毒机

图 7.31　高压喷雾消毒机

图 7.32　超声雾化消毒机

第五节　集蛋设备

集蛋设备有自动集蛋系统和裂纹蛋检测设备（图 7.33、图 7.34）。

图 7.33　自动集蛋系统

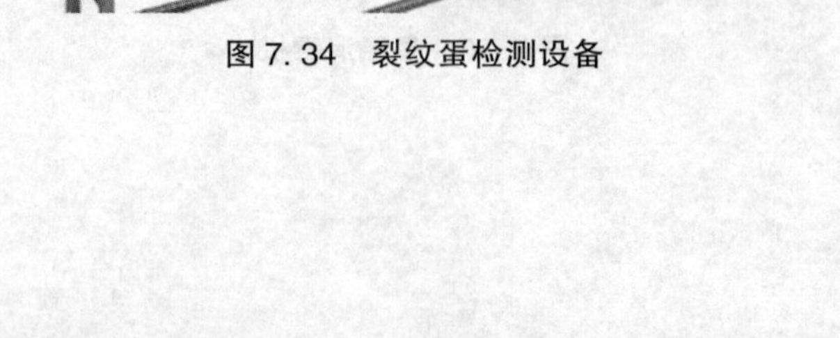

图 7.34　裂纹蛋检测设备

第六节　其他设备

用于养鸡场的设备还有断喙器（图 7.35）、周转笼（图 7.36）及产蛋箱（图 7.37）等。

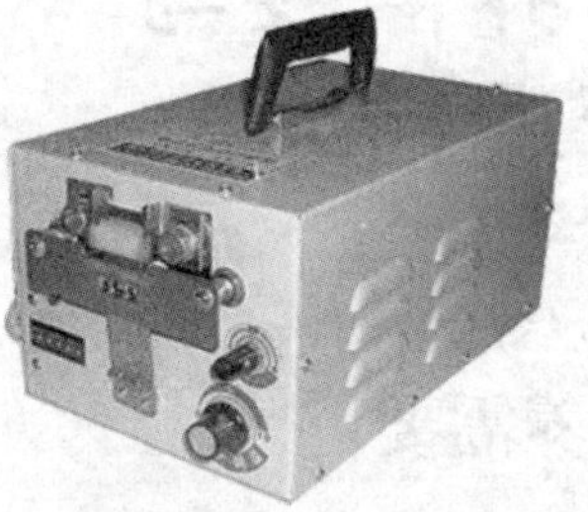

图 7.35　断喙器

图 7.36　周转笼

图 7.37　产蛋箱

第八章　鸡的营养需要与饲养管理技术

第一节　鸡的营养需要

鸡生长快，繁殖力强；体温较其他家畜高，代谢旺盛；饲料利用率高，能在较短时间内生产出大量肉蛋产品，因此，其营养需要具有一定的特殊性，尤应注意能量、蛋白质、矿物质和维生素饲料的需要。

一、能量

在鸡的生长过程中，各种活动包括呼吸、运动、循环、消化、排泄及调节体温等都需要能量。能量来自饲料，主要是来源于碳水化合物、脂肪和蛋白质。所谓碳水化合物，包括无氮浸出物和粗纤维，其中无氮浸出物中的淀粉是鸡能量的主要来源，其价格便宜，来源丰富，是养鸡的主要饲料，谷物是其主要的来源。饲料中适量的纤维素可促进鸡的肠蠕动，帮助消化，其含量一般控制在 2.5%~5%，不宜过高，否则会降低其他养分的消化吸收率。

脂肪可弥补鸡日粮中淀粉含量的不足，因脂肪的热能价值高，其所含热量为碳水化合物的 2.25 倍，试验在肉用仔鸡和蛋鸡日粮中加入 1%~5%的脂肪，能提高饲料效率，提高肉鸡的增重和蛋鸡的产蛋量。正常情况下，鸡自身能合成十八碳以下的脂肪酸，亚油酸需要补给。玉米中含有足够的亚油酸，若不以玉米为主，则需要另外补给。

成年公鸡能量的消耗大部分用在维持需要上。产蛋母鸡产蛋率的提高、育成鸡产肉性能的提高，对能量的需要则相对增加。一般体重愈大，产蛋量愈高；环境温度愈低于适宜温度，所消耗的能量则愈多。所以，保持鸡舍适当的温度，也能节约能量饲料。自由采食的鸡，有按自身能量需要调节采食量的功能。在日粮配合中，若能正确掌握日粮中能量与蛋白质等营养物质的比例，可以提高饲料效率。

二、蛋白质

蛋白质是构成鸡体的基础成分，是鸡肉、鸡蛋、内脏器官、血液、激素、羽毛中最重要的组成成分，对维持鸡的生长发育，保证各种代谢活动，促进产蛋、产肉等起着非常重要的作用。

蛋白质由20余种氨基酸组成，含有碳、氢、氧、氮等物质。氨基酸又分为非必需氨基酸和必需氨基酸，前者指在鸡体内可以合成的氨基酸，后者是指在鸡体内不能合成或合成的量不能满足需要，必须从饲料中获取的氨基酸。成年鸡有8种必需氨基酸，即苏氨酸、缬氨酸、亮氨酸、异亮氨酸、色氨酸、苯丙氨酸、赖氨酸、蛋氨酸；生长鸡加2种，为精氨酸和组氨酸；雏鸡再加3种，为甘氨酸、胱氨酸和酪氨酸。其中赖氨酸、蛋氨酸、色氨酸又称限制性氨基酸，因为它们在体内完全不能合成，缺乏时会影响其他氨基酸的利用率。饲喂蛋白质水平低的饲料时，添加一些限制性氨基酸，可提高其他氨基酸的利用率，增强蛋白质的合成作用，促进鸡的生长发育和产肉、产蛋性能。因此，在进行鸡的日粮配合时，要注意各种氨基酸的平衡搭配。一般动物性饲料含限制性氨基酸丰富，其营养价值较高，而植物性饲料则相对缺乏，需要另外添加。

饲料中蛋白质和氨基酸缺乏，会造成雏鸡生长缓慢，食欲下降，羽毛生长不良，性成熟推迟，产蛋、产肉量少及蛋、肉品质下降。严重时体重下降，卵巢萎缩，甚至引起死亡。

鸡对蛋白质和氨基酸的需要量，随生长阶段和生产性能而不同，肉用仔鸡、种用雏鸡的育雏阶段和产蛋鸡的产蛋高峰期需要量大。

三、矿物质

矿物质是一类无机物，是组成鸡饲料的重要元素。它具有调节鸡体内渗透压，保持酸碱平衡等作用，又是骨骼、蛋壳、血红蛋白和激素的重要成分，对维持鸡体各器官的正常生理功能，保证正常生长发育、维持高生产性能起着重要作用。

在鸡必需的矿物质中，可分为两大类：一类为常量元素，包括钙、磷、钠、氯、钾、硫、镁等，占鸡体重的0.01%以上；另一类为微量元素，即铁、铜、锰、锌、钴、碘、硒等，占鸡体重的0.01%以下。

1. 常量元素

钙：是骨骼和蛋壳的主要组成成分，能保持正常的心脏机能，维持神经、肌肉的正常生理活动，参与血凝。钙在鱼粉、骨粉、骨肉粉、蛋壳、贝壳中含量丰富。成年及产蛋鸡的需钙量约为3.25%，当环境温度达33 ℃时需钙量为3.5%~3.75%；育雏和育成阶段的需钙量为0.8%~1.0%。在产蛋期，饲料中的钙源以贝壳粉为最好，以提高蛋壳质量。钙和磷有着密切的关系，二者必须保持一定的比例，才能被充分利用和吸收。一般钙、磷的比例，雏鸡为1∶1~2∶1，产蛋鸡为4∶1~5∶1为宜。如饲料中钙、磷不足或缺乏，雏鸡会患软骨病，鸡翅骨易折断，蛋壳粗糙或变薄、变软。

磷：也是骨骼的主要成分，在鸡的脏器及有关体细胞中含量较多。磷对促进体内碳水化合物和脂肪代谢，促进钙的吸收及维持体内酸碱平衡是很必要的。谷物、糠麸及磷灰石中含磷较多。鸡饲料中无机磷的比例应占总磷的30%；产蛋鸡的可利用磷应在0.35%以上。鸡缺磷时会引起食欲减退，发育不良，严重时关节硬化，骨脆易碎，易产生啄癖。

钠和氯：二者是食盐的主要成分。氯是形成胃液，保持胃液酸性，构成血液等组织液的主要成分。钠在肠道中保持消化液的碱性，有助于消化；参与形成组织液，对维持机体渗透压和正常生理机能有重要作用。饲料中食盐不足，鸡易出现消化不良，食欲减退，生长发育缓慢，啄肛；产蛋鸡体重下降，产蛋减少，蛋重减轻。鸡对食盐的日需量约为0.5 g/只。

钾：是细胞内液的主要离子，参与维持体液酸碱平衡和渗透压。钾在植物性饲料中含量丰富，动物一般不缺乏。

硫：主要存在于羽毛、体蛋白、鸡蛋中，是含硫氨基酸、硫胺素、生物素的主要组成成分，对蛋白质的合成和碳水化合物代谢等有重要作用。硫在日粮中尤其油菜饼粕中含量丰富，动物一般不缺乏。缺硫的鸡表现掉毛、流口水、流泪、食欲下降、体质虚弱等。

镁：主要存在于骨骼、血液中，能维持骨骼的正常发育和神经系统的功能，参与机体的糖代谢和蛋白质代谢。镁在饲料中含量较多，棉籽粕中含量丰富，一般含钙的饲料中也含有镁，鸡通常不缺乏。

2. 微量元素

铁：是形成血红蛋白的必需物质，它参与血液中氧的运输和细胞内生物氧化过程，是各种氧化酶的组成成分。铁在日粮中含量丰富，一般并不缺乏。饲料中铁不足时，雏鸡生长停滞，下痢，贫血。

铜：与红细胞生成、色素形成、神经系统功能和生长发育有关。铜在青草中含量高。缺乏时可引起贫血、佝偻病及产蛋率下降等。

锰：与鸡的骨骼发育和脂肪代谢密切相关。锰在麸皮中含量较多，但因麸皮在鸡饲料中的含量有限，鸡易发生锰缺乏。雏鸡缺锰时生长发育不良，易患滑腱症。成鸡缺锰时蛋壳变薄，产蛋率和孵化率降低。

锌：鸡体内许多酶类及骨、肌肉、毛和内脏器官都含有锌，锌在蛋白质的生物合成和利用中起重要作用。锌缺乏时，鸡生长缓慢，羽毛、皮肤发育不良，长骨变短，关节肿大，皮肤粗糙呈鳞片状；产蛋率、孵化率降低。

钴：是组成维生素 B_{12} 的必需成分，与红细胞生成、蛋白质及碳水化合物代谢有关。鸡钴缺乏时最明显的症状是贫血。

碘：是甲状腺素的组成成分，与机体的生长、发育、繁殖及神经系统的活性有关。碘存在于饮水、饲料、土壤中，可形成地区性缺碘。缺碘时，鸡甲状腺肿大，甲状腺素分泌减少，代谢能力降低，生长、发育缓慢，产蛋率降低等。

硒：有抗氧化作用，对某些酶能起催化作用。鸡缺乏硒时易患渗出性素质病或引起肝坏死。硒在鸡饲料中的正常含量是 3 mg/kg，过量会引起硒中毒，造成肝的病变和贫血。

四、维生素

维生素是动物生长代谢所必需的有机营养物。它既不是体内能量的来源，也不是构成机体组织的成分，而是调节和控制机体新陈代谢的重要物质。大多数维生素在鸡体内不能合成，个别维生素的合成量远远不能满足鸡体的需要，必须从饲料中获得。青饲料中含有多种维生素，养鸡场经常搭配青饲料可以节省添加剂的供给，青饲料不足的养鸡场或季节，所需的维生素要从添加剂中给予补充。

目前确认，鸡必须从饲料中获取的维生素有 13 种，分为脂溶性维生素 A、维生素 D_3、维生素 E、维生素 K 4 种和水溶性维生素 9 种，9 种水溶性维生素即维生素 B_1（硫胺素）、维生素 B_2（核黄素）、烟酸（尼克酸）、维生素 B_6（吡哆醇）、泛酸、生物素、胆碱、叶酸和维生素 B_{12}。在饲料中容易缺乏的为维生素 A、维生素 B_1、维生素 B_2、维生素 D_3 等。维生素 C 鸡体自身可以合成，一般情况下不需要补充。

维生素 A：能维持上皮细胞的正常功能，促进生长发育，调节体内物质代谢，保护消化道、呼吸道和生殖道黏膜的健康，增强对传染病和寄生虫病的抵抗能力。维生素 A 在鱼肝油中含量丰富，胡萝卜、青饲料中含有较多的可转化为维生素 A 的类胡萝卜素，鸡体中 3 mg 胡萝卜素可以转化为 1 mg 的维生素 A，黄玉米中也含有少量的胡萝卜素。维生素 A 缺乏时鸡易患干眼病、夜盲症，表皮角质化、皲裂；雏鸡生长缓慢，成鸡产蛋率、孵化率下降；抗病力下降等。

维生素 D_3：促进动物钙、磷的吸收，调节血液中钙、磷的浓度，促进钙、磷在骨骼、蛋壳中沉积。鱼肝油中含有维生素 D_3，鸡的皮肤中存在 7-脱氢胆固醇，经过紫外线的照射可以合成维生素 D_3，鸡常晒太阳不会引起维生素 D_3 缺乏。当维生素 D_3 缺乏时，雏鸡易患佝偻病，生长发育迟缓；成鸡易患软骨病，产蛋率、孵化率降低，蛋壳变薄易破，严重的会瘫痪。

维生素 E：与核酸代谢及酶的氧化还原有关，是有效的抗氧化剂，对消化道和其他组织中维生素 A 有保护作用，能提高鸡的繁殖性能。维生素 E 在青饲料、谷物胚芽、蛋黄和植物油中含量丰富。维生素 E 缺乏时，雏鸡易患脑软化症、渗出性素质和肌肉营养不良；公鸡繁殖机能衰退；母鸡产蛋率、孵化率下降。

维生素 K：催化合成凝血酶原、维持鸡的正常凝血机能。维生素 K 在青饲料、大豆中含量丰富。维生素 K 缺乏时，鸡易患出血病（含母鸡和雏鸡），多发生翼下出血，鸡冠苍白，死前呈蹲坐姿势。

维生素 B_1（硫胺素）：参与体内糖类代谢，维持正常的神经机能，增强鸡的消化机能。维生素 B_1 在糠麸、青饲料及乳制品中含量丰富，鸡缺乏时易发生食欲减退，消化不良，肌肉痉挛及多发性神经炎。

维生素 B_2（核黄素）：参与体内氧化还原；调节细胞呼吸，有助于物质代谢，提高饲料利用率。维生素 B_2 在青饲料、干草粉、酵母、鱼粉、糠麸及油类饼粕中含量丰富。缺乏时雏鸡生长缓慢，腹泻和消化障碍；趾向内弯曲，甚至麻痹、瘫痪；成鸡产蛋率下降，孵化率低。

烟酸：为多种酶的重要成分，在机体碳水化合物、脂肪、蛋白质代谢中起重要作用。烟酸在谷物胚芽、豆类、糠麸、青饲料、酵母、鱼粉等内含量丰富。鸡缺乏时易发生食欲减退，生长缓慢，羽毛粗乱，关节肿大，长骨弯曲。

维生素 B_6（吡哆醇）：与蛋白质代谢有关。吡哆醇在一般饲料中含量丰富，鸡体内也可自身合成。当缺乏时，鸡只表现异常兴奋，甚至痉挛；食欲减退，体重下降；产蛋率、孵化率明显下降，最后会导致严重衰竭而死亡。

泛酸：是辅酶 A 的组成部分，与体内碳水化合物、脂肪和蛋白质代谢有关。泛酸在糠麸、小麦、酵母及胡萝卜中含量较多。鸡缺乏时易发生皮肤发炎，羽毛粗乱无光，骨骼短粗变形，肛门出现硬痂，脚爪皮炎，生长不良。

生物素：参与体内脂肪、蛋白质、碳水化合物等的代谢。生物素在鱼肝油、酵母、青饲料、糠麸、谷物和鱼粉中含量较多。鸡缺乏生物素，喙、趾等部位易发生皮肤炎；骨骼变形，生长缓慢；种蛋孵化率降低。

胆碱：胆碱在传递神经冲动和参与脂肪的代谢上很重要。胆碱在小麦胚芽、豆饼、糠麸、鱼粉中含量丰富。鸡缺乏时易引起脂肪代谢障碍，雏鸡生长缓慢，鸡脚弯曲等。

叶酸：与维生素 B_{12} 共同参与核酸代谢和蛋白质的合成，对肌肉、羽毛生长有促进作用。叶酸在青饲料、大豆饼、麸皮、小麦胚芽及酵母中含量较多。鸡缺乏时易引起生长停滞，贫血，羽毛粗乱，骨短粗，产蛋率下降，种蛋孵化率低等。

第二节　鸡常用饲料原料

国际上通常按饲料营养特性，将饲料分为能量饲料、蛋白质饲料、矿物质饲料、维生素饲料、粗饲料、青绿饲料、青贮饲料、添加剂八大类。

饲料中常用的谷物籽实、豆科籽实及其他植物性饲料中，存在着大量的有毒化合物。采用不同的加工处理，如水洗、皂化、加热等，可以使部分有毒化合物失活。除天然毒物之外，饲料还会受到有害生物及其毒素、金属毒物、药物饲料添加剂和农药的污染。

一、能量饲料

能量饲料是指在干物质中粗纤维含量低于18%、粗蛋白质含量低于20%的饲料，主要包括谷物籽实及其加工副产品类、块根块茎类和油脂类。

（一）玉米

玉米所含的能量在谷类中列为首位。玉米含可溶性碳水化合物高，可达72%，其中主要是淀粉，粗纤维含量仅2%，所以玉米的消化率可达90%。玉米粗脂肪含量高，为3.5%~4.5%，是小麦和大麦的1倍左右，所以玉米能量高。玉米中亚油酸含量高，可达2%，在鸡饲料中，要求亚油酸含量为1%，如玉米在饲料中的配备达到50%以上，仅玉米一项即可满足动物对亚油酸的需要量。黄玉米中的叶黄素多，是鸡蛋黄和皮肤的天然着色剂。玉米中维生素K、维生素D缺乏。玉米蛋白质含量低，品质差，缺乏赖氨酸和色氨酸。玉米易感染黄曲霉素，购进时要注意监测。

（二）小麦

小麦所含的能量仅次于玉米，粗蛋白质和赖氨酸含量高于玉米，且氨基酸比其他谷类完善，但粗脂肪含量少，缺乏胡萝卜素和维生素D，含硫胺素多，核黄素少，钙少、磷多，适口性好，容易消化。使用时要注意小麦中含有较高的木聚糖、葡萄糖等非淀粉多糖，在消化道内易形成黏结物，妨碍营养物质消化吸收，还会使鸡粪便黏性提高。因此，用量不能过多，一般在10%~30%，如超过30%则不利于生产。

（三）大麦

大麦中粗蛋白质和赖氨酸含量高于玉米和小麦，在谷类中品质最为优良。大麦中缺乏胡萝卜素和维生素D，核黄素少，尼克酸含量丰富，钙、磷含量比玉米高。用大麦喂鸡效果不如玉米，大量饲喂会使鸡蛋黄、皮肤颜色变淡。大麦适口性差，宜粉碎或压扁后饲喂，仔鸡饲料中不能超过15%，产蛋鸡饲料中可以添加到25%。

（四）高粱

高粱的总营养价值为玉米的70%，蛋白质含量略高于玉米，但品质较差。胡萝卜素及维生素D的含量少，含钙少，磷含量多，烟酸含量多。高粱中单宁含量高，味苦，适口性差。高粱可以代替部分玉米，在鸡饲料中占15%以下为宜。

（五）小麦麸皮

小麦麸皮是由小麦的种皮、糊粉层及少量的胚乳组成。麸皮的营养价值因面粉的加工工艺过程而异，主要决定于对面粉的质量要求。麸皮含纤维素多，能值较低。麸皮的粗蛋白质含量较多，赖氨酸多，蛋氨酸少。麸皮中含磷量高，但以植酸盐形式存在，难以消化利用。含有维生素B_1、维生素B_2、维生素B_{12}、维生素A和维生素D。麸皮的质地疏松，适口性好，在鸡配合饲料中麸皮可占5%~10%。

（六）米糠

米糠是稻谷加工的副产品，其中除种皮外，还含有少量碎米。大米糠代谢能水平较高，粗纤维含量高，粗蛋白质含量较低，但粗脂肪的含量是玉米的4倍。大米糠中的B族维生素、烟酸和维生素E含量丰富，但缺乏维生素A和维生素D。含油脂过多，在高温、高湿环境下，特别是梅雨季节，容易氧化酸败。

（七）油脂

油脂的能量浓度很高，并且容易被动物利用。可作为饲料使用的有动物性油脂和植物性油脂。动物性油脂是由动物体脂经熬炼、分离而制得。鸡饲料中适量添加油脂，具有加快生长速度和缩短饲养周期的效果。油脂主要用作肉用仔鸡的能量补充料，用量以3%~5%为宜。在使用油脂的同时，需相应提高饲料中其他营养物质，特别是蛋白质、钙、磷、维生素E的水平。

二、蛋白质饲料

饲料干物质中粗蛋白质含量20%以上、粗纤维含量18%以下的饲料称为蛋白质饲料。蛋白质饲料根据来源不同分为植物性蛋白质饲料和动物性蛋白质饲料两类。

（一）大豆粕

大豆加工过程中经压榨法榨油后的副产品称大豆饼，用溶剂提取油后的副产品称大豆粕。大豆粕中的赖氨酸与精氨酸之间的比例较为适当，约为100∶130，与大量玉米和少量鱼粉配伍，可充分满足鸡的氨基酸需要。大豆粕中蛋氨酸含量不足，略逊于菜籽粕和葵花仁粕，略高于棉仁粕和花生粕。因此，在主要使用大豆粕的饲料中，一般都需要另外添加蛋氨酸才能满足需要。

（二）菜籽粕

菜籽粕的蛋白质含量略低于大豆粕，但氨基酸组成比较平衡，其中蛋氨酸含量较高，仅次于芝麻粕。菜籽粕的可利用能量水平较低，适口性差，不宜作为单胃动物唯一的蛋白质饲料。据加拿大研究报道，菜籽粕所含的磷利用率较高，含硒量是常用植物饲料中的最高者，可以达到 1.0 mg/kg，是大豆粕的 10 倍，相当于含硒量最高的鱼粉（1.8~2.0 mg/kg）的一半。所以，如果饲料组分中的菜籽粕和鱼粉占有相当的数量，则不需要添加亚硒酸钠。菜籽粕中含有硫代葡萄糖苷，经芥子酶水解而产生异硫氰酸盐等有毒物质，可使鸡的甲状腺肿大，影响能力代谢，影响增重和饲料转化率。在鸡的配合饲料中用量为 3%~8%为宜。

（三）花生粕

花生粕是花生脱壳提油后的副产品。花生粕含有大量胆碱、维生素 B_1、泛酸和烟酸，缺少胡萝卜素、维生素 D 和核黄素，钙、磷含量少。粗蛋白质含量与豆粕相当，但蛋氨酸和赖氨酸含量不足，因此应与豆粕配合使用，以完善氨基酸的组成，提高蛋白质利用率，或在配合饲料中添加赖氨酸和蛋氨酸。花生粕在高温、潮湿的条件下，易发霉变质，故不易长时间存放。

（四）棉籽粕

棉籽粕是棉籽提油后的产物，它与玉米、高粱等配合使用，可以提高蛋白质的质量，棉籽粕的适口性对反刍家畜很好，但鸡不喜采食。棉籽粕氨基酸组成中，赖氨酸和蛋氨酸不足，精氨酸过高，赖氨酸与精氨酸之比高达 100：270 以上，远远超出了 100：120 的理想值。因而，在使用棉籽粕时不仅要考虑添加赖氨酸，还要考虑与精氨酸含量低的饲料搭配，如与菜籽粕搭配就有一定的优越性。棉籽粕含有棉酚，对鸡有毒。此外，棉酚还能使蛋黄变绿色，降低鸡蛋的质量。游离棉酚中毒是累积性的，因此，棉籽粕在鸡饲料中用量不应过多，游离棉酚含量不应超过饲料的 0.01%，或者棉籽粕在鸡饲料中不超过 5%。

（五）芝麻粕

芝麻粕是芝麻籽实提油后的副产品，味清香，略带苦味。蛋白品质好，含蛋氨酸特别多，是大豆粕、棉籽粕含量的 1 倍。但赖氨酸含量不足，核黄素和烟酸含量多，维生素 A、维生素 D、维生素 E、维生素 B_1 缺乏，适口性好，为鸡优良的蛋白质补充料，喂量可占饲料的 10%。

（六）鱼粉

鱼粉是以鱼类食品加工后的下脚料为原料，经过干燥磨碎而成。鱼粉在品种和成分上有很大差别，这主要是因鱼粉原料的品质不同、加工方法和加工所使用的温度不同造成的。秘鲁鱼粉氨基酸组成比例较好，两种主要限制氨基酸含量很高。鱼粉与骨类饲料、植物性蛋白质饲料搭配使用，可以满足鸡的营养需要。鱼粉中的钙和磷含量高，比例适当。国产鱼粉质量不稳定，使用前一定要了解其营养成分。鱼粉的品质好坏，除决定于蛋白质外，还要求新鲜、呈黄色，干燥而不结块，脂肪含量不超过10%，沙土杂质不超过2%，食盐不超过4%。

（七）玉米蛋白粉

玉米蛋白粉是玉米籽经医药工业生产淀粉或酿酒提醇后的副产品，其蛋白质营养成分丰富，并具有特殊的味道和色泽，可作为饲料使用，与饲料工业常用的鱼粉、豆粕比较，玉米蛋白粉资源优势明显，饲用价值高，不含有毒有害物质，不需进行再处理，可直接用作蛋白饲料。

（八）玉米酒糟及可溶物

玉米酒糟及可溶物是生物燃料加工业的副产品。在以玉米为原料发酵制取乙醇的过程中，其中的淀粉转化为乙醇和二氧化碳，其他营养成分如蛋白质、脂肪、纤维等均留在酒糟中。同时由于微生物的作用，酒糟中的蛋白质、B族维生素及氨基酸含量均比玉米有所增加，并含有发酵中生成的未知促生长因子。由于玉米酒糟及可溶物的蛋白质含量在26%以上，已成为国内外饲料生产企业广泛应用的一种新型蛋白饲料原料，在鸡配合饲料中通常用来代替豆粕、鱼粉，添加比例可达30%。

三、矿物质饲料

动、植物性饲料中虽含有一定量的鸡必需的矿物质，但无论在数量上或元素间的比例上均与鸡的实际需要相差甚远，不能满足其生长、发育和繁殖的需要。因此，在平衡饲料矿物质营养时，必须补充各种矿物质饲料。

（一）石粉（粒）

石粉（粒）主要指石灰石（粒）。优质石粉（粒）含碳酸钙95%以上，含钙35%以上，是最经济常用的钙料补充剂。

（二）磷酸氢钙

磷酸氢钙是由磷矿石加工制成。外观为白色粉末，由于磷酸氢钙是由磷矿石经过脱氟等过程处理后制成的，使用时要监测其钙、磷含量，同时也要监测其氟含量。

（三）麦饭石

麦饭石是钙碱性岩石的岩浆结晶风化晚期的产物，主要成分为氧化硅和氧化铝，另外还含有鸡所需的常量及微量元素，如钙、磷、镁、钠、钾、锰、铁、钴、铜、锌等18种以上。麦饭石具有溶出和吸附两大特征，能溶出多种对鸡有益的矿物质元素，吸附水中对生物体有害的物质。在饲料中添加1%～

2%的麦饭石，能提高雏鸡成活率，加快生长速度，节省饲料。

（四）食盐

食盐具有刺激唾液分泌、促进消化、维持机体细胞正常渗透压、保持体液中性的作用，同时还可改善饲料味道，促进食欲。雏鸡用量占精料的0.25%~0.3%，成鸡占0.3%~0.4%。喂咸鱼粉时，不必另加食盐，以免盐量过多而致饮水量增加，粪便过稀，严重时造成食盐中毒。

四、常用饲料添加剂

（一）氨基酸添加剂

氨基酸添加剂的核心是氨基酸平衡，通常饲料原料中氨基酸都不太平衡，对各种原料的限制性氨基酸，多采取在配合饲料中添加人工合成的相应单体氨基酸以弥补其不足。目前，最常用的氨基酸添加剂是赖氨酸和蛋氨酸添加剂，其次是色氨酸和甘氨酸。

（二）微量元素添加剂

微量元素添加剂一般是相应微量元素的无机盐类，由于微量元素添加量小，如直接添加难以混匀，所以用稀释剂预混后再使用。微量元素添加剂的实际用量是按微量元素在化合物中的含量和原料纯度进行换算后所得出的。在微量元素缺乏时采用添加无机盐类的方法最简便，但由于在胃肠道中微量元素互作效应，会减少微量元素的吸收和利用率。目前采用氨基酸与微量元素的螯合物来添加微量元素，不但有利于充分发挥微量元素的营养作用，还可降低微量元素的排出量，减少环境污染。

（三）维生素添加剂

维生素添加剂有单一维生素和复合维生素。在使用时要注意维生素添加剂中维生素的有效含量，根据有效含量与鸡对维生素的需要量来确定添加剂使用量，大多数时候把基础饲料中所含维生素作为保证量而不计在内。此外，为使用方便还可以将维生素、氨基酸和微量元素等制成复合添加剂来饲喂。

五、饲料和饲料添加剂生产使用的相关规定

为了确保畜禽产品质量安全，国家在饲料和饲料添加剂的生产使用方面都做出了明确的规定，制定了相应的规范和制度（详见《饲料和饲料添加剂管理条例》），无论是在饲料和添加剂生产或是使用过程中都必须严格遵守。

第三节 饲料中有害物质及预防

鸡饲料中常用的谷物籽实、豆科籽实及其他植物性饲料中，存在着大量的有毒化合物，采用不同的加工处理，如水洗、皂化、加热等，可以使部分有毒

化合物失活。除了天然毒物之外，饲料还会受到有害生物及其毒素、金属毒物、药物饲料添加剂和农药的污染。

一、饲料中天然成分毒物

（一）饲料中的氰物质

生氰植物能在鸡体内合成生氰化合物，经水解后释放氢氰酸。氢氰酸被吸收后，动物机体就会出现中毒反应。

植物中大约有 2 000 多种生氰植物，预防植物氢氰酸的中毒，应掌握植物生育期中有毒成分含量的变化规律，加以合理利用。例如，通过把青绿饲草青贮或晒干，使氢氰酸挥发，或控制喂量，与其他饲草饲料搭配喂给。另外，对饲料进行去毒处理，去毒处理一般采取水浸泡、加热蒸煮的方法，磨碎和发酵对去除氢氰酸也有作用。比如木薯块根的去毒方法有：煮熟水浸法；生薯水浸、晒干法；加工制成薯粉或薯干。木薯叶去毒的方法有：晒干制成叶粉；煮熟（或煮至半熟）后水洗；将鲜叶切碎青贮发酵。亚麻籽饼去毒方法是经水浸泡后煮熟（煮时将锅盖打开）。

（二）棉籽粕中的有毒物质

1. 棉籽粕中的有毒物质　主要是棉酚和环丙烯类脂肪酸。

（1）棉酚是细胞、血管和神经的毒物。大量棉酚进入消化道后，可刺激胃肠黏膜，引起胃肠炎。吸收入血后，能损害心、肝、肾等实质器官。因心脏损害而致的心力衰竭又会引起肺水肿和全身缺氧性变化。棉酚能增强血管壁的通透性，促进血浆和血细胞渗向周围组织，使受害的组织发生浆液性浸润和出血性炎症，以及发生体腔积液。棉酚的脂溶性使其易积累在神经细胞中，使神经系统的功能发生紊乱。

（2）棉酚在体内可与许多功能蛋白质和一些重要的酶结合，使它们丧失活性。棉酚与铁结合，可以干扰血红蛋白的合成而引起缺铁性贫血。

（3）棉酚可影响雄性动物的生殖功能，降低动物繁殖能力甚至造成雄性不育。

（4）棉酚可影响鸡蛋品质，产蛋鸡饲喂棉籽饼时，其产出的蛋经过一定时间的贮存后，蛋黄变成黄绿色或红褐色，有时出现斑点。

（5）棉酚可降低棉籽饼中赖氨酸的有效性。

（6）环丙烯类脂肪酸的毒性，这类脂肪酸主要对蛋品的质量有不良影响。蛋鸡摄入后所产鸡蛋在贮存后蛋清变为桃红色；可使蛋黄膨大；使蛋黄变硬，加热后形成所谓的“海绵蛋”。鸡蛋品质的上述不良变化，也可使种蛋的受精率和孵化率降低。

2. 预防措施 我国工厂化制油工艺生产的棉籽粕，一般含游离棉酚0.06%~0.08%。这类棉籽粕可不经去毒处理，直接与其他饲料配合使用。在饲料中的安全用量，肉鸡为10%~20%的棉籽粕，如果直接饲喂，用量应低于5%，或进行去毒处理后使用。棉籽粕与豆粕、菜粕混合使用也可以减少毒素摄入。我国饲料卫生标准中规定：棉籽粕游离棉酚≤200 mg/kg，产蛋鸡配合饲料≤20 mg/kg，肉用仔鸡、生长鸡配合饲料≤100 mg/kg。

（三）菜籽粕中的有毒物质

1. 菜籽粕中的有毒物质 油菜粕中的主要有毒物质为硫葡萄糖苷和芥酸。硫葡萄糖苷本身无毒，但其水解物噁唑烷硫酮、硫氰酸盐、异硫氰酸盐、氰化物等为有毒物质。这些毒性物质可抑制鸡生长，引起胃肠炎、肾炎及支气管炎，甚至引发肺水肿、甲状腺肿大等。大量摄入含芥酸的油脂，可导致心肌纤维化。

2. 预防措施 菜籽粕可以不经过去毒直接饲喂，但要控制用量。一般高硫葡萄糖苷菜籽粕在饲料中的安全用量为：蛋鸡、种鸡5%；生长鸡、肉鸡10%~15%。我国饲料卫生标准中规定：菜籽粕异硫氰酸酯≤4 000 mg/kg，鸡配合饲料异硫氰酸酯≤500 mg/kg。

二、金属毒物

（一）饲料中的汞

根据我国的调查，汞的含量是：木本植物>粮食作物；水稻>米；高粱>小麦；叶菜类>根菜类>果菜；在粮食作物中，根>茎>叶>籽粒。由无机汞污染饲料引起的急、慢性中毒均少见，主要是甲基汞中毒。汞中毒的急性临床症状是进行性贫血、胃肠功能紊乱、流涎、口腔金属味、烦躁不安、易怒、震颤、肾功能损伤；慢性中毒主要表现为中枢神经系统紊乱，甚至产生永久性的损害。我国饲料卫生标准中规定：鱼粉中汞含量≤0.5 mg/kg；石粉、鸡配合饲料≤0.1 mg/kg。

（二）饲料中的镉

饲料中镉的可能来源主要是矿物质饲料。镉蓄积导致的临床症状为尿中蛋白质、糖、氨基酸、钙、磷含量增加，导致这些物质的负平衡。镉还可以干扰锌、铜、铁在体内的吸收与代谢而产生毒性作用，导致锌、铜、铁缺乏症。我国饲料卫生标准中规定：鱼粉中镉含量≤2 mg/kg；石粉≤0.75 mg/kg；鸡配合饲料≤0.5 mg/kg。

（三）饲料中的铅

矿物质饲料原料中存在铅杂质，可能造成饲料污染。由饲料引起的铅中毒，多为慢性过程，表现为消化功能紊乱和神经症状，如厌食、便秘，有时厌食和便秘交替出现，腹痛、呆滞、肢体疼痛、共济失调、消瘦、贫血等。我国饲料卫生标准中规定：鱼粉、石粉、骨粉、肉骨粉中铅含量≤10 mg/kg；产蛋鸡、肉用仔鸡预混料≤40 mg/kg；鸡配合饲料≤5 mg/kg。

（四）饲料中的铬

饲料中铬的污染来源主要为农作物，饲料中天然含铬量不高，畜禽中铬中毒的病例少见。我国饲料卫生标准中规定：皮革蛋白粉中铬含量≤200 mg/kg；鸡配合饲料≤10 mg/kg。

三、有害生物及其毒素

（一）饲料中的曲霉素毒素类

曲霉素毒素类有黄曲霉素、杂曲霉素、赭曲霉素、构巢曲霉素、寄生曲霉素及烟曲霉素等。

黄曲霉素主要污染玉米、花生、棉籽及其饼粕。此外，其他谷物类、豆类、大米及它们的副产品、作物的秸秆等也可受到污染。雏鸡对黄曲霉素较为敏感。黄曲霉素属于严重肝脏毒和严重血管毒，其慢性中毒的主要表现为动物消化系统功能紊乱、贫血、生育能力低、生长发育迟缓、体重减轻、饲料利用率低、生产性能下降，以及免疫系统和天然防御系统功能被破坏等。

杂曲霉素可存在于玉米、小麦、大麦、花生和面粉中。杂曲霉素为中等毒性，属于肝脏毒。中毒的临床症状为逐渐消瘦、虚弱、食欲减退或废绝、腹泻、眼结膜潮红、黄染，有时尿血或便血。

饲料中玉米、大麦、黑麦、燕麦、高粱和豆类，以及米糠、麸皮都可受赭曲霉素的污染并产生毒素。赭曲霉素 A 属于剧毒物质。畜禽中毒时的临床表现主要是多尿、尿频、尿中带血。

（二）青霉毒素类

青霉毒素的产霉菌种包括展青霉、橘青霉和黄绿青霉等。展青霉毒素和黄绿青霉毒素急性中毒为高毒或剧毒，表现为神经毒。橘青霉毒素急性中毒为剧毒，表现为肾脏毒。

（三）镰刀菌毒素类

镰刀菌是霉变饲料中最常见的霉菌，小麦、大麦、玉米、水稻和甘薯等作物中均可检出。镰刀菌毒素中的单端孢霉烯族化合物急性毒物属于细胞毒，可使分裂旺盛的骨髓细胞、胸腺细胞及肠上皮细胞的细胞核崩坏。

（四）霉菌的饲料卫生标准

我国饲料卫生标准中规定霉菌总数：玉米、米糠、小麦<40×10^3 个/g；豆粕、棉籽饼、菜籽饼<50×10^3个/g；鱼粉、肉骨粉<20×10^3个/g；鸡配合饲料、浓缩料<45×10^3个/g。我国饲料卫生标准中规定黄曲霉素 B_1 的最高容许量为：

玉米、花生粕、棉籽饼、菜籽饼≤50×10^{3} μg/kg；豆粕≤30 μg/kg；肉用仔鸡前期、雏鸡配合饲料及浓缩料≤20 μg/kg。

四、其他有毒有害物质

在畜牧生产上，将药物添加剂均匀地混入饲料，然后喂食畜禽，这是较常用的给药方法之一。但是，如果饲料中药物添加剂过量或使用不当，不仅难以起到药物应有的作用，而且可能对人、畜造成危害。饲料中常用的抗菌药有磺胺类、硝基呋喃类、硝基咪唑类、喹诺酮类等；常用的抗球虫药有苯丙咪唑类和聚醚类等。另外，还有β-兴奋剂、同化性激素和镇静剂。这些药物和添加剂及其代谢产物可能残留于动物器官、组织和畜产品中，通过食物链而危害人类健康。因此，在使用时首先应控制药物和添加剂品种，采用国际允许在饲料中添加的药物和添加剂；其次，严格掌握添加剂量，不得随意增加；其三是按规定执行休药期，确保畜产品中药物和添加剂残留量不超过国家规定的最高允许标准。

第四节 鸡的饲养标准

一、鸡的营养需要

鸡的营养需要包括一天中的维持需要、生长需要和产蛋需要，所需的营养素包括42种。按鸡的体重、体重的增减与产蛋重来计算鸡对营养素的需要是最为合理的。但是鸡都是大群饲养的，体重也有差异，并且时常有增重和减重的变化，况且每只鸡的采食量也不同，生产上根据鸡的采食量与能量浓度、能量需要等因素的相关性，调整饲料的能量浓度、其他养分与能量之间的关系，让鸡在自由采食的情况下，能够满各种营养素的需求。由于不同生理阶段鸡对营养的需求差异巨大，需要制定不同生理阶段鸡的饲养标准。

在鸡的饲养标准中，能量的需要常用代谢能ME表示，代谢能指总能减去粪能、尿能及肠道产气能后余下的能量。

蛋白质的需要，理论上以可消化蛋白计量，但鸡的粪尿在一起测定比较烦琐，故制定标准时，采用粗蛋白表示，同时标出相应氨基酸的需要量，蛋白质和氨基酸的需要量是按最大生长率和最大产蛋量时的最低需要量。

关于矿物质和维生素，NRC标准是按最低需要量制定的，配料时要加上安全余量。

鸡的标准很多，最常参考的有：美国国家研究委员会制定的NRC家禽饲养标准，我国自行制定的饲养标准及种鸡公司推荐的饲养标准。

我国于2004年制定的中华人民共和国农业行业标准《鸡饲养标准》（NY/

T 33—2004）包括：

蛋用鸡：生长蛋鸡营养需要，产蛋鸡营养需要，生长蛋鸡体重与耗料量。

肉用仔鸡：肉用仔鸡营养需要，肉用仔鸡体重与耗料量。

肉用种鸡：肉用种鸡营养需要，肉用种鸡体重与耗料量。

黄羽肉鸡仔鸡：黄羽肉鸡仔鸡营养需要，黄羽肉鸡仔鸡体重与耗料量。

黄羽肉鸡种鸡：黄羽肉鸡种鸡营养需要，黄羽肉鸡种鸡生长期体重与耗料量，黄羽肉鸡种鸡产蛋期体重与耗料量。

矿物质元素耐受量：鸡日粮中矿物质元素的耐受量。

最高限量：全价日粮中最高限量（家禽）。

在此只列出鸡的营养需要标准，表 8.1~表 8.7 以供参考。

表 8.1　生长蛋鸡营养需要

营养指标	单位	0~8 周龄	9~18 周龄	19 周龄~开产
代谢能	MJ/kg	11.91	11.70	11.50
粗蛋白质	%	19.0	15.5	17
蛋白能量比	g/MJ	15.95	13.25	14.78
赖氨酸能量比	g/MJ	0.84	0.58	0.61
赖氨酸	%	1.00	0.68	0.70
蛋氨酸	%	0.37	0.27	0.34
蛋氨酸+胱氨酸	%	0.74	0.55	0.64
苏氨酸	%	0.66	0.55	0.62
色氨酸	%	0.20	0.18	0.19
精氨酸	%	1.18	0.98	1.02
亮氨酸	%	1.27	1.01	1.07
异亮氨酸	%	0.71	0.59	0.60
苯丙氨酸	%	0.64	0.53	0.54
苯丙氨酸+酪氨酸	%	1.18	0.98	1.00
组氨酸	%	0.31	0.26	0.27
脯氨酸	%	0.50	0.34	0.44
缬氨酸	%	0.73	0.60	0.62
甘氨酸+丝氨酸	%	0.82	0.68	0.71
钙	%	0.90	0.80	2.0
总磷	%	0.70	0.60	0.55

续表

营养指标	单位	0~8 周龄	9~18 周龄	19 周龄~开产
铁	mg/kg	80	60	60
非植酸磷	%	0.40	0.35	0.32
钠	%	0.15	0.15	0.15
氯	%	0.15	0.15	0.15
铜	mg/kg	8	6	8
锌	mg/kg	60	40	80
锰	mg/kg	60	40	60
碘	mg/kg	0.35	0.35	0.35
硒	mg/kg	0.30	0.30	0.30
亚油酸	%	1	1	1
维生素 A	mg/kg	4 000	4 000	4 000
维生素 D	mg/kg	800	800	800
维生素 E	mg/kg	10	8	8
维生素 K	mg/kg	0.5	0.5	0.5
硫胺素	mg/kg	1.8	1.3	1.3
核黄素	mg/kg	3.6	1.8	2.2
泛酸	mg/kg	10	10	10
烟酸	mg/kg	30	11	11
吡哆醇	mg/kg	3	3	3
生物素	mg/kg	0.15	0.10	0.10
维生素 B_{12}	mg/kg	0.01	0.003	0.004
胆碱	mg/kg	1 300	900	500

注：根据中型体重鸡制订，轻型鸡可酌减 10%；开产日龄按 5%产蛋率计算。

表 8.2 产蛋鸡营养需要

营养指标	单位	开产至高峰期（产蛋率>85%）	高峰后（产蛋率<85%）	种鸡
代谢能	MJ/kg	11.29	10.87	11.29
粗蛋白质	%	16.5	15.5	18.0
蛋白能量比	g/MJ	14.61	14.26	15.94

续表

营养指标	单位	开产至高峰期（产蛋率>85%）	高峰后（产蛋产<85%）	种鸡
蛋氨酸	%	0.34	0.32	0.34
赖氨酸能量比	g/MJ	0.64	0.61	0.63
赖氨酸	%	0.75	0.70	0.75
蛋氨酸+胱氨酸	%	0.65	0.56	0.65
苏氨酸	%	0.55	0.50	0.55
色氨酸	%	0.16	0.15	0.16
精氨酸	%	0.76	0.69	0.76
亮氨酸	%	1.02	0.98	1.02
异亮氨酸	%	0.72	0.66	0.72
苯丙氨酸	%	0.58	0.52	0.58
苯丙氨酸+酪氨酸	%	1.08	1.06	1.08
组氨酸	%	0.25	0.23	0.25
缬氨酸	%	0.59	0.54	0.59
甘氨酸+丝氨酸	%	0.57	0.48	0.57
可利用赖氨酸	%	0.66	0.60	–
可利用蛋氨酸	%	0.32	0.30	–
钙	%	3.5	3.5	3.5
总磷	%	0.6	0.6	0.6
非植酸磷	%	0.32	0.32	0.32
钠	%	0.15	0.15	0.15
氯	%	0.15	0.15	0.15
铁	mg/kg	60	60	60
铜	mg/kg	8	8	6
锌	mg/kg	80	80	60
锰	mg/kg	60	60	60
碘	mg/kg	0.35	0.35	0.35
硒	mg/kg	0.30	0.30	0.30

续表

营养指标	单位	开产至高峰期（产蛋率>85%）	高峰后（产蛋率<85%）	种鸡
亚油酸	%	1	1	1
维生素 A	mg/kg	8 000	8 000	10 000
维生素 D	mg/kg	1 600	1 600	2 000
维生素 E	mg/kg	5	5	10
维生素 K	mg/kg	0.5	0.5	1
硫胺素	mg/kg	0.8	0.8	0.8
核黄素	mg/kg	2.5	2.5	3.8
泛酸	mg/kg	2.2	2.2	10
烟酸	mg/kg	20	20	30
吡哆醇	mg/kg	3.0	3.0	4.5
生物素	mg/kg	0.10	3.0	0.15
维生素 B_{12}	mg/kg	0.004	0.004	0.004
胆碱	mg/kg	500	500	500

表 8.3　肉用仔鸡营养需要之一

营养指标	单位	0~3 周龄	4~6 周龄	7 周龄
代谢能	MJ/kg	12.54	12.96	13.17
粗蛋白质	%	21.5	20.0	18.0
蛋白能量比	g/MJ	17.14	15.43	13.67
赖氨酸能量比	g/MJ	0.92	0.77	0.67
赖氨酸	%	1.15	1.00	0.87
蛋氨酸	%	0.50	0.40	0.34
蛋氨酸+胱氨酸	%	0.91	0.76	0.65
苏氨酸	%	0.81	0.72	0.68
色氨酸	%	0.21	0.15	0.17
精氨酸	%	1.20	1.12	1.01
亮氨酸	%	1.26	1.05	0.94

续表

营养指标	单位	0~3 周龄	4~6 周龄	7 周龄
异亮氨酸	%	0. 81	0. 75	0. 63
苯丙氨酸	%	0. 71	0. 66	0. 58
苯丙氨酸+酪氨酸	%	1. 27	1. 15	1. 00
组氨酸	%	0. 35	0. 32	0. 27
脯氨酸	%	0. 58	0. 54	0. 47
缬氨酸	%	0. 85	0. 74	0. 64
甘氨酸+丝氨酸	%	1. 24	1. 10	0. 96
钙	%	1. 0	0. 9	0. 8
总磷	%	0. 68	0. 65	0. 60
非植酸磷	%	0. 45	0. 40	0. 35
钠	%	0. 20	0. 15	0. 15
氯	%	0. 20	0. 15	0. 15
铁	mg/kg	100	80	80
铜	mg/kg	8	8	8
锌	mg/kg	100	80	80
锰	mg/kg	120	100	80
碘	mg/kg	0. 70	0. 70	0. 70
硒	mg/kg	0. 30	0. 30	0. 30
亚油酸	%	1	1	1
维生素 A	mg/kg	8 000	6 000	2 700
维生素 D	mg/kg	1 000	750	400
维生素 E	mg/kg	20	10	10
维生素 K	mg/kg	0. 5	0. 5	0. 5
硫胺素	mg/kg	2. 0	2. 0	2. 0
核黄素	mg/kg	8	5	5
泛酸	mg/kg	10	10	10
烟酸	mg/kg	35	30	30
吡哆醇	mg/kg	3. 5	3. 0	3. 0
生物素	mg/kg	0. 18	0. 15	0. 10
维生素 B_{12}	mg/kg	0. 010	0. 010	0. 007
胆碱	mg/kg	1 300	1 000	750

表 8.4　肉用仔鸡营养需要之二

营养指标	单位	0~2 周龄	3~6 周龄	7 周龄
代谢能	MJ/kg	12.75	12.96	13.17
粗蛋白质	%	22.0	20.0	17.0
蛋白能量比	g/MJ	17.25	15.43	12.91
赖氨酸能量比	g/MJ	0.88	0.77	0.62
赖氨酸	%	1.20	1.00	0.82
蛋氨酸	%	0.52	0.40	0.32
蛋氨酸+胱氨酸	%	0.92	0.76	0.63
苏氨酸	%	0.84	0.72	0.64
色氨酸	%	0.21	0.18	0.16
精氨酸	%	1.25	1.12	0.95
亮氨酸	%	1.32	1.05	0.89
异亮氨酸	%	0.84	0.75	0.55
苯丙氨酸	%	0.74	0.66	0.58
苯丙氨酸+酪氨酸	%	1.32	1.15	0.98
组氨酸	%	0.36	0.32	0.25
脯氨酸	%	0.60	0.54	0.44
缬氨酸	%	0.90	0.74	0.72
甘氨酸+丝氨酸	%	1.30	1.10	0.93
钙	%	1.05	0.95	0.80
总磷	%	0.68	0.65	0.60
非植酸磷	%	0.50	0.40	0.35
钠	%	0.20	0.15	0.15
氯	%	0.20	0.15	0.15
铁	mg/kg	120	80	80
铜	mg/kg	10	8	8
锌	mg/kg	120	80	80
锰	mg/kg	120	100	80
碘	mg/kg	0.70	0.70	0.70

续表

营养指标	单位	0~2 周龄	3~6 周龄	7 周龄
硒	mg/kg	0.30	0.30	0.30
亚油酸	%	1	1	1
维生素 A	mg/kg	10 000	6 000	2 700
维生素 D	mg/kg	2 000	1 000	400
维生素 E	mg/kg	30	10	10
维生素 K	mg/kg	1.0	0.5	0.5
硫胺素	mg/kg	2.0	2.0	2.0
核黄素	mg/kg	10	5	5
泛酸	mg/kg	10	10	10
烟酸	mg/kg	45	30	30
吡哆醇	mg/kg	4.0	3.0	3.0
生物素	mg/kg	0.20	0.15	0.10
维生素 B_{12}	mg/kg	0.010	0.010	0.007
胆碱	mg/kg	1 500	1 200	750

表 8.5　肉用种鸡营养需要

营养指标	单位	0~6 周龄	7~18 周龄	19 周龄~开产	开产至高峰期（产蛋>65%）	高峰后（产蛋<65%）
代谢能	MJ/kg	12.12	11.91	11.70	11.70	11.70
粗蛋白质	%	18.0	15.0	16.0	17.0	16.0
蛋白能量比	g/MJ	14.85	12.59	13.68	14.53	13.68
赖氨酸能量比	g/MJ	0.76	0.55	0.64	0.68	0.64
赖氨酸	%	0.92	0.65	0.75	0.80	0.75
蛋氨酸	%	0.34	0.30	0.32	0.34	0.30
蛋氨酸+胱氨酸	%	0.72	0.56	0.62	0.64	0.60
苏氨酸	%	0.52	0.48	0.50	0.55	0.50
色氨酸	%	0.20	0.17	0.16	0.17	0.16
精氨酸	%	0.90	0.75	0.90	0.90	0.88

续表

营养指标	单位	0~6周龄	7~18周龄	19周龄~开产	开产至高峰期（产蛋>65%）	高峰后（产蛋<65%）
亮氨酸	%	1.05	0.81	0.86	0.86	0.81
异亮氨酸	%	0.66	0.58	0.58	0.58	0.58
苯丙氨酸	%	0.52	0.39	0.42	0.51	0.48
苯丙氨酸+酪氨酸	%	1.00	0.77	0.82	0.85	0.80
组氨酸	%	0.26	0.21	0.22	0.24	0.21
脯氨酸	%	0.50	0.41	0.44	0.45	0.42
缬氨酸	%	0.62	0.47	0.50	0.66	0.51
甘氨酸+丝氨酸	%	0.70	0.53	0.56	0.57	0.54
钙	%	1.0	0.9	2.0	3.3	3.5
总磷	%	0.68	0.65	0.65	0.68	0.65
非植酸磷	%	0.45	0.40	0.42	0.45	0.42
钠	%	0.18	0.18	0.18	0.18	0.18
氯	%	0.18	0.18	0.18	0.18	0.18
铁	mg/kg	60	60	80	80	80
铜	mg/kg	6	6	8	8	8
锌	mg/kg	60	60	80	80	80
锰	mg/kg	80	80	100	100	100
碘	mg/kg	0.70	0.70	1.00	1.00	1.00
硒	mg/kg	0.3	0.3	0.3	0.3	0.3
亚油酸	%	1	1	1	1	1
维生素 A	mg/kg	8 000	6 000	9 000	12 000	12 000
维生素 D	mg/kg	1 200	1 600	1 800	2 400	2 400
维生素 E	mg/kg	20	10	10	30	30
维生素 K	mg/kg	1.5	1.5	1.5	1.5	1.5
硫胺素	mg/kg	1.8	1.5	1.5	2.0	2.0
核黄素	mg/kg	8	6	6	9	9
泛酸	mg/kg	12	10	10	12	12

续表

营养指标	单位	0~6周龄	7~18周龄	19周龄~开产	开产至高峰期（产蛋>65%）	高峰后（产蛋<65%）
烟酸	mg/kg	30	20	20	35	35
吡哆醇	mg/kg	3.0	3.0	3.0	4.5	4.5
生物素	mg/kg	0.15	0.10	0.10	0.20	0.20
叶酸	mg/kg	1.0	0.5	0.5	1.2	1.2
维生素 B_{12}	mg/kg	0.010	0.006	0.008	0.012	0.012
胆碱	mg/kg	1 300	900	500	500	500

表 8.6　黄羽肉鸡仔鸡营养需要

营养指标	单位	公 0~3 周龄 母 0~4 周龄	公 4~5 周龄 母 5~8 周龄	公>5 周龄 母>8 周龄
代谢能	MJ/kg	12.12	12.54	12.96
粗蛋白质	%	21.0	19.0	16.0
蛋白能量比	g/MJ	17.33	15.15	12.34
赖氨酸能量比	g/MJ	0.87	0.78	0.66
赖氨酸	%	1.05	0.98	0.85
蛋氨酸	%	0.46	0.40	0.34
蛋氨酸+胱氨酸	%	0.85	0.72	0.65
苏氨酸	%	0.76	0.74	0.68
色氨酸	%	0.19	0.18	0.16
精氨酸	%	1.19	1.10	1.0
亮氨酸	%	1.15	1.09	0.93
异亮氨酸	%	0.76	0.73	0.62
苯丙氨酸	%	0.69	0.65	0.56
苯丙氨酸+酪氨酸	%	1.28	1.22	1.00
组氨酸	%	0.33	0.32	0.27
脯氨酸	%	0.57	0.55	0.46
缬氨酸	%	0.86	0.82	0.70

续表

营养指标	单位	公 0~3 周龄 母 0~4 周龄	公 4~5 周龄 母 5~8 周龄	公>5 周龄 母>8 周龄
甘氨酸+丝氨酸	%	1.19	1.14	0.97
钙	%	1.00	0.90	0.80
总磷	%	0.68	0.65	0.60
非植酸磷	%	0.45	0.40	0.35
钠	%	0.15	0.15	0.15
氯	%	0.15	0.15	0.15
铁	mg/kg	80	80	80
铜	mg/kg	8	8	8
锌	mg/kg	60	60	60
锰	mg/kg	80	80	80
碘	mg/kg	0.35	0.35	0.35
硒	mg/kg	0.15	0.15	0.15
亚油酸	%	1	1	1
维生素 A	mg/kg	5 000	5 000	5 000
维生素 D	mg/kg	1 000	1 000	1 000
维生素 E	mg/kg	10	10	10
维生素 K	mg/kg	0.50	0.50	0.50
硫胺素	mg/kg	1.80	1.80	1.80
核黄素	mg/kg	3.6	3.6	3.6
泛酸	mg/kg	10	10	10
烟酸	mg/kg	35	30	25
吡哆醇	mg/kg	3.5	3.5	3.0
生物素	mg/kg	0.15	0.15	0.15
维生素 B_{12}	mg/kg	0.010	0.010	0.010
胆碱	mg/kg	1 000	750	500

表 8.7 黄羽肉鸡种鸡营养需要

营养指标	单位	0~6 周龄	7~18 周龄	19 周龄~开产	产蛋期
代谢能	MJ/kg	12.12	11.70	11.50	11.50
粗蛋白质	%	20.0	15.0	16.0	16.0
蛋白能量比	g/MJ	16.50	12.82	13.91	13.91
赖氨酸能量比	g/MJ	0.74	0.56	0.70	0.70
赖氨酸	%	0.90	0.75	0.80	0.80
蛋氨酸	%	0.38	0.29	0.37	0.40
蛋氨酸+胱氨酸	%	0.69	0.61	0.69	0.80
苏氨酸	%	0.58	0.52	0.55	0.56
色氨酸	%	0.18	0.16	0.17	0.17
精氨酸	%	0.99	0.87	0.90	0.95
亮氨酸	%	0.94	0.74	0.83	0.86
异亮氨酸	%	0.60	0.55	0.56	0.60
苯丙氨酸	%	0.51	0.48	0.50	0.51
苯丙氨酸+酪氨酸	%	0.86	0.81	0.82	0.84
组氨酸	%	0.28	0.24	0.25	0.26
脯氨酸	%	0.43	0.39	0.40	0.42
缬氨酸	%	0.60	0.52	0.57	0.70
甘氨酸+丝氨酸	%	0.77	0.69	0.75	0.78
钙	%	0.90	0.90	2.0	3.0
总磷	%	0.65	0.61	0.63	0.65
非植酸磷	%	0.40	0.36	0.38	0.41
钠	%	0.16	0.16	0.16	0.16
氯	%	0.16	0.16	0.16	0.16
铁	mg/kg	54	54	72	72
铜	mg/kg	5.4	5.4	7.0	7.0
锌	mg/kg	54	54	72	72
锰	mg/kg	72	72	90	90
碘	mg/kg	0.60	0.60	0.90	0.90

续表

营养指标	单位	0~6 周龄	7~18 周龄	19 周龄~开产	产蛋期
硒	mg/kg	0.27	0.27	0.27	0.27
亚油酸	%	1	1	1	1
维生素 A	mg/kg	7 200	5 400	7 200	10 800
维生素 D	mg/kg	1 440	1 080	1 620	2 160
维生素 E	mg/kg	18	9	9	27
维生素 K	mg/kg	1.4			
硫胺素	mg/kg	1.6	1.4	1.4	1.8
核黄素	mg/kg	7	5	5	8
泛酸	mg/kg	11	9	9	11
烟酸	mg/kg	27	18	18	32
吡哆醇	mg/kg	2.7	2.7	2.7	4.1
生物素	mg/kg	0.14	0.09	0.09	0.18
叶酸	mg/kg	0.90	0.45	0.45	1.08
维生素 B_{12}	mg/kg	0.009	0.005	0.007	0.010
胆碱	mg/kg	1 170	810	450	450

二、营养素的调整

（1）标准的执行应根据环境条件进行调整。能量的需要量还受到环境温度的影响，在适宜温度范围内，以 22 ℃为准，每升高 1 ℃，每千克体重能量需要减少 5.57 kJ 代谢能；每降低 1 ℃，增加 5.57 kJ 代谢能。

（2）鸡的体重不同需要能量不同，例如 1.5 kg 的鸡在 20 ℃时，平均日产蛋 42 g 需采食能量 1.12 MJ 代谢能，而体重为 1.8 kg 的母鸡则需要 1.22 MJ 代谢能，平均每增加 100 g 体重多需求代谢能 33.44 kJ。这也说明轻型的来航鸡产同样多的鸡蛋，需要的能量要少，所以目前选种是向轻型鸡方向发展。

（3）能量的需要在不同的体重与温度的变化是不同的，但是蛋白质、矿物质、微量元素的需要则不随能量进食量不同而转移。所以在气温升高时，饲粮的蛋白质与矿物质水平要相应提高，虽然采食量减少了，但每日采食到的蛋白质与矿物质没有改变，仍能满足生长与产蛋的营养需要。在气温降低时，鸡需要能量多些，采食量也多些，则应降低饲粮蛋白质与钙、磷、食盐水平，以免采食过多造成蛋白质与钙、磷的浪费。轻体型的母鸡，由于能量需要减少，进食饲粮也少些，但是需要的蛋白质与钙、磷则不减少，所以饲粮蛋白质水平与钙、磷水平要适当增高。

（4）能量的需要因气温的升高而减少，维生素的需要量却因气温的增高而成倍增加，以适应高温应激的需要，温度过低时维生素同样需要增加，这是和蛋白质与矿物质不同的。

第五节　鸡的日粮配合方法

一、配合日粮时各种饲料的配合比例

由于饲料的价格差异、毒害物质的含量、日粮能量浓度及消化率的不同，不同类饲料在日粮中的适宜比例有一个大致范围（表 8.8）。

表 8.8　配合日粮时各类饲料的大致比例

饲料种类	百分比
谷物饲料（2~3 种以上）	45%~70%
糠麸类	5%~15%
植物性蛋白饲料	15%~25%
动物性蛋白饲料	3%~7%
矿物质饲料	5%~7%
干草类	2%~5%
微量矿物质及维生素添加剂等	1%

二、配合日粮时应注意的原则

1. 原料多样化　由于不同的日粮原料所含营养素的种类和数量不同，采用多种饲料可以使营养素多样化，防止产生某些营养素的缺乏。

2. 控制毒害物质　通过使用多种原料，能够减少每种原料的用量，从而降低毒害物质在日粮中的含量。

3. 利用多种原料营养素的互补性，降低生产成本　由于在不同的原料中，各种营养素的比例不相同，如豆粕含赖氨酸较高、蛋氨酸较低，花生粕含赖氨酸低、蛋氨酸高，两者配合使用，就能减少赖氨酸和蛋氨酸的添加，从而降低成本。

三、配合日粮的方法

1. 局部调节法　根据现有配方，用Excel电子表格工具，列出每种营养素的含量及配方总量，通过调整每种原料的用量，使配方能够满足要求。

2. 小配方配合法　选用一种能量原料、一种蛋白原料，通过添加矿物质、氨基酸、维生素等，配出一个各种营养素符合比例要求的小配方。再根据不同小配方的营养浓度、营养价格、不同原料用量的限制，组成目标配方。计算时需要借助Excel电子表格工具或相应的软件。

第六节　鸡的饲养管理技术

一、蛋雏鸡的饲养管理

雏鸡饲养管理的好坏，对雏鸡的育成率和整个养鸡生产都有很大的影响，因此，在养鸡生产中，必须抓好雏鸡的饲养管理，提高雏鸡的育成率，增加养鸡经济效益。

（一）育雏前的准备

在育雏前一周，将鸡舍、鸡笼、用具等用净毒威熏蒸彻底消毒，然后用科尔威、菌毒速灭消毒液对饮水器、料槽消毒后，清洗干净备用。在育雏前1~2 d内，将舍内温度提升到35 ℃左右，相对湿度保持在70%左右。

（二）育雏方式

1. 地面育雏　这种育雏方式一般限于条件差的、规模较小的饲养户，简单易行，投资少。但需注意要经常清除雏鸡的粪便，否则会使雏鸡感染各种疾病，如白痢、球虫病和各种肠炎等。

2. 网上育雏　这种育雏方法较易管理，干净、卫生，可减少各种疾病的发生。

3. 雏鸡笼育雏　这种方式是目前比较好的育雏方式，不但便于管理，疾病发生概率低，而且可增加育雏数量，提高育雏率。

（三）育雏鸡的生理特点

1. 雏鸡体温调节机能差　雏鸡体温较成年鸡体温低3 ℃，绒毛稀短、皮薄、皮下脂肪少、保温能力差，体温调节机能要在2周龄之后才逐渐趋于完善。所以维持适宜的育雏温度，对雏鸡的健康和正常发育是至关重要的。

2. 生长发育迅速、代谢旺盛　蛋雏鸡1周龄时体重约为初生重的2倍，至6周龄时约为初生重的15倍，其前期生长发育迅速，在营养上要充分满足其需要。由于生长迅速，蛋雏鸡的代谢很旺盛，单位体重的耗氧量是成年鸡的3倍，在管理上必须满足其对新鲜空气的需要。

3. 消化器官容积小、消化能力弱 幼雏的消化器官还处于发育阶段，每次进食量有限，同时消化酶的分泌能力还不太健全，消化能力差。所以选用蛋雏鸡料时，必须选用质量好、容易消化的原料，配制高营养水平的全价饲料。

4. 抗病力差 幼雏对外界的适应力差，对各种疾病的抵抗力也弱，在饲养管理上稍疏忽，即有可能患病。在30日龄之内蛋雏鸡的免疫机能还未发育完善，虽经多次免疫，自身产生的抗体水平还是难以抵抗强毒的侵扰，所以应尽可能为蛋雏鸡创造一个适宜的环境。

5. 敏感性强 蛋雏鸡不仅对环境变化很敏感，由于生长迅速对一些营养素的缺乏也很敏感，容易出现某些营养素的缺乏症，对一些药物和霉菌等有毒有害物质的反应也十分敏感。所以在注意环境控制的同时，选择饲料原料和用药时也都需要慎重。

6. 群居性强、胆小 雏鸡胆小，缺乏自卫能力，喜欢群居，并且比较神经质，外界稍有异常刺激，就有可能引起混乱炸群，影响正常的生长发育和抗病能力。所以育雏需要安静的环境，要防止各种异常声响、噪声及新奇颜色对雏鸡的影响，防止鼠、雀、害兽的侵入，同时在管理上要注意鸡群饲养密度的适宜性。

7. 初期易脱水 刚出壳的雏鸡含水率在75%以上，如果在干燥的环境中存放时间过长，则很容易在呼吸过程中失去很多水分，造成脱水。育雏初期干燥的环境也会使雏鸡因呼吸失水过多而增加饮水量，影响消化机能。所以，在出雏之后的存放期间、运输途中及育雏初期，注意湿度问题就可以提高育雏的成活率。

（四）雏鸡对环境的要求

1. 对温度的要求

（1）温度要适宜：这是首要条件，温度控制要有稳定性与灵活性。温度过低时鸡群畏寒，聚集在一起，卵黄吸收能力受影响，有的发生感冒下痢，严重时可造成大批死亡；温度过高时雏鸡食欲减退，发育慢，易引起啄癖，影响正常代谢，易感呼吸道疾病；温度适宜时，鸡群分散均匀，叫声响亮，精神活泼，食欲、饮欲适度。应注意温差，初期温差应在3 ℃之内，至育雏后期温差可控制在6 ℃内。对于健壮雏鸡，温度可以适当低些，因为此时雏鸡活动量大，采食量大，生长快。对于体弱雏鸡，温度应高些。在夜间、秋冬季，断喙，接种疫苗，群体处于亚健康状态时，均应当提高温度。

（2）不同日龄的雏鸡对温度的适应：随着雏鸡的生长，对温度的适应力增强，应适当调低温度，使雏鸡对低温逐渐适应（表8.9）。这样可锻炼提高雏鸡对温度的适应能力（尤其在秋天育雏时）。

表 8.9 育雏温度

周龄	一	二	三	四	五
育雏温度℃	35~33	33~30	30~27	27~24	24~21

降低温度应根据季节而定，一般每天降 0.5~0.7 ℃，每周降 3 ℃左右，这样才能保证鸡只对温度有较好的适应。在昼夜温差较大的地区，白天停止供热后，夜间应供热 1~2 周，供热时间应根据季节变化与鸡群状况而确定，秋冬季育雏时时间应长些。

2. 对湿度的要求

（1）要特别注意对湿度的调节与控制。

①雏鸡的生理特点之一就是易脱水。刚出壳雏鸡机体含水率在 75%以上，若在较干燥环境生存时间过长，体内大量水分就会失去；所以适宜的湿度是提高雏鸡成活率的一个关键。②由于雏鸡的生理特点决定其呼吸快，若舍内过于干燥，吸进的是干燥的空气，呼出的是湿气，这样就造成体内水分丧失速度加快，导致饮水增多，从而影响雏鸡机体的正常活动与消化吸收功能。

（2）雏鸡对湿度高低的表现：湿度过低时，雏鸡饮水增多，易下痢，脚趾干瘪，羽毛无光泽，生长慢；湿度过高时，羽毛污秽零乱，食欲差，垫料湿，易患病。

（3）对湿度的控制：在地面上洒水，或在炉子上放水盆蒸发，来增加湿度，若湿度过大时可通过增温与加强通风来排湿。

3. 对通气的要求 在注意保温的同时，还应注意通风换气，否则对雏鸡的生长、健康会产生严重的影响。因为雏鸡生长快，代谢旺盛，呼吸较频繁；饲养密度又大，再加上生火炉会消耗一部分氧气，故需通风换气。

（1）通风换气可以保持室内卫生与正常的生活环境，净化空气，把有害气体、水汽、热量、尘埃、空气中的微生物等排出。

（2）通风换气可以提供充足的氧气，供给新鲜空气。保温与通风，有些人认为二者是对立的，其实不对，只保温不通气，会导致缺氧，影响鸡的正常生长，会降低其抗病能力，亦会对其生理活动有影响。在通风前，要先提高舍温 1~2 ℃。

换气适当时，雏鸡舍内无异味，空气清爽，温度均匀；换气过量时，若舍外温度过低，会导致舍温急剧下降；换气不足时，空气污浊，造成上下温差大。

在短时间内将污浊空气换成新鲜空气不会使雏鸡受凉，亦不会感冒，反而能增强雏鸡体质及抗冷（寒）能力。育雏一周左右即可使用此法，已经实验证实。

4. 对光照的要求 雏鸡视力弱，为了让雏鸡很快适应环境，尽快学会饮水采食，初期应用较强的灯光，尤其平养的前 3 d，笼育头一周，光照时间尽可能长些。前 3 d 可使用 60~100 W 的灯泡，3 d 后可以换成 45~25 W 的灯泡。光照稍暗些，鸡相对安静；在过强的光照下，鸡活动量大，易出现互啄的恶癖。

6 周内光照时间的长短，还不会影响雏鸡的性成熟，但会直接影响雏鸡的采食时间与采食量。在育雏期最容易出现的问题就是增重过慢，达不到标准体重，给予较长的光照时间有利于雏鸡增重，头 3 d 光照时间应定为 23 h，之后每周减 1~2 h，亦可用自然光照，在夜间应补饲，可定时开 2 h 灯，每天 2 次即可。

广大养鸡户在管理光照上易出现的错误有：其一，考虑雏鸡增重情况，在第 2~3 周即实施 8 h 光照。其二，给予 20 h 以上的光照，过长的光照时间会影响雏鸡休息与睡眠，使雏鸡疲劳，降低生长速度与抗病能力。

5. 饲养密度及采食、饮水位置宽度 在饲养条件不太成熟或饲养经验不足的情况下，不要太追求单位面积的饲养量与效益。饲养密度过大，可能造成饲养环境的恶化，进而影响生长，降低抗病力，反而达不到追求数量的目的，不同饲养方式的饲养密度如表 8.10 所示。

表 8.10 蛋用雏鸡不同饲养方式下的饲养密度

地面平养		网上平养		立体笼养	
周龄	鸡数/m^2	周龄	鸡数/m^2	周龄	鸡数/m^2
0~6	15~18	0~6	18~20	1~2	60
7~12	10~12	7~12	8~10	3~4	40
—	—	—	—	5~7	34
—	—	—	—	8~12	24

饲养密度与鸡舍结构、鸡舍控制环境的能力、饲养方式、舍内设施、饲养人员的技术水平、鸡的品种、季节等有关。饲养密度要灵活，密度是否适中，最终要看鸡群生长得是否均匀、健康（表 8.11）。

表 8.11 蛋用雏鸡所需采食与饮水的位置宽度

项目 周龄	食槽种类		饮水器种类	
	料槽	料桶	水槽	乳头饮水器
1~4	2.5 cm/只	35 只/个	1.9 cm/只	16 只/个
5~10	5.0 cm/只	20~25 只/个	2.5 cm/只	8 只/个

在饲养中不仅食槽与水槽长度应满足雏鸡的需要，还要注意放置合理，便于采食饮水，一般应让雏鸡在 1 m 内即能找到水料槽。

（五）雏鸡的管理要点

1. 饲喂管理　雏鸡在出壳后 24~36 h 内开食最好。雏鸡在第一周与第二周体重能增长 2 倍左右，由于生长迅速而胃肠容积不大，消化机能较弱，所以必须注意满足雏鸡营养需要，应该用质量最好、最卫生的原料生产高能量高蛋白的雏鸡饲料。雏鸡开食是第一次吃食，应在学会饮水 2 h 之后进行，在 1/3 的雏鸡有啄食表现时，即可少量饲喂，开食时可铺干净纸、塑料布或用开食料盘，均匀地将料撒开。育雏第一周每天分多次喂最好，第一天每 2 h 喂一次料，平均每次每只喂 0. 5~1 g，为了便于雏鸡采食，饲料中应加入 30%的饮水，拌匀后饲料捏起来成团，撒下去能散开即可，这样饲料中的粉面能粘在粒状饲料上，便于雏鸡采食，适口性也好。饲喂量应该逐渐地增加，每次喂料能在 25 min 内吃尽为好。一般一二周内每天喂 6 次，以后根据发育情况逐渐变为每天喂 5~4 次，亦可在一周后让雏鸡自由采食。雏鸡第一天的平均采食量在 5~8 g，第一周的平均采食量为每天 10 g，每天必须准确记录雏鸡的采食量，以便随时了解鸡群的情况与发育情况。在 2~3 日龄时应注意找出不会吃喝的弱雏，及时放在比较适宜的环境中，教会它们饮水采食，则大多数能存活下来。

2. 雏鸡的饮水管理　1 日龄雏鸡第一次饮水称为初饮，雏鸡出壳 24 h 后可失去体内水分的 8%，存放 24 h 可失去体内水分的 15%。为防止雏鸡因失水而影响正常的生理活动，进雏后必须先让雏鸡学会饮水。

由于运输与存放过长的雏鸡脱水多些，应在饮水中添加维安速补或者禽乐康。饮水的温度应接近室温（16~20 ℃），饮水器每天应刷洗消毒 1~2 次。

雏鸡的饮水量大致为采食量的 1. 5~1. 8 倍，注意不要断水，为让雏鸡尽快学会饮水，可轻轻抓住雏鸡头部，将喙部按入水中 1 s 左右，每 100 只雏鸡教 2 只，则全群很快学会。

注：初饮后无论如何不应断水，保证供水清洁充足。

3. 断喙

（1）目的：鸡在大群体高密度饲养时易出现啄羽、啄趾、啄肛等恶癖。断喙可以减少恶癖的出现，亦可减少鸡采食时挑剔饲料造成的浪费。

（2）断喙时间：一般在 6~10 日龄进行，因为此时断喙对鸡应激小，如果雏鸡状况不好亦可推迟进行，不要超过 35 d，因为 35 d 左右，雏鸡可能出现互啄的恶癖。青年鸡转入蛋笼之前，对个别断喙不成功的鸡再修理一次。

（3）断喙方法：一般用断喙器断喙，断喙时左手抓住鸡腿，右手拇指放在鸡头顶上，食指放在咽下，稍使压力，使鸡缩舌，以免断喙时伤着舌头。雏鸡断喙孔径 4. 4 mm，在上喙离鼻孔 2. 2 mm 处切断，应使下喙比上喙稍长些，稍大的鸡可用直径 2.8 mm 的孔，刀片应加热至暗红色，为避免出血，断喙后应烧灼 2 s 左右，断面应磨圆。

（4）注意事项：

1）为防治应激应在饮水中加入维安速补或禽乐康。

2）断喙的长短一定要准确。留短了影响采食；切少了有可能再生长，需再次断喙。

3）在免疫或鸡群受其他应激状况时，不应断喙。

4）断喙后，槽内应多添加饲料，以免雏鸡啄食到槽底，引起创口疼痛。为避免出血，可在每千克饲料中添加 2 mg 维生素 K_3。

5）注意观察鸡群，有烧灼不佳，创口出血的鸡及时抓出重新烧灼止血，以免失血过多引起死亡。

6）断喙不宜在炎热的季节或气温高的时节进行。

4. 雏鸡的卫生管理 雏鸡体弱，抗病力低，一定要采用全进全出的饲养方式，严格实行隔离饲养，坚持日常消毒，适时做好各种免疫，注意及时预防性用药，创造舒适稳定的生活环境，减少各种应激，就可以减少、杜绝疾病的发生。日常管理中应注意以下事项。

（1）精神状态：感染疾病或食物中毒时雏鸡精神不振。

（2）鸡群是否安静：鸡平时是安静的，环境不适或受到某种因素侵害时，鸡群处于紧张状态，叫声不宁，惊恐扎堆。

（3）粪便干湿色泽：雏鸡受凉时，粪变稀，患传染性支气管炎时拉稀，患新城疫时粪呈黄绿色。

（4）记录每天的采食量与饮水量：气候的变化，环境控制的好坏，以及病原微生物感染与否，都会引起雏鸡饮水量与采食量的变化。

（5）通风：特别注意夜间留有的通风大小是否合适；注意记录最高与最低的温度，以便采取措施。

（6）夜间注意听是否有异常呼吸音，早发现，早采取措施，可避免或减少损失。

（7）注意食槽或饮水器：食槽料的多少，饮水器是否缺水、漏水，清洁程度，水面深度。

（8）光照强度、时间是否合适。

（9）及时挑出病鸡单独处理，死雏及时剖解分析病因，以便采取措施。

5. 转群 6 周后转入育成鸡舍，应注意温度，尽量减少应激，避开高温、雨雪天、风天等恶劣环境，转群后适量添加抗生素、维生素，防止鸡群发病。

（六）预防雏鸡死亡的技术措施

雏鸡对不良环境和疾病的抵抗能力弱，必须采取综合措施，预防发生各种原因引起的死亡。

1. 严格按免疫程序接种免疫 应本着预防为主的方针，按免疫程序进行主动免疫。免疫程序的制定，要根据本场或本区病原微生物种类不同而异。如当地没有某种传染病流行，应暂不接种此种疫苗，以免因接种疫苗而造成污染。

2. 及时进行药物预防 用净毒威熏蒸的办法对育雏室及各种用具进行消毒。鸡白痢和球虫病是育雏期间造成死亡的主要原因之一。可在饮水中添加康克宁以预防白痢病的发生；15 日龄后就应该预防球虫病，不可经常使用同一种抗球虫药物，防止产生耐药性；另外，对大肚脐鸡要单独隔开，保持高于正常鸡体温 2~3 ℃的室温，且在饲料中添加治疗量的抗菌药物。

3. 保持适宜的温湿度和通风换气 育雏期的温度，在出壳的第一周要保持在 35 ℃左右，以后每周下降 2~3 ℃。在保持育雏舍温度的同时，千万不要忽略通风换气，防止室内空气污浊。湿度对雏鸡的生长发育关系很大，头 10 d 室内相对湿度保持 60%~65%，中后期注意防潮。

4. 适时“开饮”和供给全价饲料 刚出壳的雏鸡应在 24 h 内饮水，促使其新陈代谢，避免发生狂饮泻死和脱水瘫痪的现象。饲料中某些营养成分缺乏或不足，容易引起营养缺乏症，必须按饲养标准供给优质全价平衡日粮，如条件限制，则应用多种饲料混合饲喂，使营养得到互补。

5. 防止中毒死亡和恶癖的发生 用药物治疗和预防疾病时，计算用药量一定要准确无误，在饲料中添加药物时必须搅拌均匀。不溶于水的药物不能从饮水中给药。搞好室内通风换气，谨防煤气中毒；常见的恶癖有啄肛、啄趾、啄羽等。预防的主要措施是在 5~9 日龄时断喙。

6. 防止扎堆挤压死亡和兽害 密度过大、室温突然降低、受到惊吓、抢水抢料等情况下常发生鸡群扎堆致死。所以，要按鸡舍的面积定饲养量，备足食槽和饮水器，日常操作要小心，避免鸡群骚动；雏鸡最大的兽害是老鼠，应该在育雏前统一灭鼠，进出育雏室应随手关好门窗，堵塞室内所有洞口。

二、蛋鸡育成期的饲养管理

育成期的营养供给方法以 7 周龄为界分为两个阶段，7 周龄到产蛋前称为育成期，育成期最终目标是在鸡达到性成熟，并开始产蛋之前，建立良好的体型（比例适当的骨骼与体重），培育具有高产能力的维持时间长久的高产青年母鸡。在育成过程中应注意观察，定期称重，不符合标准的鸡应及时淘汰，以免浪费饲料与人力，增加成本。第一次选择在 6~8 周龄，第二次选择在 18~20 周龄，结合转群进行，蛋用鸡要求体重适中，羽毛紧凑，体质结实，采食力强，活泼好动。85%以上的鸡体重在平均体重的 0.9~1.1 倍的范围内，产前确实做好各种免疫，保证鸡群能安全渡过产蛋期。

(一) 蛋鸡育成期的管理要点

1. 光照管理 不同季节培育的雏鸡性成熟日龄不同，10月至翌年2月引进的雏鸡因生长后期处于光照时间逐渐延长的季节，易早产，4~8月引进的雏鸡易推迟开产，开产过早过晚均影响经济效益。若鸡体未成熟就迫使开产，会导致体重增长迟缓。瘦弱蛋鸡亦长期不见增大，脱肛和啄肛的发生率高。由于体质差，缺乏维持长期高产体力，一般高峰维持时间不长。开产过早的鸡群死淘率一般要超过正常鸡群数倍，相反，若到了该下蛋时不开产，晚一天开产就多花一天的费用。适龄开产，控制性成熟，是育成鸡管理中的一个重点。150~160日龄开产较为合适，在育成期后期2~3个月，每天光照时数稳定或光照时间逐渐缩短。

(1) 光照时间：光照时间临界值为12 h，12 h之内会抑制繁殖系统生长发育，一般不能少于8 h光照。在育成期渐减光照，虽然对全年产蛋量没有影响，但产蛋前6个月的产蛋量会略有增加，到达高峰期快，产蛋率高。10~15周龄光照时间要短，不可延长。增加光照时应从16周龄开始。

(2) 光照制度：光照时数宜短不宜长，强度宜弱不宜强，体重达到性成熟体重时开始光刺激。

2. 体重与性成熟

(1) 同一品种鸡大致都在一定体重时开产，体重大的先开产。

(2) 在12~15周龄时鸡的体重大小就稳定了，此后再努力，亦难以改变，所以在育成前期一定要注意鸡群的体重，及时补饲分出的小鸡，使其达到标准。

(3) 体重大的鸡易提前开产，过肥鸡身体负担重，体重小的鸡开产晚，体质差，所以雏鸡群的正常体重具有重要意义。中型蛋鸡生长期体重与大致采食量见表8.12。

表8.12 中型蛋鸡生长期体重与大致采食量

周龄	日龄	周末体重 (g)	笼养采食量 (g/d)	累计采食量 (kg)
7	43~49	570	45	1.47
8	50~56	660	48	1.81
9	57~63	750	51	2.16
10	64~70	830	54	2.54
11	71~77	910	56	2.93

续表

周龄	日龄	周末体重（g）	笼养采食量（g/d）	累计采食量（kg）
12	78~84	990	58	3.33
13	85~91	1 070	60	3.76
14	92~98	1 150	63	4.20
15	99~105	1 230	67	4.67
16	106~112	1 320	72	5.17
17	113~119	1 410	78	5.2

注：体重值是在下午喂料后测得，空腹体重约低8%。

3. 育成鸡的限饲

（1）限饲目的：

1）控制鸡的生长，抑制性成熟。鸡在自由采食状态下除夏季外都有过量采食的情况，不仅造成浪费还会促进鸡的脂肪积蓄与超重，影响成年鸡的产蛋性能。

2）节约饲料。可节约10%~15%的饲料。

（2）限饲方法：

1）量的限饲：给鸡自由采食的80%左右，停喂结合，隔日给饲。

2）质的限饲：对某种营养物质的限制，采用低蛋白质日粮时一定要保证各种氨基酸的需要量。

目前市场出售的饲料为降低成本（除预混料外），杂饼粕用量较大，饲料能量水平较低，本身已起到限制作用了，所以一般维持当天料当天吃尽即可。以上应在根据每周称重的情况下，灵活掌握限饲内容方法等。

4. 防止开产推迟方法　在实际生长中，5、6、7月份培育的雏鸡，容易出现开产推迟现象，其原因是雏鸡在夏天采食的营养不足，体重就落后于标准。应采取以下措施防止开产推迟。

（1）育雏期夜间开灯补饲，使鸡的体重接近标准。

（2）在体重达到标准之前持续用营养水平较高的育雏料。

（3）在高温夏季，鸡食欲不佳，为达到一定的增长速度，应提高饲料的能量水平和限制氨基酸的水平。

（4）适当提高育成后期饲料的营养水平，使育成鸡16周后的体重略高于标准，多贮备营养有利于安全渡过夏季的高温期。

（5）在18周龄之前开始增加光照时间。

5. 环境影响　育成期的鸡对温度、湿度的变动有了很大的适应能力，但应避免急剧的温度变化，日温差应控制在 8 ℃内，适宜温度为 20~21 ℃。此法可节省饲料。实际生产中，在 13~26 ℃范围不会影响鸡的生长，若在 10 ℃以下，30 ℃以上会对育成鸡生长造成不良影响，应采取适当的对策。一定范围内舍温变化对鸡是一种有益的刺激，有利于提高鸡对环境的适应能力。育成鸡对湿度不太敏感，在 40%~70%范围内都可适应，但地面平养时应尽力保持地面干燥。育成鸡舍在温度不太低的情况下，应该加大通风换气量，尽可能地减少舍内的氨气、尘埃。即使在冬季，亦应设法保持舍内的空气新鲜。

（二）蛋鸡育成期管理注意事项

（1）前期是骨骼、肌肉、内脏生长的关键时期，一定要抓住营养和其他各方面管理，使鸡群体重和骨骼都能按标准增长，前期决定成年后骨骼体型的大小。

（2）育成后期是腹腔脂肪沉积的重要时期，由于体内脂肪沉积与生产性能呈负相关，所以在育成后期，能量不宜过高，冬季应控制喂料量，避免沉积过多脂肪而影响生产性能发挥。

（3）生殖系统从 12 周后开始缓慢发育，18 周时则迅速发育，为此从 16 周后，应注意供给营养平衡的蛋白质，让小母鸡的卵巢能顺利发育适时开产，对发育后期在夏季的鸡群特别需要注意，因夏天耗料少，体重增长和卵巢发育受影响，而使小母鸡开产推迟。

（4）让鸡有充分的自由采食空间及适当的饲养密度。料槽不足或过于拥挤都会影响鸡的整齐度。

（5）当鸡群整齐度较差时，可以增加每次的投料量，减少投料次数，或者根据鸡群体重大小进行称重分群，分别给予投料。

三、蛋鸡的饲养管理

（一）产蛋前后的饲养管理要点

1. 称重　18 周龄时称鸡体重，若此时体重达不到标准，则让鸡自由采食。18 周龄后原来饲料中能量与蛋白质水平较低者应提高其含量，白壳系不低于 17%，褐壳系不低于 16%。

2. 钙用量　18 周龄后，饲料中钙的水平应达到 2%以满足一部分早熟鸡对钙的需要。20 周龄后，饲料中钙应提高到 3. 5%。

3. 稳定的生活环境

（1）开产是小母鸡一生中的重大转折，同时是一个很大的应激，临产前 3~4 d 内，小母鸡的采食量一般下降 15%~20%，开产本身会引起母鸡心理上的很大应激。

（2）小母鸡在整个产蛋前期是负担最重的时期，在这段时期，母鸡生殖系统迅速地发育成熟，青春期的体重仍需不断增长，大致要增重 400~500 g。蛋重逐渐增大，产蛋率迅速上升，对小母鸡来讲，在生理上是一个大的应激。

（3）以上情况造成的心理上与生理上的巨大应激，消耗母鸡的大部分体力，使母鸡在适应环境和抵抗疾病方面的能力相对下降。所以必须尽可能地减少外界对鸡的进一步干扰，减轻各种应激，为鸡群提供安宁稳定的生活环境。

4. 补充光照 如在晚秋后转群，此时日照已短，应逐渐补充增加光照。如达不到原定标准，补充光照可延长 1 周。

（二）产蛋高峰期的饲养管理要点

一般鸡群产蛋率达 50%后 1 个月左右时间即可达产蛋高峰。秋后开产，秋冬补充人工光照的鸡群，产蛋高峰往往推迟 3~4 周。如补充光照、饲料质佳、管理得法，当年冬季即出现高峰，此时鸡体产蛋性能与饲料转化均处于最旺盛的时期，此时的抵抗力也较弱。针对这种情况，此阶段管理非常重要。

1. 满足鸡的营养需要

（1）青年鸡自身的体重，产蛋率和蛋重的增长趋势使产蛋前期成了青年母鸡一生中机体负担最重的时期，这期间青年母鸡的采食量由 75 g 逐渐增长到 120 g 左右，由于种种原因，很可能造成营养的吸收不能满足机体的需要。为使小母鸡能顺利进入高峰期，并能维持较长久的高产，减少高峰期可能发生的营养上的负平衡对生产的影响，从 18 周龄开始应该给予高营养水平的产前料或直接使用高峰期料，让小母鸡体重略高于标准也是有益的，对于高峰期在夏季的鸡群尤其重要。

（2）对于产蛋高峰期在夏季的鸡群，应配制高能高氨基酸的饲料，如有条件可在饲料里添加油脂。当气温高达 35 ℃以上时，可添加 2%的油脂。气温在 30~35 ℃时，可添加 1%的油脂。油脂含能量高，极易被鸡消化吸收，并可减少饲料中的粉尘，提高适口性。这对于增强鸡的体质，提高产蛋率与蛋重具有重要作用。

（3）母鸡的饲料是否满足需要，不能只看产蛋率情况。青春期小母鸡即使采食营养不足，也仍会保持旺盛的繁殖机能，完成其任务。这种情况下，小母鸡是消耗自身的营养来维持产蛋，并且蛋重会变得比较小。所以当营养不能满足需要时，首先表现在体重增长缓慢或停止增长，甚至下降。这样，就没有体力来维持长久的高产。因此，随后产蛋率就会停止上升或开始下降。产蛋率一旦下降，即使采取补救措施也难以恢复。因此，应尽早关心鸡的蛋重变化与体重变化。

体重能保持品种所要求的增长趋势的鸡群，就可能维持长久的高产。为此在转入产蛋鸡舍后，仍应掌握鸡群体重的动态。一般的做法如固定在 30~50 只鸡做上记号，一二周称一次体重。在正常情况下开产鸡群的产蛋率每日能上升 3%~4%。鸡的周龄与平均蛋重的对应关系见表 8.13。

表 8.13 周龄与平均蛋重

周龄	平均蛋重（g）	周龄	平均蛋重（g）
21	45	28	58
22	51	29	58
23	53	30	59
24	54	31	59
25	55	32	60
26	56	33	60.5
27	57	34	61

2. 光照 产蛋期的光照管理需根据育成阶段光照情况来决定。

（1）饲养于非密闭舍的育成鸡，如转群处于自然光照逐渐增长的季节，且鸡群在育成期完全用自然光照，转群时光照时数已达 10 h 或 10 h 以上，转入蛋鸡舍时，不必补充人工照明，待到自然光照开始变短时，再加人工光照以补充。人工光照补充的进度是每周增加 0.5 h，最多 1 h，也有每周只增加 15 min 的。自然光照加人工光照达 16 h 即可。如转群处于自然光照逐渐缩短的季节，转入蛋鸡舍时自然光照时数虽有 10 h，甚至更长些，但是逐渐在缩短，故应立即加补人工照明。补光的进度是每周增加 0.5 h，最多 1 h。当光照总数达 16 h，维持恒定即可。

（2）饲养在密闭鸡舍完全人工控制光照的育成鸡，18 周龄转入同类鸡舍时，按每周增加 0.5 h，最多 1 h 的进度增加光照时数，增加到每天 16 h 的时候，维持恒定光照时数即可。

（3）产蛋阶段的鸡需要的光照强度比育成阶段强约 1 倍，应达 20 lx。

鸡得到的光照强度与灯间距、悬挂高度、灯泡度数、有无灯罩、灯泡清洁程度等因素有密切关系。人工照明，设置灯间距 2.5~3.0 m，灯高 1.8~2.0 m，灯泡功率 45 W，排列呈“∵∴”状是科学的。

3. 产蛋高峰期的注意事项

（1）在营养上一定要满足鸡的需要，根据季节变化和鸡群的采食量、蛋重、体重及产蛋率的变化，调整好饲料的营养水平。

（2）在此阶段应尽最大努力维持鸡舍环境的稳定，尽可能减少各种应激，避免损失。

（3）坚持日常消毒，环境一定要清洁卫生，尽可能防止鸡群在此阶段感染疾病。此阶段产蛋高峰达不到应有的水平将会严重影响全年产蛋量。

（4）根据鸡群情况必要时进行预防性投药，或每隔 1 个月投 3~5 d 的预防性药物。

4. 季节管理　据测定，环境温度每上升 1 ℃，鸡维持需要的能量就降 0.4%。若鸡舍温度低于适应温度区下限时，鸡对能量的需求量就增高。每下降 1 ℃，能量增加 0.6%，产蛋鸡的适宜温度区为 10~25 ℃。所以，应根据季节气候变化等环境因素，以及鸡群自身情况，调整日粮并采取综合性措施来管理鸡群，这样才能保证产蛋高峰期的生产性能得到充分的发挥。

（1）春季管理：此季节由冷变暖气温逐渐回升，日照逐渐增长，是鸡群产蛋的好季节。预产期与产蛋高峰期的鸡需要大量营养物质来满足其产蛋与增重的需要。所以在此阶段应适当提高日粮的营养水平，否则难以满足鸡的营养需要。此季节日粮中能量应达到 11.51~11.93 MJ/kg，粗蛋白质 17.5%~18.5%才能满足鸡的需要。由于初春昼夜温差大，应根据实际情况逐步地将防寒设施撤去，但要时刻注意避免鸡群受寒。

春季天气干燥多风，温度回升，是微生物繁殖的好季节，也有利于疾病的传播。因此，搞好环境卫生和加强防疫是本季节日常工作的重点。进入春季后，应对鸡舍内外与整个鸡场彻底清扫一次，以减少疾病的传播。

（2）夏季管理：夏季高温高湿是一年中鸡群最难过的季节。酷热使鸡群长时间喘息，采食量减少，饮水量大增，很容易造成产蛋率和体质下降，对疾病的抵抗力亦明显下降，所以防暑是本季节工作重点。

1）入夏前的准备工作：

① 鸡舍四周，窗外搭遮阳棚，或利用黑色编织袋在窗口挡光。

② 设法增强屋顶与墙壁的隔热能力，减少进入舍内的太阳辐射热量。

③ 尽可能加大鸡舍通风量，有条件的鸡场可采用纵向通风。自然通风的加大屋顶天窗的面积，会有很好的效果。

2）加强防暑措施：

①加大鸡舍内的风速，可以带走鸡体的产热，室内如风速达到 1~1.5 m/s，就可以减轻鸡的热应激。

②在舍内喷雾，利用水的蒸发来降低舍温，可获得较好的效果。在通风不大时，千万不能喷雾，喷雾不利于鸡的体热散发。有条件的鸡场应采用纵向通风并在进风口安装湿帘。

③供给鸡足量清凉的饮水，饮水尽可能利用地下水，白天应使水槽中的水长流不断。使用乳头饮水器的鸡舍，应每隔 2 h 换一次水，总之，使饮水温度尽可能降低。

3）改善鸡群体况：

①尽可能提早给料时间，于早晨 4：00~5：00 时喂料，能使鸡采食较多

的饲料。

②在酷暑期间，由于鸡的采食量少，为满足鸡体对能量和蛋白质等的营养需要，应增加饲料的营养浓度，可在饲料中添加吸收利用率高的油脂。单纯提高蛋白质含量的方法并不利于防暑，过多的蛋白质、氨基酸在转换能量的同时，会增加鸡体的产热。正确的方法不是提高粗蛋白质的含量，而是提高蛋白质的质量，通过添加蛋氨酸和赖氨酸来提高蛋白质的利用率。

③为提高鸡的抗热应激能力，可在饲料中加倍量使用维生素，并按每千克饲料 150 mg 的量补充维生素 C。

④炎热期间鸡由于长时间热喘息，血液中二氧化碳量不足，影响血液的酸碱平衡，并影响蛋壳质量。为改善这种状况，可在饲料中添加 0.2%的碳酸氢钠。酷暑期鸡大量饮水，水排泄量大，带走了消化道的盐分。为了维持消化道的电解质平衡，可在饲料中经常添加补液盐或在饲料中添加 0.2%的氯化钾。

⑤因为鸡群饮水量大，消化液被稀释，使消化道消化与防卫机能减弱，所以此时定期添加抗生素预防消化道疾病或使用益菌素来维持消化道的菌群平衡是非常必要的。

⑥加强舍内环境的消毒和注意料槽内的卫生，因为暑热期是各种微生物繁衍的好机会。如因水槽漏水使料槽内饲料受潮结块时，应立即清除掉。在炎热夏季，饮水中添加消毒药可以减少饮水中大肠杆菌等微生物，减少疾病的传播机会。注意必须按消毒药使用说明以正确的比例添加。饮水中消毒药的浓度过低则不能达到预期效果，如浓度过高则可能会影响口感，使鸡饮水量减少，影响采食量与生产。

⑦夏天饲料易霉变和被氧化，轻者因为一些营养成分失效而影响生产，严重时则会伤及鸡体健康。所以一定要注意将饲料放在通风的地方，配制或购入饲料，存放时间最好不超过一周，可以减少养分的丧失。

⑧在酷暑期间，应尽可能避免给鸡接种疫苗，以免给鸡群造成应激，如确实需要时，应在温度适宜时进行。

（3）秋季管理：秋季日照时间缩短天气凉爽，往往不会像高温季节热应激那样引起广泛重视，所以养殖户会放松对鸡群的管理，但秋天也是鸡群容易出现问题的季节。

①由于秋季的昼夜温差大，冷应激与因为保温措施带来的一系列的因素（如氨气浓度升高、缺氧、湿度大等）都会对鸡造成持续性的应激作用。我们知道，任何原因引起的应激，都会对机体的免疫（器官）系统有抑制作用，使机体对疾病的抵抗力降低。所以保暖是其中一项重要方面，避免鸡群因着凉而引发呼吸道疾病。

②注意饲料营养。这时的鸡食欲增加，但是不能立即将饲料营养水平降

低，因为经历了炎热夏季的鸡群恢复需要一段时间。为了鸡群能安全顺利度过冬季，秋季正是鸡群恢复体力，养精蓄锐的时机。因此，为了使鸡群有充沛的体力，维持长久的高产，进入秋季后，仍应根据鸡群的情况给予适当的营养，对于还在产蛋高峰期的鸡与体况不好的鸡，应注意饲料中的营养水平、浓度与平衡，同时适当补充些维生素。

③秋季是停产换羽准备过冬的季节，为了延长产蛋期增加产蛋量，在未开始换羽前应尽量延缓换羽期的到来。具体措施是维持环境的稳定，减少外界条件变化的刺激。当鸡已经开始换羽时，为了使其尽快换完恢复产蛋，可适当增加饲料中蛋白质的含量，特别是蛋氨酸与胱氨酸的含量，亦可少量补给石膏粉，以利于羽毛生长。

④秋季做好入冬前的防寒准备工作，如墙北窗安防风障，严闭门窗及贮备原料等。

(4) 冬季管理：

①防寒保温。温度对鸡健康和产蛋量有很大影响，当温度降至 4.5 ℃时产蛋即见减少，降至-9~-6 ℃时，难以维持体温与产蛋高峰。产蛋最适宜温度在13~20 ℃，冬季最好保持 8 ℃以上。在寒流侵袭时，可以采用一些取暖措施，以减少因为寒冷引起的生产波动。从 20 ℃以下舍温每降 1 ℃鸡采食量增加1.2%。提高舍温，有利于节约饲料，还促进了鸡的健康。

②预防“贼风”。通风口应该设置挡风板，一般冬季的通风口应设在鸡舍上方，并利用挡风板使进入的冷空气先吹向上方，与舍内暖空气混合后再降到鸡身上，防止“贼风”直吹到鸡体。

③冬季为了保温往往把鸡舍搞得很严密，有可能造成氨气浓度增大，这是冬季发病的主要原因。当氨气浓度增大时，呼吸道黏膜充血、水肿，失去正常的防卫机能，成为微生物生长的场所，吸入气管内的尘埃若含有大量的微生物，容易发生呼吸道疾病。若有寒流的侵入，鸡易感冒，发病情况更加严重。所以冬季工作的重点就是“保温通风两不误”。

④冬季鸡的采食量增大，可以提高饲料中的能量水平，降低粗蛋白质水平。

⑤光照注意：产蛋期光照应保持恒定或逐渐增加，切勿减少，最长不宜超过 17 h。产蛋期光照增加不能突然，每次增加光照不超过 1 h，否则易引起脱肛。

5. 日常管理

(1) 做好工作日程记录：记录内容包括鸡群只数变异及原因、产蛋数量、饲料消耗量、当时的重要工作及发生的特殊情况等。

(2) 维持环境的相对稳定：产蛋鸡很神经质，对环境变化反应敏感易受惊吓，突然的响声、晃动的灯影、天空的飞机等，都可能引起惊群。鸡群受到惊吓后，易发生产蛋率下降，软壳蛋增加，因此做到定人定群，按时作息，每天工作程序不要轻易改动，减少人员出入鸡舍。

（3）饲喂次数及方法：从理论上说应每隔 3 h 喂一次，但实践中常常每天投 2~3 次料即可。第一次在 7：00~8：00 时，投料量占全天计划的 1/3。第二次投料在 13：00 时左右，投料量占全天计划的 1/4。第三次在 18：00 时，要注意匀料。

（4）水管理：在气候温和的季节里，鸡饮水量通常为采食量的 2~3 倍；寒冷季节为 1.5 倍；炎热季节，饮水量为采食量的 4~6 倍。各种原因造成的饮水不足，都会使饲料采食量下降，从而影响产蛋性能，影响健康状况，因而必须重视饮水的管理。地下井水是最理想的饮水，冬暖夏凉，无污染。

水槽的清洁卫生，通常冬季 2~3 d，春秋隔 1 d，夏天每天清洗水槽，水槽水深应在 1 cm，太浅会影响鸡饮水。清洁乳头饮水器，定期清洗水箱，清洗水箱次数与水槽相同。第二天早晨必须把隔夜水放掉。

（5）观察鸡群加强管理：喂料时与喂完料是观察鸡只精神健康状况的最好时机。有病的鸡不上前吃料，或采食速度不快，或啄几下就不吃了。健康鸡在喂料时，吃不上料时表现骚动不安的急切状态，吃上料时便埋头快速采食。

对采食不好的鸡，要进一步仔细观察其神态、冠髯颜色和被毛状况，挑出隔离饲养或淘汰。粪便观察是指对鸡粪颜色与状态的观察，它是鸡消化机能是否正常和是否健康的表现。以玉米、豆饼为主的饲粮，正常颜色为黄褐色或灰绿色，软硬适中，堆状或粗条状，上面附有一层白色帽状物（尿液）。粪便过于干硬是饮水不足或饲料搭配不当；粪便过稀，则是饮水过多，肠炎或消化不良。粪便带有气泡是肠炎或球虫病早期（雏鸡）；绿色、白色、鸡蛋清样多为霍乱、新城疫或重症肝病后期；胡萝卜样或血便是球虫后期（雏鸡）或蛔虫、绦虫所致；茶褐色黏便是由盲肠排出的正常粪便。粪便上没有或少有白色帽样物说明日粮蛋白质不足。观察鸡群应集中在早晨开灯喂饲与晚上闭灯后，早晨粪便较集中，可以观察到全部粪便。死鸡在早晨易发现，喂饲时易发现病弱鸡，并可观察食欲情况。晚闭灯后较静，可听呼吸音是否正常，如有甩鼻、打呼噜等呼吸困难或呼吸障碍发出的异常音响，说明鸡群已有病情，要及时查找出原因，采取防治措施。以上观察中，还应注意笼具、水槽、料槽的设备情况，看笼门是否关好，有无铁丝头会不会刮到鸡，防止跑鸡与伤鸡。

四、肉鸡的饲养管理

（一）肉鸡生产特点

1. 生产性能高 肉鸡生长迅速，饲料报酬高。快大型肉鸡 6 周龄公母平均体重已达 2 000 g 以上，料肉比（1.6~2.0）：1，每栋舍年可饲养 5~7 批。优质型肉鸡也已做到母鸡 60 d 上市，上市体重达 1 300~2 000 g，料肉比 2.5 以下。

2. 对外界环境的适应能力弱　要求有相对稳定的环境，肉仔鸡育雏温度应比蛋雏鸡高 1~2 ℃，达到正常体温的时间也晚于蛋雏鸡。耐热性差，高密度饲养时，夏季高温时极易中暑死亡。

3. 抗病力弱　肉鸡的快速生长，大部分营养都用于肌肉生长方面，容易发生各种呼吸道疾病、大肠杆菌病等一些常见性疾病，一旦发病，还不易治好。肉鸡对疫苗的反应也不如蛋鸡敏感，常常不能获得理想的免疫效果，稍不注意就容易感染疾病。肉鸡的快速生长加重了机体的负担，特别是 3 周内的快速生长，机体始终处在应激状态下，容易发生肉鸡特有的猝死和心包腹水综合征。

由于肉仔鸡的骨骼生长不能适应体重增长的需要，容易出现腿病。另外由于肉鸡胸部爬卧时长期支撑体重，若后期管理不善，常常会发生胸部囊肿。

4. 性情温顺　肉鸡活动速度较缓，性情温顺，适合于大规模集约化饲养。

（二）肉鸡生产特点

（1）肉鸡生产周期短，每批可在 2 个月之内完成，饲养优质型肉鸡每批也可在 3 个月之内完成。

（2）肉鸡饲养要求规模效益，每只肉鸡的纯利润较低，必须有一定规模。

（3）肉鸡生产必须把成活率放在第一位，一般成活率在 92% 才能保证盈利。

（4）肉鸡实行全进全出制。

（5）肉鸡饲养应采用全价颗粒饲料，没有充足的营养，肉鸡就不可能充分地发挥生产性能。

（6）肉鸡饲养必须有完善的防疫卫生、疾病控制措施，集约化饲养的肉鸡对疾病的抵抗力较差，鸡群一旦发病就很难控制，造成极大的损失。

（三）育雏前的准备

1. 育雏时间的选择　主要考虑两方面因素，一是季节对雏鸡发育程度的影响，二是市场对鸡肉的需求变化。

2. 鸡舍及饲养用具的准备

（1）应在上批鸡转走之后就将舍内粪便清除干净，并对鸡舍进行全面的检查和维修，防止漏雨、堵好鼠洞，还要把鸡舍周围打扫干净，喷药消毒。

（2）使用笼具育雏工艺时要检查好笼具，还有如远红外热源、底网、粪盘、挂网等是否完好，如有损坏应及时配齐更换。

（3）对照明通风、供暖、供水、供料等系统的线路、管道、闸盒、开关和其他部件进行全面检修，使处于完好状态，以备使用。

（4）对饲槽、水罐、水槽、添料拌料用具等清洗干净，在鸡舍内熏蒸消毒之前放置舍内。

（5）鸡舍笼具检修后用高压自来水冲洗，从高到低将顶棚、墙体、笼具、地面冲洗干净，保证无尘、无羽毛、无粪便，自然干燥，温度 21~25 ℃，在密封的鸡舍内先气雾喷洒自来水，使相对湿度达到 60%~80%，然后用福尔马林溶液以 20 mL/m^3 加等量水，加热熏蒸。

3. 饲料的准备 雏鸡料必须符合本鸡种的营养标准，配制好的全价料不要放置太久，最好不要超过 2 周，以防饲料变质及维生素 A、维生素 E 等的氧化，一般按每只雏鸡 1. 1~1. 5 kg 即可。

4. 其他物资的准备 燃料、疫苗及常用药物、灯泡等应准备够用，疫苗及药物按要求妥善存放好。

5. 鸡舍预热、试温 在进雏前 12 d，试运行供暖设备，以保证雏鸡到达时鸡舍能有足够的温度。采用煤炉、火墙供暖方式应特别注意检查是否有串烟的地方，以防一氧化碳中毒。

（四）雏鸡的接运和注意事项

1. 选雏

（1）保证雏鸡来源为健康鸡群。

（2）选健壮的雏鸡，以保证发病率低，成活率高。健雏的特点为活泼好动，腿部结实，眼大有神，叫声清脆，绒毛整齐、光滑，腹部平坦柔软，脐部愈合良好，手握时感到雏鸡机体饱满且挣扎有力。

2. 运雏

（1）养鸡户最好自己押运雏鸡，同时应掌握一定的专业知识和运雏经验。

（2）事先准备好运雏工具，包括车辆、装雏盒以及防雨、保温工具，其中车辆应采用封闭性能较好的，如面包式客用车辆，短途运输也可采用三轮车、拖拉机等简易工具。

（3）注意掌握适宜的运雏时间，冬季及早春运雏，雏鸡应尽量在中午启运；夏季运雏应在早晚凉快时启运。

（4）雏鸡运输过程中，要随时观察鸡群，调整温度及通风，在长途运输时更应注意必要时内外、上下之间颠倒雏鸡盒，防止意外颠簸，以免压死雏鸡。

3. 雏鸡进舍

（1）雏鸡到达时应静置半小时左右，以使雏鸡从运输的应激状态中缓冲过来，同时使其适应育雏环境。

（2）安置雏鸡，将静置后的雏鸡按计划分群安置，分群时应强弱分开，弱雏应放在离热源最近的地方。

4. 初饮

(1) 初饮时间：在雏鸡安置后1 h内就应给雏鸡饮水。

(2) 饮水配制：可用8%的温蔗糖（白糖）水或5%的温葡萄糖水给雏鸡饮用1~2 d。

(3) 饮水温度：应不低于18 ℃。

(4) 饮水器摆放位置：饮水器放在光线明亮之处，并与料盘相互交错，距离不超过1 m为好。

5. 开食

(1) 开食时间：雏鸡开食时间应在初饮之后2~3 h。

(2) 开食饲料：用新鲜的小米、玉米糟等粒料，切不可用过细的粉料。第二天后再用全价饲料，开食饲料可采用干料，也可采用湿料，湿料中料和水的比例为5∶1。

(3) 开食方法：用浅平的料盘，或塑料布、报纸等放在光线明亮处，将料反复抛撒几次，引诱雏鸡啄食，只要有少数雏鸡开始啄食饲料，其余雏鸡很快会学会。

(4) 肉鸡推荐日喂次数：1~3 d，喂8~10次；4~7 d，喂6~8次；8~14 d，喂4~6次；15日龄后，喂2~3次。

（五）断喙

1. 断喙时间　可在初生时或7~10日龄时进行断喙。初生时断喙可直接用断喙刀片烧烙雏鸡的喙尖部分，不必切除；6~9日龄断喙可切除喙尖1/3左右。

2. 断喙前后的管理措施

(1) 断喙前不要让鸡吃得太饱。

(2) 断喙时，可将喙的切面在断喙器刀片上烙一下，有较好的止血作用。同时在断喙的前后2 d，在日粮中加入维生素K，用量为每吨饲料5~8 g，可避免出血。

(3) 断喙后，在料桶内适当增加饲料，避免喙部触到料槽底，因疼痛而拒食。

(4) 断喙后鸡的采食量较少，日粮蛋白质可提高1%，以保持其生长发育。6~9日龄断喙时断喙孔径以0.44 cm为宜。

（六）扩群

1. 扩群时间

(1) 第一次扩群应在8日龄左右，平养鸡群可将围圈撤除。

(2) 第二次扩群应在12~18日龄，可将鸡群逐渐向空闲处疏散。

（3）第三次扩群约在22日龄，可将鸡群占圈到整个鸡舍，这次扩群若在夏季可适当提前。

2. 细心观察雏群 要养好雏鸡必须经常细心观察鸡群，熟悉雏鸡的动态。

（1）注意采食、饮水的快慢和数量，并与前一天的采食量、饮水量进行比较，发现问题要及时查明原因，采取措施。

（2）每天清晨要检查雏鸡的粪便是否正常，正常的粪便为灰绿色，并带有尿碱沉淀的一层白霜，如为黄色浆尿和黄绿色稀粪或粪中带血、稀水等，说明雏鸡患病，应及时查明原因，采取预防治疗措施。

（3）夜间雏鸡休息时，要仔细听是否有不正常的呼吸声、呼噜音、甩鼻等。

（七）夏季饲养的特殊管理

夏季天气炎热，管理要点是防止热应激的危害。

（1）增加鸡舍屋顶及外墙的隔热性能，具体方法是在屋顶上撒草或树枝，增加屋顶隔热；外墙可结合消毒，用石灰水刷白。

（2）合理安排风扇，增加舍内空气流动速度，以降低鸡体感温度。

（3）降低垫料厚度，让鸡只尽量贴近地面，同时更换潮湿垫料，以降低舍内湿度。

（4）最热时可向鸡舍屋顶、外墙间歇喷水以降温。

（5）炎热时可向鸡群投放防热应激药，可用维生素C $300\times10^{-6}\sim500\times10^{-6}$饮水或碳酸氢钠$200\times10^{-6}\sim800\times10^{-6}$定期饮水。

（6）天气闷热时，将料桶吊起来，在清凉时喂料。

（7）应经常注意天气变化，谨防第一次热应激的危害。

（8）降低饲养密度至6~8只/m^2。

（八）冬季饲养的特殊管理

冬季外界气候寒冷，保温、防寒是要点。

（1）减少屋顶散热，舍内无顶棚时应用塑料薄膜吊制临时顶棚。

（2）门口使用棉门帘，防止门缝、墙角等有“贼风”吹入。

（3）使用天窗通风。

（4）地面平养可增加垫料厚度1~3 cm。

（5）采用在鸡舍中段育雏，两端留有预温带。

（6）合理安装炉子，使用烟囱排烟，增加供热量。

（7）在保温的同时，还要注意通风换气，严防煤气中毒。

（8）接雏前3 d，开始预热鸡舍，保证雏鸡到达时的温度。

（9）保证舍内温度。

（九）减少肉鸡的应激

肉鸡快速生长所造成的娇嫩体质，加之大规模高密度的饲养方式，使肉鸡特别容易产生应激。

应激用通俗的话来说就是使鸡群在生理上和心理上处于严重的紧张状态。在应激状况下，肉鸡的生理活动不正常，胸腺、法氏囊和脾脏等免疫器官萎缩，体内淋巴细胞减少，采食量减少，消化功能紊乱，生长迟缓，抗病能力下降，严重时可诱发各种疾病。

有人指出，肉鸡常见的呼吸道病症是由于在感染某种病原微生物的基础上，又感染了另一种病原微生物，然后加上应激才引发的，环境应激起了相当重要的作用。其公式应该是：综合性呼吸道病症=（第一种病原体+第二种病原体）×应激。可见减少肉鸡的应激，在生产上具有重要意义，以下因素可以造成肉鸡应激：①病原微生物感染和疾病；②接种疫苗；③投放药品虽然治病，但对机体也可能有一定毒性；④饲料中某种营养不足或过剩，或某些物质引起中毒；⑤温度的不适宜或急剧变化，湿度过大；⑥饲养密度过大；⑦通风换气不良，舍内氨气、尘埃过多；⑧噪声；⑨捕捉；等等。对可以避免的应激应尽可能地减少。对诸如免疫之类不可避免的应激，也应设法减缓应激程度，尽量控制在鸡群能承受的范围内。

（十）做好记录工作

正确翔实地做好记录，可以比较清楚地把握鸡群的生长状况，也便于日后总结经验，尽快掌握正确的肉鸡饲养技术。记录内容大致如下：

（1）每日记录实际存栏数、死淘数、耗料数，记录死淘鸡的症状和剖检变化。

（2）每日早晨5：00时、下午3：00时记录鸡舍的温度和湿度。

（3）记录每周末体重及饲料的更换情况。

（4）认真填写消毒、免疫及用药情况。

（5）必须认真记录的特殊事故：控温失误造成的意外事故；鸡群的大批死亡或异常状况；误用药物；环境突变造成的事故等。

第九章　鸡场的经营管理

鸡场经营管理的主要任务是要做到人尽其才，物尽其用，充分调动场内人员的生产积极性，充分利用场内的设施、设备等物质条件，最大限度地发挥各种鸡群的生产潜力，以提高产品的产量和质量，降低生产成本，使企业获得最大效益。经营管理是一个系统工程，由市场研究、人员管理、资金管理、物品管理组成。不同性质的鸡场，管理的重点不同。

第一节　鸡场的性质

鸡场的性质，可从生产链的长短分为综合性鸡场和专业性鸡场；从产品的类别分为种鸡场、蛋鸡场和肉鸡场。

一、综合性鸡场

综合性鸡场的特点是投资大，生产规模大，经营项目多，集约化程度高，是供应、生产、加工、销售一体化的联合企业体系，是现代化养鸡场的代表。综合性鸡场多见于经济发达的大城市郊区。这类鸡场设有饲料厂、祖代种鸡场、父母代种鸡场、孵化厂、商品鸡场、屠宰加工厂，为社会提供种蛋、种雏、商品鸡、分割鸡肉，销往国内外市场。特点是抗风险能力比较强，容易打造品牌，产品质量容易控制，可发挥品牌优势。

二、专业性鸡场

专业性鸡场可分为种鸡场、肉鸡场、蛋鸡场三大类。

1. 种鸡场　种鸡场的主要任务是培养、繁殖优良种鸡，向社会提供种蛋或种雏，又可分为蛋用鸡种鸡场和肉用鸡种鸡场，一般一个场只饲养一个品种。集中精力选育提高鸡的各项生产性能，或扩繁种群，为商品鸡场提供优质健康的种鸡。

2. 肉鸡场　肉鸡场是专门饲养肉用仔鸡的商品鸡场，为社会提供肉仔鸡。这类鸡场规模可大可小，一般饲养至42~49日龄均可出售，体重可达2.5 kg左右。

3. 蛋鸡场　专门饲养商品蛋鸡，向社会提供食用商品蛋和淘汰母鸡。

近些年，也有只饲养青年鸡或产蛋鸡的一种，分别称青年鸡场和产蛋鸡场，更利于疾病防控，发挥专业技术优势。

第二节　市场调查

市场决定行业的整体利润。由于原材料的量相对稳定，消费人群相对稳定，当生产规模大于需求时，供过于求，必然导致价格下降，拉动对鸡产品的消费，由于原料上涨，产品价格下跌，必然导致经营亏损。对于品牌企业，由于销售价格较高或与加工销售企业有合同保障，相对亏损降低。一些抗亏损能力差的鸡场将首先关门转产，市场从而恢复正常的供求平衡。因此，项目在什么时间启动，根据市场趋势，及时调整群体结构具有重要意义。

1. 市场调查内容　市场调查内容包括：①主要饲料的价格、人员的工资水平。②鸡肉、鸡蛋、雏鸡的供求状态；市场销售渠道、销售方法和销售价格。③农贸市场肉鸡、鸡蛋、种雏、商品代雏鸡的成交情况。④本企业产品的市场地位，竞争能力。

2. 市场预测内容　市场预测内容包括：①本地区近阶段人口增长对肉鸡、鸡蛋、雏鸡需求量的变化；②近阶段国内有何新品种引进，以及新产品可能对原有品种种雏销售带来冲击；③国际市场需求的变化可能造成的对肉鸡、鸡蛋及其制品出口量增减的影响；④饲料价格变化对养鸡业发展的影响等。

第三节　人力资源管理

人是企业竞争的核心，要建立一个责任心强、技术精、踏实肯干的团队，采取科学的薪酬制度，在工作中要有铁的纪律，在生活中人人平等，要亲如一家，互相关怀，共同进步，人人可分享到劳动成果，使每位员工乐意付出、乐意提高，在工作中成长，在成长中收获（图 9.1）。

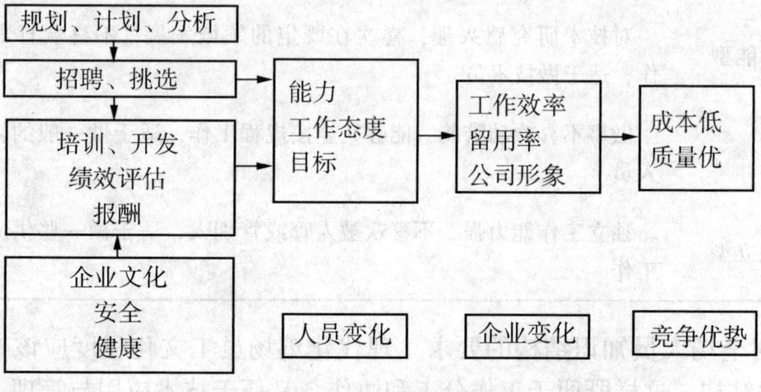

图 9.1　人力资源管理的目标

一、团队结构

虽然各鸡场的产品及规模有一定差异，但它们的团队组织结构基本相似(图 9.2)，每个分场对技术人员及工作人员的要求差别较大，应根据分场的性质招聘相应的人员。

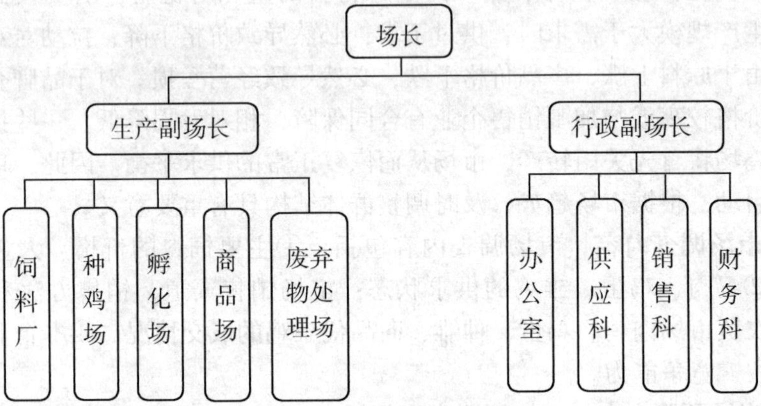

图 9.2　团队结构

1. 人员的选择要以岗找人

鸡场的人员选择要做到以岗定人，按其特点安排适宜的工作岗位（表 9.1）。

表 9.1　招聘要求

人员分类	特点和适宜工作类型
管理型	有较强的分析能力、人际沟通能力、心理承受能力，有强烈的管理欲望，适于做管理人员
技术或功能型	对技术研究感兴趣，喜欢在既定的领域发展，不喜欢日常管理工作，适于做技术员
安全型	做事不喜欢动脑筋，能够完全按规程工作，适于做一般的体力劳动人员
自主与独立型	独立工作能力强，不喜欢被人管或管别人，适于做一些供应或销售工作

2. 对全场人员知识结构的要求　现代化鸡场员工文化程度应该有一个合理的文化结构，这样既便于工作分工和协作，又便于技术应用与管理。鸡场的

场长或总经理应具有本科以上学历并有从事鸡场管理工作5年以上经验，专职的兽医师和畜牧技术员应具有本科学历并有从事本职工作3年以上经验，各职能部门的负责人应具有中专以上学历，各车间主任应有高中以上文化程度，其他员工应具有初中文化程度。这样倒三角的文化结构，才能满足现代化养鸡的需要，才能应用先进科学的饲养管理技术。

二、对管理人员工作能力的要求

1. 场长 场长是一个企业的领导中枢，是决定企业成败的关键人物，作为大中型鸡场的场长应具备下列条件：

（1）要具有一定的专业知识和丰富的实践经验。

（2）有工作魄力和管理才能，能够发挥每位员工的特长，使他们能够找到自信。

（3）对工作具有较强的组织能力，对生产上的问题具有预见能力、解决能力，并能够听取大家的合理化建议，尊重每一位员工。

（4）热爱自己的事业，富有自我牺牲精神。对工作兢兢业业，任劳任怨。

2. 各部门负责人 各部门负责人必须熟悉本部门的各项业务，并有一定的领导能力，完全有能力培养一个新人。

3. 领导和各级负责人 领导和各级负责人要有良好的工作作风。

（1）随时分析本部门的工作情况，如每阶段鸡群的生产和健康情况，生产成本高低，饲料成本多少，盈亏情况等。

（2）对每项工作都要深思熟虑，具体分析，考虑周到，然后才做出决策，一旦决策就要坚持下去，不要随便更改。

（3）工作要主动，要及时发现问题，及时解决，以减少损失。

（4）要善于和下级商量，听取他们的意见。

（5）对任何人员的使用要一视同仁，任人唯贤，不能任人唯亲。

（6）领导要以身作则。对指派下级办的每一项工作，要勤检查、勤督促，注意检查完成情况和质量。

（7）要亲自检查、考核每个工作人员的工作情况，实事求是地给予表扬和批评。

（8）要注意对工作人员的培训，以提高工作效率。

（9）经常关心工作人员的思想和生活，做好政治思想工作。

三、建立规章制度

在制订每项规章制度时，要交给工作人员认真讨论，取得一致认识，提高工作人员执行各项规章制度的自觉性。领导要经常检查规章制度执行情况。为了使规章制度切实得到执行，还可适当运用经济手段。

1. 卫生防疫制度 根据本场的实际情况，制定并严格执行卫生防疫制度，是搞好养鸡生产的重要保证。种鸡场、蛋鸡场、肉鸡场的卫生防疫制度基本上有以下几项内容：

（1）搞好环境卫生和消毒工作：生产区内定期消毒，鸡舍周围 10 m 以内每月清扫消毒一次，整个生产区域每年大消毒并深翻一次，不让杂草灌木生长，以便彻底消毒；非生产人员未经许可，一律不得进入生产区；饲养员回家休假回场后须隔离 24 h 方能入舍工作；凡场内职工一律不准饲养家禽，并且不准把外界禽类制品带入场内；场内饲料道、粪道分开，最好从场外运输，合理处理好鸡粪，防止污染道路和水源。

（2）出入鸡场严格消毒：全场人员上班时必须进入消毒室，经淋浴消毒更换内外衣及鞋帽后，才能进入鸡舍；鸡场的进出口都要设置消毒池，并且经常更换消毒液；鸡笼、车辆来往严格消毒，严禁进入生产区和鸡舍，各棚舍的用具固定专用，并要进行定期消毒；鸡群转群或淘汰后，对鸡舍内的设备做好清洗、消毒，再熏蒸消毒。

（3）鸡群保健：做好各类鸡群的保健卡，以便根据各鸡群的健康状况及各类疾病的发病规律，适时有效地做好防疫工作；定期称重，采血测定抗体水平，从中了解各类鸡群的免疫状况和生长情况；经常观察鸡群动态，发现异常查明原因，并采取适当措施；规定专人负责死鸡的处理工作，把死鸡装入密闭容器内从鸡舍送兽医室解剖后，做无害化处理，使用后的容器、用具立即进行消毒；发现传染病时，及时进行小区封锁，查明病原，封锁传染源和切断传染途径，严禁人员随便出入，同时采取紧急防控措施，迅速扑灭。

（4）制定合理的免疫程序：根据上级兽医部门颁布的统一防疫法规，结合本场防疫经验，制定合理的免疫程序，结合抗体检测情况及时补充免疫。

2. 物资财产管理制度 各种生产用具必须登记造册，落实专人保管，各组需购的物资，必须先造计划，报场部主管领导批准才能购买，严格执行物资保管、领用制度，没有手续不能领用或借用；凡是物资带出场外，一律凭证出门；职工要爱护公物，珍惜国家或集体财产，对故意损坏公物者，要按质论价赔偿。

3. 车辆管理制度 车辆必须服从调度员调度，出车前开好出车单，方能出车。车辆固定人员，专人使用，未经场部批准不准在外过夜；驾驶员严禁酒后开车；做好汽油领发登记，签名手续，全年的车辆维修费和耗油量进行定额承包，实行奖赔制度。

4. 人员管理制度

（1）奖惩制度：对完成任务、成绩显著的班组或个人，对防止重大事故做出贡献者，向场部提出合理化建议者，生产科研上有创造发明并使全场取得经济效益者，均应给予精神和物质奖励；但对那些违反场规，不遵守纪律者要给予应有的处罚，甚至开除出场。

（2）考勤制度：干部、职工上下班一律要实行考勤制度，上班时间不得随便离开工作岗位，休息要听从领导统一安排，一般每月回家休息一次或每批肉鸡全部出尽后回家休息一次。

（3）学习制度：要定期及不定期地组织职工参加政治和文化学习，学习有关政策法规，打造企业文化，倡导“开拓创新、严于律己、敬业爱岗、团结友爱、积极奉献”的精神。

要利用业余时间组织员工进行业务学习，要根据员工的文化基础分类培训。先从养鸡的基础知识教起，内容由浅入深，通俗易懂，同时要结合生产实践，使员工能够逐渐地掌握各类鸡的饲养技术。新员工上岗前必须进行业务培训。向员工介绍企业的概况，讲解每天的工作内容，让员工学习各项规章制度，特别是卫生防疫制度，同时学习各类鸡的饲养管理技术操作规程。上岗时先由经验丰富的老员工带领，技术人员每天深入车间做现场指导，言传身教，使其逐渐地适应工作环境和熟悉作业内容。另外，还要在意识品德方面进行教育，以提高员工队伍的综合素质。

（4）创造良好的生活环境，丰富业余文化生活，培养员工的主人翁思想。鸡场实行全封闭式日常管理，员工的工作和生活非常单调。特别是在节日期间，个别员工思想情绪波动较大，极易影响工作。因此，平时注意丰富员工的业余文化生活，同时要创造一个舒适的生活空间。企业要配置员工娱乐室，业余时间开展文体活动。平时要多了解员工，发现问题及时沟通，使员工对企业有一种依赖性和归属感，为企业发展献计献策，提高企业的凝聚力和向心力。

第四节　计划管理

鸡场经营内容较为复杂，一定要编制好各项年度生产计划，才能保证鸡场工作的正常运转。

年度生产计划是一个鸡场全年生产任务的具体安排。制订生产计划，可根据场内拥有的设备和棚舍面积，市场预测的需求情况及鸡场过去的生产情况进行。内容包括饲养鸡的品种、数量和各项生产指标，以及场内所需的劳动力，饲料品种和数量，预期的经济指标及种蛋、种雏、商品鸡、商品蛋的预计产量。同日龄鸡场与多日龄鸡场，其生产计划有所不同，多日龄鸡场要对各阶段的鸡群进行生产安排，必须制订鸡群周转计划。

一、鸡群更新周转计划

在自繁自养的鸡场（多日龄鸡场）中，鸡群的构成为：种公鸡（肉用型或蛋用型）、种母鸡（肉用型或蛋用型）、产蛋母鸡（商品代）、后备鸡、肉用鸡、雏鸡、成年淘汰鸡。制订鸡群更新周转计划时，要确定鸡群的饲养期。鸡群的饲养期一般划分为：雏鸡 0~6 周龄，后备鸡 7~18 周龄；肉用鸡 0~8 周龄；产蛋鸡 19~72 周龄；种鸡 19~64 周龄。根据种鸡、蛋鸡的使用年限来制订合理的鸡群更新计划。种鸡、蛋鸡一般每年更新一次，但在特殊情况下，如种蛋不足，采取人工强制换羽后，继续使用，最好不要超过两年。

二、产蛋计划

根据每月平均饲养的产蛋母鸡数及其一定的产蛋率，预计出各月的产蛋数。如饲养几个品种的鸡场可按不同品种分别制订各月的产蛋计划，最后汇总成全部的产蛋计划。鸡的产蛋性能受品种、饲料质量、疫病和外界环境等多种因素的影响，但可通过认真查阅过去积累的资料并进行分析，结合本场的饲养管理条件，订出较为切合实际的产蛋计划。

三、孵化计划

制订孵化计划时，必须根据孵化设备的生产能力及种蛋生产量（包括购入种蛋数）和市场对雏鸡需求的预测制订出孵化计划。

四、育雏计划

在制订育雏计划时，一般以育成合格率 80% 作为进雏数的依据，计划失调会造成生产过程脱节，致使棚舍、设备、人力和饲料使用上的浪费。饲养肉用仔鸡，则要注意选择育雏季节（冬季成本最高）和销售的季节差价（逢年过节销售价格较高，而初夏价格最低）及棚舍利用率（肉用仔鸡平均饲养周期 42 d，采用全进全出制的，每批消毒空舍 15 d，每栋鸡舍全年可养 6 批），才能提高经济效益。

五、饲料计划

饲料是养鸡生产的物质基础，也是鸡场养鸡生产总支出中占比例最大的部分，占 60%~80%。因此，做好鸡场周密的饲料供应计划是提高鸡的生产性能，降低饲养成本，增加经济收入的一项重要措施。

饲料供应计划根据各类鸡每天每只平均耗料标准和鸡群周转计划，计算出各种饲料的每月需要量，并要有一定的库存数（能保证有 1 个月的耗料量），也不能一次进料过多，防止饲料发热、虫蛀、霉变，减少不必要的损失。同时要求供应的饲料品种要相对稳定。

第五节　生产技术管理

生产技术管理是完成生产任务和生产计划的重要环节和可靠保证。

一、生产技术管理的主要内容

（1）制定技术标准和劳动定额。

（2）制订鸡群周转计划。

（3）制定全场综合性防疫措施、鸡病免疫程序和紧急疫情的控制措施。

（4）做好兽药、疫苗的保管工作。

（5）汇总技术资料和建立技术档案。

（6）推广场内先进经验和国内的先进技术。

（7）改进和调整饲料营养，提高饲料报酬。

（8）检查和监督各项技术措施的执行情况，监测生产设备的运转状况。

（9）经常检查岗位责任制的执行情况，作为晋升、奖惩的依据。

（10）通过调查研究，提出技术改进建议。

（11）制定技术操作规程。

技术操作规程是鸡场生产中按照科学原理制定的日常作业的技术规范。鸡场饲养管理中的各项技术措施，均要通过技术操作规程加以贯彻，而且技术操作规程也是检查生产的依据。

技术操作规程按不同的生产部门、生产周期和鸡群不同的饲养阶段制定，如孵化技术操作规程、育雏技术操作规程、育成技术操作规程与产蛋期的技术操作规程等。由于各个场的条件、特点不同，应结合本场的实际情况制定，并按不同的生产环节与内容，做到系统全面，条文要求简明具体，切合实际。

二、孵化技术操作规程

（1）种蛋的选择标准，保存要求、消毒方法。

（2）种蛋入孵前箱体的预热要求及整个孵化期内安全操作技术要点。

（3）孵化期内，温度、湿度、翻蛋、出雏情况的必要记录。

（4）照蛋、落盘、出雏箱的消毒，出雏箱内捡雏的技术要求。

（5）雏鸡干毛期内的技术管理措施和急救等技术操作要求。

（6）孵化期内断电或发生故障时的具体技术措施。

三、育雏技术操作规程

（1）育雏前棚舍、设备、用具的准备、消毒方法、步骤及措施。

（2）育雏前棚舍升温的要求（要具体，如育雏温度以什么位置、什么高度为准，各周的温度范围及其调节的方法等）。

（3）育雏前饲料、药物、垫料的准备工作要求。

（4）育雏期的饲喂、防疫和免疫等技术操作要求（如要限饲的还要加上限饲技术的内容）。

（5）育雏期的棚舍卫生、饮水卫生的技术操作要求。

（6）育雏期断喙的技术要求及转舍措施。

（7）育雏期必需的数据记录要求。

四、种鸡技术操作规程

（1）收集种蛋及种蛋消毒操作技术要求。

（2）种蛋的保管及运输操作要求。

（3）产蛋期定期称重和喂料的操作要求。

（4）观察鸡群动态，处理淘汰鸡、弱鸡的操作要求。

（5）防寒、防暑、灯光控制的具体要求。

（6）防疫、防病和种蛋卫生的技术操作要求。

（7）鸡舍设备的保养、维修的技术措施和要求。

（8）数据收集与记录的具体要求。

第六节　评价鸡场经济效益的技术经济指标

一、产量

八项技术经济指标，在很大程度上取决于产量指标的完成情况。产量可分为总产量和单产，单产系指每只蛋鸡年平均产蛋量，以及每只肉鸡平均上市重量。

二、品种

品种结构是衡量鸡场经营方针的标准。新品种的增加和旧品种的淘汰，反映了品种结构的优化。因此，不断引进产量高、质量好、抗病能力强的新品种，提高优良品种占鸡群的比重，是提高养鸡业水平的物质基础。

三、质量

质量指标受产品本身质量和生产工作质量两个因素的影响。产品本身质量的高低反映产品使用效能的大小，它决定于产品内在质量和外观质量。前者表现在产品的化学成分和物理性能上，后者表现为外观、色泽、形状等方面。生产工作质量反映生产、加工中的工作质量，如破碎率等。

四、消耗

饲料费用占成本的60%～80%。因此，养鸡场中消耗指标主要是指饲料消耗，如料蛋比、料肉比等。

五、劳动生产率

劳动生产率系指产品产量（或产值）和劳动消耗之比，用公式表示为：

劳动生产率=产品产量/劳动消耗（人年、工日、工时）

生产率又可分为生产工人劳动生产率和全员（全场职工）劳动生产率。

六、资金

鸡场资金按其周转方式的不同可分为固定资金和流动资金两种。

1. 衡量固定资金利用效果的指标

（1）固定资金产值率：

固定资金产值率=全年总产值/年平均固定资产占用额×100%

固定资金产值率系指每占用百元固定资金能生产多少产值，固定资金产值率愈高，则固定资金利用效果愈好，反之则较差。

（2）固定资金利润率：

固定资金利润率=全年总利润/年平均固定资金占用额×100%

固定资金利润率系指每占用百元固定资金能生产多少利润，固定资金利润率愈高，则固定资金利用效果愈好，反之则差。

2. 衡量流动资金利用效果指标

（1）流动资金周转率：

周转次数（次/年）= 商品年销售收入总额/流动资金年平均占用额

周转天数（d/次）= 360/周转次数

在年度内，周转次数愈多，周转天数愈短，则流动资金周转愈快，流动资金运用效果愈好，反之则差。

（2）产值资金率：

产值资金率=流动资金平均占用额/总产值×100%

产值资金率系指每百元产值占用流动资金额，产值资金率愈低，则流动资金运用效果愈好，反之则差。

(3) 资金利润率：

资金利润率=总利润/流动资金平均占用额×100%

资金利润率指每百元流动资金创造利润额，资金利润率愈高，则流动资金运用效果愈好，反之则差。

七、成本

养鸡场成本费用可分为直接生产费用和间接生产费用两大项。

1. 直接生产费用 又可分为九项。

(1) 工资和福利费：指直接从事养鸡生产人员的工资和福利费，如饲养员、清洁工等人的工资和福利费。

(2) 饲料费：指饲养中耗用的自产和外购的各种植物、动物、矿物质饲料。如外购饲料、在采购中的运杂费用也列入饲料费中。

(3) 燃料和动力费：指生产上耗用的燃料和动力费。

(4) 畜禽医药费：指畜禽耗用的药品费和能直接记入的医疗费。

(5) 产畜摊销费：即种鸡的折旧费。其计算公式为：

产畜摊销费（元/只）=（种鸡原值-残值）/种蛋数量

(6) 固定资产折旧费：指畜舍和专用机械设备的固定资产基本折旧费。畜舍使用年限较长，年综合折旧率应提得低些，专用机械设备使用年限较短，年综合折旧率应提得高些。

固定资产折旧费（元/年）=固定资产原值×年综合折旧率（%）

(7) 固定资产修理费：指上述固定资产所发生的一切修理费，包括大修理折旧费和日常修理费。

(8) 低值易耗品：指能直接记入的工具、劳保用品等低值易耗品。

(9) 其他直接费：指以上八项以外的其他直接费用。

2. 间接生产费用 间接生产费也称分摊费用、间接成本，指由于生产几种产品共同发生的费用。间接生产费需要用比例分摊的方法分摊到各种畜禽成本中去。

(1) 共同生产费：指应在几种鸡群内分摊的间接生产费用。其计算公式为：

某个鸡群应摊共同生产费=共同生产费×某种鸡群直接生产工人工资/全部鸡群直接生产工人工资

(2) 企业管理费：指场一级所消耗的一切间接生产费用。其计算公式为：

某种鸡群应摊企业管理费=企业管理费总额×某种鸡群直接生产工人工资/

全场直接生产工人工资

3. 单位产品成本 单位产品成本系成本和产量之比，如每千克鸡蛋成本，每千克肉鸡成本。提高产量是增加生产，降低成本是厉行节约。所以说，提高产量、降低成本是降低单位产品成本一个问题的两个方面。

八、利润

销售利润，即税后利润，其计算公式如下：

销售利润=销售收入-生产成本-销售费用-税收±营业外收支

营业外收支，系指与生产无关的收入或支出，如利息、罚款等。

考核利润指标除上述资金利润率和固定资金利润率以外，还有产值利润率、成本利润率、人均创利销售利润率等。其计算公式如下：

产值利润率=年利润/年产值×100%

成本利润率=销售利润/销售成本×100%

人均创利=年利润/全员

销售利润率=销售利润/销售收入 ×100%

九、盈亏平衡点分析

盈亏平衡点（保本点）是指业务收入和业务成本相交的临界点。如业务量正在临界点，则不盈不亏；如业务量在临界以上，则会盈利；如业务量在临界点以下，就会亏损。保本点的业务量和业务额，可用下列公式计算：

保本点的业务量=固定成本/（单位产品售价-单位产品变动成本）

保本点的业务额=固定成本/（1-变动成本/业务收入）

成本可以分为固定成本和变动成本。固定成本不随产量变化而变化，如固定职工工资、固定资产折旧费、共同生产费、企业管理费等。变动成本是随着产量变化而变化，如饲料费、燃料费和动力费、畜禽医药费等。

例如：某肉鸡场出售肉鸡，计 1 000 kg。每千克售价 5 元，销售收入为 5 000元，在销售成本中，固定成本为 1 500 元，变动成本为 2 900 元，求保本点的业务量和业务额。

单位产品变动成本=2 900÷1 000=2. 9（元）

保本点的业务量=1 500/（5-2. 9）= 714. 29（kg）

保本点的业务额=1 500/（1-2 900/5 000）= 3 571. 43（元）

该场出售 714. 29 kg 肉鸡不盈不亏，或者说，销售收入达到 3 571. 43 元不盈不亏。

该场如欲盈利 500 元，其销售量和销售额应达到多少？

盈利业务量=（固定成本+计划利润）/（单位产品售价-单位产品变动成

本）

盈利业务额=（固定成本+计划利润）/（1−变动成本/业务收入）

盈利业务量=（1 500+500）/（5−2.9）= 952.38（kg）

盈利业务额=（1 500+500）/（1−2 900/5 000）= 4761.90（元）

该场如欲盈利 500 元，其销售肉鸡 952.38 kg，或销售金额必须达到 4 761.90元。销售量 714.29 kg 是保本点，即销售收入和销售成本相等，不盈不亏。如销售量低于 714.29 kg 则亏损，销售量愈低，亏损额愈大；如果销售量高于 714.29 kg，则盈余。销售量愈高，盈余额愈大。

十、生产临界值的计算

最低产蛋量= $A\times B\div C\div E\times F\times 100\%$

生产成本界线 = $A\times B\div C\div D$ （元/kg）

群日产蛋量界线= $A\times B\times G\div C\div E$ （kg）

群耗料界线 = $E\times D\times G\times C\div A$ （kg）

式中，A——每千克饲料价格（元/kg）；

B——只日饲料消耗量（kg/只·日）；

C——饲料占成本比例（%）；

D——只日产蛋重［kg/（只·日）］；

E——每千克单价（元/kg）；

F——每千克蛋枚数（枚/kg）；

G——群鸡只数。

第七节 提高鸡场经济效益的途径

1. 挖掘鸡场生产潜力 充分挖掘鸡场的生产潜力，增加产量，厉行节约，尽量减少饲料、能源等各种消耗，就有可能利用现有的鸡舍设备创造更多的产值。要增产节约，必须充分依靠和发挥鸡场全体工作人员的积极性及创造性，并采取行之有效的措施。

2. 饲养优良的高产鸡群 饲养优良的高产品种，在同样的鸡群数量和饲养管理条件下，就能使产品产量大幅度提高，从而使饲料开支减少，经济效益提高。

3. 鸡场要有一定的规模 鸡场规模过小，实得利润一般少于应得的利润，也不能创造高额的利润，特别在产品价格较低的情况下，所得的利润更少。据对养鸡场的经济调查表明，利润的增加与鸡场规模成正比。因为规模较大的鸡场，分摊成本低，原料价格低，产品售价高，可获得可观的利润，即所谓的规模效益。

4. 安排好鸡群周转，充分利用鸡舍面积或笼位　鸡群进场、出场应有周密的计划，如期周转鸡群，不使鸡舍空着。因为鸡舍饲养量不足，同样要支付折旧等费用，无形中增加了成本。

5. 防止饲料浪费　饲料是鸡场生产费用中主要的开支，如浪费 2%的饲料，会使费用增加 1.3%，应采取各种有效措施，尽量杜绝饲料的浪费现象。

6. 防止能源浪费　鸡场的水、电、煤用量很大，在总支出中所占比例较大，这方面往往被忽视，浪费相当大，要想方设法节约能源，以减少不必要的开支。

第十章 规模化商品鸡场内环境调控

鸡舍内环境状况与舍外有很大区别，通常把鸡舍内环境因素所决定的气候条件称为“小气候”。鸡舍小气候环境是由鸡舍内的空气湿度、温度、通风、光照及空气成分的浓度等环境因素决定的。这些环境因素可对畜禽代谢、生长发育、繁殖免疫等多方面产生影响。鸡场地形地势选择、鸡舍的设计及其朝向、生产设备设计选择、饲养管理等多个环节均是以环境生理为理论基础，最大限度地营造畜禽生活生长的小气候环境，以利于减少环境应激，提高生产效益。

第一节 光照的控制

一、鸡舍的光照控制

光照是环境中的一个重要的因素，是鸡的生存和生产必不可少的外界条件，对鸡的影响主要体现在生理代谢、生长发育、繁殖和免疫机能。自然光通过光周期影响鸡生物节律而影响机体代谢，在实际生产实践中可通过人工光照调整光的周期，从而对鸡生理代谢进行有效调控。

在鸡舍设计时，通过鸡舍窗户、鸡舍朝向或人工光照的设计来满足鸡对光照的需要。开放式或半开放式鸡舍的光照主要来自于太阳光，密闭式鸡舍主要依靠人工照明。

（一）自然采光

鸡舍内自然采光的多少，应充分考虑以下因素。

1. 鸡舍的朝向 鸡舍的朝向直接影响舍内自然采光，并影响防寒防暑，生产实践中一般设计为朝南的鸡舍。

2. 舍外情况 鸡舍附近如果有高大建筑物或大树，就会遮挡太阳的直射光和散射光，影响鸡舍内的光照条件。所以生产实践中设计鸡舍时要与其他建筑物保持一定的距离，一般不应小于屋脊高度的 2 倍。鸡舍周围植树，应选用主干高大的落叶乔木，且妥善确定位置，尽量减少遮光。此外，舍外地面反射能力对舍内采光也有影响，如裸露土壤反射率较低，草地反射率较高。

3. 采光面积 采光面积一般用采光系数表示，即窗户的有效采光面积与鸡舍内地面的面积之比（以窗户的有效采光面积为1），通常用1∶X表示，也可用下面的公式：

采光系数=窗户的有效采光面积/鸡舍地面面积

采光系数愈大则舍内光照愈大。不同生理阶段对采光有不同要求，如成鸡舍和雏鸡舍的采光系数分别为（1∶10）~（1∶12）、（1∶7）~（1∶9）。

4. 入射角与透光角 入射角是指鸡舍地面中央的一点到窗户外侧上缘（或屋檐）所引直线与地面水平线之间的夹角，入射角越大，越有利于采光。从防寒防暑的角度考虑，我国大多数地区夏季都不应有直射的阳光进入舍内，冬季则希望阳光能照射到鸡床上。可通过合理设计窗户上、下缘和屋檐的高度实现。当窗户上缘（或屋檐）与窗台内侧所引的直线同地面水平线之间的夹角小于当地夏至的太阳高度角时，就可以防止太阳光线进入鸡舍内；当鸡床后缘与窗户上缘（或屋檐）所引的直线同地面水平线之间的夹角等于当地冬至的太阳高度角时，就可使太阳光线进入鸡舍内。

透光角是指鸡舍地面中央一点向窗户上缘（屋檐）和下缘引出两条直线所形成的夹角。如窗外有树或其他建筑物，则窗户下缘引线位置改成大树或建筑物的最高点。透光角一般不小于5°。从透光角来看，立式窗比卧式窗的采光效果好，但立式窗散热较多，不利于冬季保温。因此，寒冷地区可选择南墙开设立式窗，北墙开设卧式窗。

（二）人工照明

人工照明是采用白炽灯和荧光灯等来弥补自然采光的不足，按照畜禽生物学要求建立适当的光照制度。

白炽灯或荧光灯皆可作为鸡舍照明的光源。白炽灯发热量大但发光效率低，安装方便，价格低廉，可以刺激蛋鸡产蛋，但是灯泡寿命较短。荧光灯则发热量低但发光效率高，灯光柔和，不刺眼睛，省电，可促进鸡的性成熟，但一次性投资较高。

二、养鸡场中光照的控制

（一）雏鸡光照调控

光照与雏鸡的采食、饮水、运动和健康状况有重要关系。适宜的光照可促进雏鸡采食、饮水和运动，有利于雏鸡机体对钙的吸收和维生素D的合成，有利于雏鸡的生长发育，达到快速增重的目的。光照时间过短，雏鸡的采食时间会缩短，体重不足，死淘率上升。过强的光照会使鸡烦躁不安，造成严重的啄癖、脱肛和神经质。因此，雏鸡饲养管理中必须做好光照的管理与控制，生产实践中一般采取自然光照与白炽灯供光相结合的方式，控制白炽灯供光的原则为：前 3 d 最好 24 h 光照，以便于雏鸡采食和饮水；第 4 d 起至 2 周龄时每天 15 h 光照，以后每周递减 2 h 过渡到自然光照；4 周后采用自然光照，防止光照过强，造成严重的啄癖、脱肛和神经质。

（二）产蛋鸡光照调控

人工光照对产蛋鸡的影响是多方面的。一方面光照的长短与鸡的性成熟日龄密切相关，光照过短会延迟性成熟，对性腺和内分泌的刺激变弱，产蛋量就会下降；过长则会提早性成熟，过早性成熟的鸡开产早，蛋重小，产蛋率低，产蛋高峰持续时间短。另一方面人工光照有利于加强采食，且可刺激机体新陈代谢，促使内分泌活动，从而促进产蛋。蛋鸡育成阶段的光照管理就是以把性成熟控制在适当日龄为目的而进行的，适当控制光照时间，不宜长于 12 h。产蛋期则是维持产蛋鸡更高产蛋水平为目的，应保持每天 16~17 h 的光照时间。

（三）肉鸡光照调控

一般来说，为了使肉鸡达到最大的采食量和最佳的生长速度，过去一般采用全天制光照或连续光照延长肉鸡采食时间，促进生产。现在采用间歇照明，即开灯喂料，采食后熄灯，使鸡有足够的休息时间，从而提高生产效益。

第二节　温度的控制

鸡是恒温动物，其生理活动的一个重要基础是保证体温相对的恒定，气温对鸡的生理功能、健康状况、生长发育、产蛋率均有影响。温度通常与湿度、气流、辐射等因素共同对鸡产生综合作用。

一、温度对鸡的影响

鸡通过维持机体产热和散热相对平衡来达到体温相对稳定。环境温度是影响机体产热和散热的重要因素。当环境温度在一定范围内变化时，鸡依靠物理和行为调节就可以维持体温相对稳定，该温度范围就是等热区。如果环境温度过低或者过高，机体必须通过增加产热或散热来维持体温恒定，需要消耗额外的能源，因此，在等热范围内生产是保证鸡健康和生产效益最大化的重要措施。

（一）高温的影响

由于鸡被覆羽毛，无汗腺，因此鸡对高温敏感。高温可对鸡生理生化和生产性能带来一系列综合性的影响。

高温导致采食量下降，饮水量增加，可直接影响各种营养物质的摄入，导致鸡体组织和产品的能量、蛋白质、维生素和矿物质的不足，不仅可导致产蛋率下降，而且还会影响蛋的品质，使蛋重降低，蛋壳品质低劣，破壳蛋增多。

雏鸡生长的最适温度随日龄的增加而下降，1 日龄为 34.4~35 ℃，此后有规律地下降，到18日龄为26.7 ℃，32日龄为18.9 ℃。研究表明，4~8周龄的肉用仔鸡，在舍温24 ℃下，饲料利用率最高，舍温每低1 ℃，饲料利用率下降1%。在较高的温度下饲料利用率同样也会下降，如舍温29 ℃以上，每增加1 ℃，饲料利用率下降2%。此外，极高的舍温，会使鸡的食欲显著降低，并因此减缓其生长速度。

在一般饲养管理条件下，鸡产蛋的最适宜温度为12~23 ℃，高温导致雌激素的分泌量减少，影响卵泡发育、卵子成熟和排卵，使甲状腺功能下降，造成甲状腺素减少，对蛋鸡卵泡生长和蛋形成的刺激作用降低，导致产蛋量降低。

（二）低温的影响

温度过低，也会对鸡的生产水平产生影响。当舍温降到-9~2 ℃时，鸡会难以维持正常的体温和产蛋高峰；如果温度降到-9 ℃以下时，则鸡的活动就会变得迟钝。低温可使鸡的维持需要增多，料蛋比增高，产蛋量下降，但蛋较大，蛋壳质量一般不受影响。一般认为温度持续在7 ℃以下对产蛋量和饲料利用率都有不良影响；如果气温日差过大，则产蛋率下降，蛋壳变薄，采食量下降，体重减轻，对于轻型品种鸡尤为显著，但对蛋重没有影响。因此，要采取保温措施，在鸡舍内生火炉或火炕，有条件的可通暖气，以免鸡的生产性能受到影响，从而保证较高的产蛋能力和更高的经济效益。

二、养鸡场中温度的控制

（一）鸡舍的防暑降温

从鸡的生理角度看，高温对鸡的危害比较大，尤其是对成鸡的危害更大，在生产实践中通常采用以下方法和措施减少高温对鸡的危害。

1. 遮阳和绿化　遮阳是指阻挡太阳光线直接进入舍内的措施。遮阳方式主要有水平挡板遮阳和垂直遮阳。水平挡板遮阳是用水平挡板将正射到窗户上的阳光遮挡，常用于南向及接近南向的窗户，水平板加在窗户上方；或者用竖直挡板遮挡由窗户左右两侧射来的阳光。

绿化可以改善鸡场的温度、湿度、气流等小气候状况，也能起到遮阳的作用，草可以遮挡80%的太阳光，茂盛的树木也能遮挡大部分阳光，因此绿地和树木可使鸡舍温度显著降低。植物还能通过自身的蒸腾作用和光合作用，吸收太阳辐射，对周围环境的空气进行“冷却”。

2. 鸡舍隔热设计　鸡舍的外围护结构及屋顶、墙壁等直接影响鸡舍内的温热状况，因此，加强鸡舍外围护结构的隔热设计，可有效防止或削弱高温与太阳辐射对舍温的影响。

（1）屋顶隔热设计：夏季炎热地区，由于太阳辐射强度大，气温高，屋面温度可达60~70 ℃，可见屋顶隔热设计对舍温控制影响很大。可从三个方面进行考虑：

1）选用隔热性能好的材料，减少热传递，从而使屋顶表面平均温度及温度波动范围降低。选用导热系数较小、蓄热性能好的材料，可以增大屋顶结构的热传播和热稳定。

2）充分利用空气的隔热和流动性。空气用于屋面隔热时，通常采用通风屋顶来实现。通风屋顶即将屋顶做成两层，间层中的空气可以流动，上层接受太阳辐射热后，间层空气升温，密度变小，由间层上部开口流出，外界较冷空气由间层下部开口流入，不断将上层传递的热量带走，减少了通过屋顶下层传入舍内的热量。

3）增强屋顶反射，目的是为了减少太阳辐射热。舍外表面的颜色深浅和光滑程度，决定其对太阳辐射热的吸收与反射能力。色浅而平滑的表面对辐射热吸收少而反射多；反之则吸收多而反射少。生产实践中，常采用白色或浅色、光平面屋顶，可减少太阳辐射向舍内的传递，是有效的隔热措施。

(2）墙壁隔热设计：要使墙壁具有一定的隔热能力，宜采用热惰性指标较大、热稳定性较好的材料，并保持适当的厚度。另外，在满足生产管理的前提下，适当降低墙壁高度和墙壁上的窗户面积，也有较好的效果。

3. 鸡舍的降温措施

(1）蒸发降温：利用水蒸发时大量吸收热量的原理，将水喷洒于空气、物体、鸡体表面，在水蒸发时带走大量热量而降低鸡舍和鸡体温度。蒸发降温主要有喷雾降温和湿帘降温等方式。

1）喷雾降温是利用高压喷嘴（头）等特定的喷雾设备将低温的水以雾状喷出，蒸发时带走大量空气中的热量，使鸡舍内空气温度降低。采取喷雾降温时，水温越低，降温效果越好；空气越干燥，效果越好。由于喷雾易导致鸡舍内湿度增加，因此在湿热天气不宜使用，在干热地区的鸡舍内用喷雾降低鸡舍温度比较理想。

2）湿帘降温是采用专门的湿帘风机降温系统降低鸡舍内的温度。湿帘风机降温系统一般由湿帘、风机、循环水路和控制装置组成。原理是先用水泵将水箱中的水经过上水管送至喷水管中，喷水管的喷水孔把水喷向反水板（喷水孔要面向上)，从反水板上流下的水再经过特制的疏水湿帘确保水均匀地淋湿整个降温湿帘墙，从而保证与空气接触的湿帘表面完全湿透。剩余的水经集水槽和回水管又流回到水箱中。安装在鸡舍另一端的轴流风机向外排风，使舍内形成负压区，舍外空气穿过湿帘被吸入舍内。空气通过湿帘表面导致水分蒸发而使温度降低，湿度增大。

3）通风降温是指在炎热的夏季，有效的通风可以排出鸡舍内的热量，对降低舍内温度有很好的作用。通风不仅能使鸡舍内污浊的空气排出鸡舍，还能将外界的新鲜空气导入鸡舍。如果室外温度过高，单靠通风降温效果不好，因此高温时，可采用地下管道、地道、洞穴将舍外空气先冷却后再送入鸡舍，这种方法还兼有冬季取暖的作用，可减少舍内的四季温度变化。

（二）鸡舍的防寒取暖

我国北方大多数地区冬季寒冷，如黑龙江全年有5个月时间平均气温在0 ℃以下，这样的气候条件对养鸡业的危害很大，严重影响鸡的生长和产蛋，尤其是雏鸡体温调节功能尚不完善，对低温十分敏感。必须采取有效的防寒取暖措施，主要包括鸡舍保温设计，加强鸡舍防寒管理和鸡舍的供暖等。

1. 鸡舍保温设计　加强鸡舍的保温设计，提高鸡舍的保温能力比鸡大量消耗饲料以维持体温或通过采暖维持体温更为经济有效。根据地区气候差异和鸡种气候生理的要求，选择适当的建筑材料和合理的鸡舍外围护结构，是鸡舍防寒保暖的根本措施。

（1）选择有利于保温的鸡舍建筑形式和鸡舍朝向：鸡舍形式与保温有密切关系，设计鸡舍形式时，应考虑冬季寒冷程度，饲养鸡的种类、饲养阶段和饲养工艺。如严寒地区宜选择无窗密闭式鸡舍，有利于保温和便于机械化操作；大跨度鸡舍因外围护结构面积相对较小，有利于冬季保温；鸡舍朝向不仅影响采光，且与冷风侵袭有关。寒冷地区由于冬春多偏西风或偏北风，故鸡舍以南向为好。

（2）加强屋顶和天棚的保温隔热设计：在鸡舍外围护结构中，屋顶与天棚散失热量最多。一方面是由于其面积较大；另一方面是舍内热空气上升，在屋顶和天棚处聚集，内外温差较大，使热量容易通过屋顶散失。为了充分利用鸡产生的热能，将其保存在舍内以提高舍温，加强屋顶和天棚的保温隔热设计，对减少鸡舍热量散失，提高舍内温度具有十分重要的意义。

减少舍内热量通过屋顶散失，比较有效的方式就是提高屋顶的热阻，减少屋顶与外界的热量交换。通常可以采用加厚保温层，或选择导热系数小的保温材料来改善屋顶的保温功能。但保温层厚度增加，荷载也随之增加，所以应选用轻质、导热系数小、吸水率低、可长期使用、性能稳定的材料作为屋顶保温层。

在寒冷地区，天棚是一种重要的防寒保温结构，设置天棚可在屋顶与鸡舍空间之间形成一个相对静止的空气缓冲层，由于空气具有良好的绝热特性，可大大提高屋顶的保温能力，有效提高屋顶的阻热能力。

（3）加强墙壁的保温隔热：墙壁是鸡舍的主要外围护结构，散失热量仅次于屋顶。因此，在寒冷地区为营造符合鸡需要的适宜环境，必须加强墙壁的保温设计。为提高鸡舍墙壁的保温能力，可根据应有的热工指标，通过选择导热系数小的材料，确定最合理的隔热结构配合精心施工等来加以实现。如选用空心砖代替实心砖，采用空心墙或在空心墙中充填隔热材料，都能提高墙体的隔热效果。

(4) 门窗的设计：门窗的隔热效果差，同时门窗开启及缝隙会造成冬季的冷风渗透，失热量较多，对防寒保温不利。所以在寒冷地区，门窗应在满足通风和采光要求的条件下，尽量少设。北侧和西侧冬季迎风，应尽量不设门，北侧窗面积也应酌情减少，一般可按南窗面积的一半设置。必要时鸡舍的窗也可采用双层窗或单框双层玻璃窗。

(5) 加强地面的保温：与屋顶、墙壁比较，地面散热量在整个外围护结构中虽位于最后，但在地面平养时，由于鸡直接在地面上活动休息，所以鸡舍地面的保温隔热性能直接影响鸡的体温调节，因此地面的保温也很重要。实际生产中，可以在混凝土地面上铺设垫料，也可通过铺设保温地面以提高地面保温性能。

2. 加强鸡舍的防寒措施管理

(1) 增加饲养密度：在不影响饲养管理及舍内卫生状况的前提下，适当增加舍内鸡的饲养密度，等于增加热源，这是一项行之有效的辅助防寒保温措施。

(2) 除湿防潮：潮湿的空气比干燥的空气导热能力强，鸡舍内空气中水汽含量增高，会大大提高鸡体的散热；墙壁、地面、天棚及屋顶变潮湿都会降低鸡舍的保温能力，加剧鸡体热的消耗。因此，一切可以使舍内干燥的措施都是间接保温的有效方式。所以，在寒冷地区设计、修建鸡舍不仅要采取严格的防潮措施，还要及时清除粪尿，防止饮水器漏水，减少洗刷用水，以减少水汽产生，防止鸡舍过冷。

(3) 使用垫草、垫料：利用垫草、垫料改善鸡体周围小气候，是在寒冷地区常用的另外一种简便易行的防寒措施。垫草、垫料不仅具有保温吸湿、吸收有害气体、改善小气候环境的作用，还可保持鸡体清洁、健康。但除肉鸡场之外，由于垫草、垫料体积大，重量大，很难在集约化鸡场应用。

(4) 加强鸡舍入冬前的维修保养：加强鸡舍入冬前的维修保养和越冬御寒准备工作，包括封门、封窗，设置挡风障，粉刷、堵塞墙壁和屋顶的缝隙与孔洞等，这些措施对于提高鸡舍防寒保温性能都有重要的作用。

第三节　湿度的控制

湿度是空气中水汽含量与该温度下饱和水汽量之比，表示空气中水蒸气的饱和程度，即干燥程度。湿度过高或过低对鸡的生长发育及生产性能均有较大影响。尤其是高温高湿或低温高湿，对鸡的养殖影响更大。

一、湿度对鸡的影响

1. 湿度对机体体温调节的影响　高温高湿时，会加重机体蒸发散热的负担，加剧热应激对机体的损伤。在高温时蒸发散热是机体的主要散热途径，当环境湿度增加时，由于空气中已经饱含水分，汗液不容易蒸发，残留在皮肤表面，导致蒸发散热的效果严重减弱，机体不能有效散热则会导致体温上升，扰乱正常生理机能，引起中暑。尤其是对于热较敏感的鸡，高温高湿的危害极其明显，湿度过大，易引起热射病。

低温高湿时，空气中水汽容热量及导热性增大，加剧机体非蒸发散热，失热过多，易使其受凉甚至冻伤，增加机体冷应激损伤；同时增加了为维持体温而额外产生的能量消耗。

2. 湿度对生产性能的影响

（1）降低饲料利用率：高温高湿一方面会直接影响体内外热量交换，机体为了散热，血液重点分布于体表，消化系统血液分布量减少，直接影响饲料消化吸收；另一方面机体用于散热的能耗增加，所有这些将会导致饲料利用率降低。低温高湿则会使鸡体内热量散发加剧，耗能增加，生产性能降低。

（2）采食量变化：高温高湿情况下，为了维持体温稳定，机体通过减少采食量来减少热量产生，采食量降低则会直接影响生产性能。低温高湿情况下，机体通过增加热量来维持体温，因此会增加采食量，增加摄入的能量，其中部分用于产热。

3. 湿度对机体健康的影响

（1）容易诱发消化系统疾病：在高温高湿条件下，微生物繁殖加快，鸡从环境中摄取的病原微生物相对增多；鸡在高温高湿环境中胃肠消化液分泌减少、免疫力下降，极易诱发胃肠炎与相关传染病。低温高湿更易诱发腹泻与消化道的传染病以及肺炎，且鸡更易扎堆，使伤残死亡率上升；自洁行为紊乱，管理难度加大。

（2）容易诱发呼吸系统疾病、皮肤病和趾病：高温高湿有利于病原性真菌、细菌和寄生虫繁衍，每年的7~9月，我国大部分地区雨水较多，炎热高湿，往往是家禽疾病传播媒介——病媒昆虫生长繁衍活跃期，细菌、病毒、立克次体、原虫和蠕虫的幼虫均属于病媒昆虫传播的病原体，由病媒昆虫将它们传至鸡，从而引发一系列鸡疫病，间接地影响许多疾病的发生和流行。一些寄生虫病在此季节也极易发生，如鸡住白细胞虫病、鸡球虫病等。

低湿能够使上呼吸道黏膜蒸发增加，黏膜变得干燥干裂，血流量减少，巨噬细胞与自然杀伤细胞在黏膜表面的分布减少，降低皮肤和外露黏膜对微生物的防卫能力，易诱发肺炎及与呼吸系统有关的疾病。同时相对湿度过低，如低于17%，会使鸡舍内具有生物活性的尘埃飞扬加剧，浮游时间延长，尘埃中病原的积累增多，致病性加大。湿度过低，会使雏鸡羽毛生长不良，成鸡羽毛凌乱，皮肤干燥。

(3) 容易诱发霉菌毒素中毒：在高温高湿条件下，饲料易发生霉变，多种霉菌可在饲料中快速繁殖，霉菌毒素中毒的概率升高。常见的霉菌毒素包括黄曲霉毒素、赭曲霉毒素等。曲霉毒素主要侵害鸡的免疫与生殖系统。

二、湿度的调控措施

过高的湿度对鸡的健康和生产都有不利影响，需要对鸡舍进行合理的调控，最大限度地降低鸡舍湿度。

要定期测定鸡舍内湿度，测定点可选在鸡舍中央。当相对湿度小于75%发生水汽凝结，一般是由于外围护结构保温隔热能力不够，这时应当采取保温措施，如在天棚上铺加防寒层等。若相对湿度大于75%发生水汽凝结，多半是由于换气不足所致，这时就应当增加换气量以排出过多的水汽。

在生产过程中，鸡舍防潮，特别是在冬季，是一个较难解决的问题。可采用下列措施来降低舍内湿度：①妥善选择鸡场场址，将场址尽可能选在高燥、排水良好的地方，鸡舍的墙基和地面应设防潮层；②在饲养管理过程中尽量减少鸡舍内的用水，及时清除粪便，以减少水分蒸发；③加强鸡舍保温，使其舍温保持在露点温度以上；④保持舍内良好的通风换气，及时将舍内过多的水汽排出；⑤使用垫草，因为垫草可以吸收大量水分，但要及时清除，经常更换污湿垫料。

第四节　空气环境控制

大气的化学成分组成是稳定的，鸡舍由于相对封闭，并且有鸡的生产、活动和排泄，因而舍内空气成分较舍外更为复杂，空气质量较差。

一、空气中的有害气体

由于鸡的呼吸、排泄和生产，鸡舍空气中含有大气中一般情况下极少含有的许多有害气体成分。鸡舍的有害气体成分很复杂，但产生最多、危害最大的有害气体有氨（NH_3）、硫化氢（H_2S）、二氧化碳（CO_2）、恶臭物质等。

1. 氨（NH_3）　氨是由含氮有机物经酶或微生物分解所产生的无色透明具有强烈刺激性气味的气体，含氮有机物主要来自粪尿、饲料和垫草。如果鸡舍内潮湿、通风不良时就会导致氨的浓度过高。

氨对机体的损伤作用取决于氨气浓度和作用时间。氨气一方面可通过直接接触作用损伤黏膜而引起炎症，如结膜炎、呼吸道炎症；另一方面氨还可通过肺泡进入血液，引起呼吸和血管中枢神经麻痹、心肌损伤等。

鸡对氨特别敏感，氨对鸡的黏膜有刺激作用，可引起结膜、上呼吸道的黏膜充血、水肿。病原体通过上呼吸道及肺部感染蔓延至胸气囊和腹气囊，引起鸡的呼吸道疾病。发生呼吸道疾病后，采食量下降，不但影响鸡的生长发育，而且还会降低鸡对疾病的抵抗力，继发消化道感染，引起鸡大肠杆菌病的发生，从而使鸡的死亡率显著升高。例如空气中 15 mg/m^3 的氨气即可使鸡发生角膜炎，并使鸡新城疫的发病率大大升高。38 mg/m^3 的氨气能使鸡的呼吸频率下降，产蛋率减少。

2. 硫化氢（H_2S）　硫化氢为无色、易挥发、有恶臭的气味，刺激性很强，易溶于水，密度比空气大，靠近地面浓度更高。硫化氢易溶解在畜禽呼吸道黏膜和眼结膜上，并与钠离子结合成硫化钠，对黏膜产生强烈刺激作用，使黏膜充血水肿，引起结膜炎、支气管炎、肺炎和肺水肿，表现流泪、角膜浑浊、畏光、咳嗽等症状；硫化氢还可通过肺泡进入血液，被氧化成硫酸盐等影响细胞内代谢。鸡长期在低浓度的硫化氢影响下，体质变弱，抗病力下降，易导致胃肠炎、心脏衰弱等；高浓度的硫化氢可使鸡因呼吸中枢神经麻痹窒息而死亡。

3. 二氧化碳（CO_2）　二氧化碳无色无臭、略带酸味，本身无毒，但高浓度的二氧化碳可使空气中氧的含量下降而造成缺氧，引起慢性中毒。在实际生产中，鸡舍空气中二氧化碳的含量一般很少能够达到引起中毒或慢性中毒的程度，其卫生学意义主要在于用它表明鸡舍通风状况和空气污浊程度。当二氧化碳含量增加时，其有害气体含量也可能增多。因此，二氧化碳浓度通常被作为检测空气污染程度的可靠指标。

鸡舍内二氧化碳的含量不应超过 0.15%，二氧化碳浓度增高，造成舍内缺氧，使鸡精神不振，食欲减退，增重缓慢，影响生产性能。舍内氧气含量不足、二氧化碳含量偏高会诱发肉鸡的腹水综合征。尤其是冬季，为了保温而降低通风量时影响更明显。

二、空气中的微粒

空气中的微粒就是指空气中的灰尘，鸡舍内空气中的微粒主要产生自干草、粉料、垫草、地面等。微粒携带着大量的有机物质、病毒、细菌和真菌孢子，也携带有害气体和臭味。

微粒粘在皮肤上，可使皮肤发痒以致发炎；落在眼结膜上，会引起灰尘结膜炎，症状表现为羞明、流泪、结膜潮红、肿胀、疼痛等，影响正常视力；进入呼吸道，可使鸡发生各种呼吸道疾病，鸡场的工作人员也会发生流行性哮喘、粉尘中毒综合征和慢性支气管炎。

微粒过多可使鸡处于亚健康和亚临床状态，影响鸡的营养需要、采食量、增重，使机体免疫力降低。

三、空气中的微生物

鸡舍内空气中含有大量的微生物，主要通过尘埃和飞沫传播疾病。

1. 微粒 鸡舍内病鸡排泄的粪尿、飞沫、皮屑等经干燥后形成各种不同粒径的微粒，极易携带病原微生物，其中粒径较小的飘尘、烟尘飞扬在空气中，可传播到很远的地方。通过尘埃微粒传播的病原体，一般对外界环境条件的抵抗力较强，如结核菌、链球菌、霉菌孢子、鸡的马立克病毒等。

2. 飞沫 微生物尤其是病原微生物附着在飞沫上易造成鸡群感染。飞沫为鸡咳嗽、鸣叫时喷出的小液滴，这些小液滴在舍温下很容易蒸发，剩下直径1~2 μm的滴核，长期悬浮于空气中。滴核本身含有唾液黏素及蛋白质、盐类等，将微生物裹住使之不被干燥或受其他因素危害，可在空气中长期存在。很多鸡群传染病都可通过飞沫传播，在鸡群中蔓延。如鸡霍乱、传染性鼻炎、传染性支气管炎、慢性呼吸道疾病等。

因此，每立方米空气中，微生物不应多于20万~30万个。笼养雏鸡空气中微生物总量超过13万个/m^3时，若大肠杆菌群占1.5%，可引起大肠杆菌病。

四、空气环境调控

1. 防止有害气体的措施

（1）加强鸡舍卫生管理，及时清除粪尿。粪便是危害最大的氨和硫化氢的主要来源，及时将其清理出去，不给其危害舍内的机会。

（2）做好地面防水。鸡舍地面应有一定坡度，材料应不透水，尤其是粪沟，以免粪尿和污水在舍内存留，腐败分解。

（3）舍内保持干燥。因氨和硫化氢易溶于水，若舍内潮湿，就会使其渗入墙壁、天棚等物体上，造成有害气体的最大量溶解，对鸡造成危害。

（4）铺垫草。在舍内一定部位铺设垫草，可以吸收一定量的有害气体，如麦秸、稻草、树叶等对有害气体均有一定的吸附能力。

（5）合理通风换气。将舍内污浊空气排出，换入新鲜空气，以减少舍内有害气体的含量。

另外，也可以使用除臭剂来降低有害气体对鸡的危害。

2. 控制鸡舍空气中微粒的措施

（1）控制微粒来源。可以从以下几个方面考虑：一是通过饲料来控制，即采用湿料；或改变饲料种类、使用饲料添加剂、饲料涂层等方法。二是尽量减少微粒的产生，例如，饲养员在分发干草或翻动垫草时动作要轻，禁止干扫地面，采用自动喂料器和饮水器代替饲养员饲喂，也可以减少因饲养员活动而产生的微粒。三是控制湿度，一般鸡舍内需要的空气相对湿度标准是机械通风时为40%~60%，自然通风时为50%~70%。

（2）通风。可对鸡舍进行合理的通风换气，以排出舍内过多的微粒。

（3）舍内空气净化。可以使用除尘器净化舍内空气，如静电除尘器、湿式除尘器或离心除尘器等。

3. 控制空气中微生物的措施

（1）选择场址时，应注意避开医院、兽医院、屠宰厂、皮毛加工厂等污染源。鸡场应有完备的防疫设施，注意场区与场外、场内各分区之间的隔离。

（2）建立严格的防疫制度，对鸡群进行定期防疫注射和检疫。

（3）保证鸡舍通风性能良好，使舍内空气经常保持新鲜，并尽可能在进气管上安装除尘装置。

（4）严格消毒。新建场必须经过严格、全面、彻底消毒，才可进鸡。场区所有出入口都应设置消毒池，以便人和车辆消毒。工作人员进入鸡舍必须消毒、洗浴，更换工作服、鞋、帽等。严禁场外人员、车辆进入生产区。引入鸡须隔离和检疫，确保安全后，方能并入本场集群。采用“全进全出制”，进行转群时须对鸡舍进行彻底清洗、消毒，并有一定的空舍间隔，彻底切断传染病的传播机会。鸡舍内定期消毒，向舍内外喷洒消毒药和紫外线灯照射杀菌。

（5）注意鸡舍的防潮，干燥的环境条件不利于微生物的生长和繁殖，要及时清除粪便和污浊垫料，搞好鸡舍的环境卫生。

（6）采取各种措施减少鸡舍空气中的灰尘含量，以使舍内病原微生物失去附着物而难以生存。

（7）通过绿化来减少空气中的微粒。

第十一章　规模化商品鸡场的生物安全

生物安全是指鸡场为防止疾病在区域或鸡群间传播而采取的各种管理措施和技术措施，是为了保证鸡群健康生产，杜绝疾病的发生，净化鸡场养殖环境，阻断病原微生物侵入，提高机体免疫功能，避免和预防鸡群发生疾病的一系列措施。

第一节　鸡群传染病的发生

动物传染病的传播有三个环节：传染源、传播途径和易感动物，这三个环节相互联系，在动物防疫过程中只要切断其中一个环节，动物疫病就会失去传播的条件，从而预防传染病的发生。

一、传染源

传染源是指有某种病原体在其中寄居、生长、繁殖，并能排出动物体外的活的动物机体。具体说传染源就是受感染的鸡，包括病鸡、病原携带鸡。

1. 病鸡　病鸡是重要的传染源。不同时期的病鸡，其作为传染源的意义也不相同。有的病鸡前期能排出大量病原体且具有症状，有的则是后期排出大量病原体。传染期的长短、强弱与传染病种类、毒力强弱有关，这是隔离期长短的重要依据。

2. 病原携带鸡　病原携带鸡是指外表无症状但携带并排出病原体的鸡，包括带菌鸡、带虫鸡、带毒鸡。病原鸡分为潜伏期的病原携带鸡、恢复期的病原携带鸡和健康病原携带鸡。

（1）潜伏期的病原携带鸡：指感染后至症状出现前能排出病原体的鸡。在这一时期大多数传染病的病原体数量较少，而且一般没有具备排出条件，因此大多数无传染源的作用。但少数传染病这一时期可以排出病原体，具有传播性。

（2）恢复期的病原携带鸡：指在临床症状消失后仍然能排出病原体的鸡。一般来说，这个时期的传染性已逐渐减少或无传染性，但还有些传染病在这个时期仍然能排出病原体。

(3) 健康病原携带鸡：指过去没有患过某种传染病但却能排出该种病原体的鸡，一般认为这是隐性感染，通常靠实验室检出。病原携带鸡排出病原体的数量一般不及患病鸡，但因缺乏症状不易发现，可成为十分重要和危险的传染源，如果没有做好生物安全防护，还可以随运输等途径散播到其他地区，造成新的感染或传播。

二、传播途径和传播方式

病原微生物从传染源排出，经过一定方式再侵入其他易感鸡所经过的途径，称为传播途径。每种传染病都有其特定的传播途径，有的可能只有一种途径，有的有多种传播途径。

病原体由传染源排出后，经过一定的传播途径再侵入其他易感鸡的形式称为传播方式。传播方式主要分为以下几种。

1. 垂直传播　携带病原体的卵细胞发育使新生雏鸡感染的传播方式。比如，禽白血病、禽腺病毒感染、鸡传染性贫血、鸡沙门杆菌病等。

2. 直接接触传播　指病原体通过传染源与易感鸡群接触、不需要任何外界条件的参与而引起发病的传播方式。如鸡新城疫。

3. 经空气传播　空气传播主要是以飞沫、尘埃为媒介，使易感鸡群感染。这类传染病流行特征是病例常连续发生，患者多为传染源周围的易感鸡，发病多有周期性和季节性变化，一般冬、春多见。如鸡传染性喉气管炎等呼吸道传染病。

4. 经污染的水和饲料传播　以消化道为主要侵入门户的传染病的传播媒介主要是水和饲料。传染源的分泌物、排出物和患病鸡的尸体及其污染的饲料、饲槽、水池、水井，或由其他方式辗转污染了饲料、饮水而传给易感鸡。如鸡新城疫、沙门杆菌病。因此，防疫上应特别注意防止饲料和饮水的污染，做好相应的防疫消毒卫生管理。

三、易感鸡群

鸡群对某种病原微生物缺乏免疫力而容易感染的特性叫易感性。有易感性的鸡群叫易感鸡群。气候、饲料、饲养管理、卫生条件都能影响到鸡的易感性和病原体的传播。因此，鸡场生物安全措施对鸡群的健康十分重要。

第二节　鸡场生物安全管理的主要技术措施

鸡场生物安全措施主要目的是阻止鸡场外部病原微生物侵入鸡场内部，防止病原微生物在鸡场内部的传播扩散，切断场内的病原微生物传播到其他鸡场的途径。鸡场选址布局、饲养管理、饲料和饮水、消毒措施、防疫免疫、粪便及废弃物的处理、人员控制、安全引种等都会影响鸡场的生物安全。

一、选址与布局

鸡场的选择与布局应考虑满足生物安全的基本条件：

（1）距离动物屠宰加工场所、动物和动物产品集贸市场 500 m 以上；距离动物诊疗场所 200 m 以上；距离其他动物养殖场（小区）500 m 以上。距离动物隔离场所、无害化处理场所 3 000 m 以上。距离城镇居民区等人口集中及公路、铁路等主要交通干线 500 m 以上。

（2）鸡场选址要求地势高燥；采光充足，排水良好；周围有绿化等较好的隔离条件。鼓励选择山地、林地进行鸡场建设，利用地形地势及自然林木形成天然的隔离带。选择土壤透气性强、透水性好，未被传染病或寄生虫病原体污染过的地方。

（3）各功能区布局合理，管理区、生产区、废弃物处理区、防疫隔离区等符合养殖场建设规范，且按照当地主要风向特点进行布局，场区每个入口消毒设施齐全，能够满足正常防疫要求，场区内净污道分离，雨污分流。

（4）鸡舍间距符合防疫要求，鸡舍保温隔热性能良好，鸡舍内墙壁光滑，以便清洗和消毒；具备良好的防鼠、防蚊蝇、防虫和防鸟设施；笼具、笼架、料桶和饮水器的设计要合理，易于消毒和添加药物。

二、人员、车辆和物品的管理措施

（1）鸡场内杜绝外来人员参观，外来业务人员要限制在行政管理区。

（2）鸡场人员在进出场时都要严格执行消毒制度，不同鸡舍的饲养员不得串舍，对行政管理人员、技术人员、饲养人员、勤杂人员、外来业务人员进行培训，各司其职，不得串岗。

（3）每次进出鸡舍前进行淋浴、消毒和更衣，接触可疑病鸡后要及时洗手、消毒、更换鞋子和工作服；参加断喙、转群、清理垫料、免疫接种等工作人员，在工作前后一定要严格消毒。

（4）鸡场入口应设置消毒池，上方有防雨棚遮盖，两侧需配备车辆喷雾消毒等设施，进出车辆需经过消毒池消毒，并用表面活性剂消毒液进行喷雾消毒。

三、饲料和饮水的安全管理

（1）在选购饲料时，要保证无霉变、无污染，符合国家规定的饲料和饲料添加剂，营养成分符合鸡各个时期生长、生产需要。

（2）饮用水应符合鸡群饮用水水质的标准要求，保证鸡群有较强的机体抵抗力。

四、加强鸡群的饲养管理

（1）有些疾病是由于营养物质不足或者不平衡而直接造成的，因此，要保证鸡只采食充足的营养，并进行良好细致的管理。

（2）采用全进全出制，同一栋舍内或同一场内，只进同一批雏鸡，饲养同一品种、同一日龄鸡，采用统一的饲料，统一的免疫程序、药物预防措施，同时全部出舍或出场。出栏后进行鸡舍及其设备的全面清洗、消毒，空舍至少2周，彻底消灭传染源，切断传播途径。

五、严格消毒

消毒是指以化学、物理和生物等手段杀灭饲养环境中的病原体，阻止外部病原体侵害鸡群。切断传播途径，预防和控制传染病的发生和蔓延。

（1）化学消毒：鸡场应制定消毒制度并严格按照消毒制度执行。包括鸡场环境的定期消毒，场区道路消毒，鸡舍带鸡消毒，鸡群出栏后对鸡舍的消毒，孵化车间、种蛋及物品消毒等。

（2）物理性消毒：定期打扫、冲洗和通风等。清扫、冲洗鸡舍内的粪便、垫料、设备和用具，经常清除粪便，加强日常清扫，可防止病原体在场内和舍内的定居和蔓延扩散，降低鸡群的死亡率，充分发挥鸡的生产性能。另外，就是高温、日光、紫外线和其他射线的辐射杀灭病原微生物。

（3）生物消毒：生物消毒是通过堆积发酵、沉淀池发酵、沼气池发酵等产热、产酸，以杀灭粪便、污水、垃圾及垫草等内部病原体的方法。发酵过程中，废弃物内部微生物产生的热量温度可达到 70 ℃以上，经过一段时间便可杀死病原体。

六、防止疾病的传播

（1）隔离传染源：规模场的鸡大多群养，同群的鸡容易通过空气、饲料、饮水、粪便等传播，因此，要及时把已经发生传染病的鸡群与其他健康鸡群隔离起来，及时投药治疗或进行免疫接种。

（2）病死鸡及废弃物的处理：对粪便、污水和病死鸡等废弃物必须进行适当处理。可采用焚毁、深埋和堆肥处理。不管采用哪种处理方法，运病死鸡的容器都应便于消毒密封，以防止运送过程中污染环境。

（3）控制传播媒介：鸡场要及时清扫、消毒，养殖场院内和鸡舍经常投放灭鼠药，喷洒杀虫剂以防止虫害，减少或避免生物传播媒介，减少疾病传播。

七、免疫接种和疾病防治

（1）免疫接种直接关系到鸡群抗病能力。采取何种接种方法，应根据疫苗种类、性质及养殖环境的实际情况来确定，保证取得良好的免疫效果。

（2）鸡场对鸡群出现的异常症状和死亡的鸡只进行临床检查、病理剖检和实验室诊断，及时进行治疗，避免疾病的扩散与蔓延，减少经济损失。

第三节　规模化商品鸡场消毒

消毒是指清除或杀灭环境中病原微生物及其他有害微生物，是鸡场生物安全的重要环节之一，是预防和扑灭传染病的最重要措施。

一、常用的消毒方法

（一）物理消毒法

物理消毒法是指通过机械性清扫、冲洗、通风换气、高温、干燥等物理方法对鸡场环境和设备中的病原体进行清除。

1. 紫外线消毒　阳光、紫外线灯等中的紫外线具有较强的杀菌消毒作用。紫外线灯可用于人员和可移动物品的消毒，也可以用于固定设备的消毒。阳光照射几分钟就能达到消毒效果，紫外线消毒一般要求在 15 min 以上。

2. 高温高热消毒　一般采用蒸煮、焚烧等高温高热的方法杀灭病原体。蒸煮主要采用高压锅等仪器，对耐高温的物品消毒。焚烧主要针对从鸡场中清扫出来的废弃物进行灭菌。一些不可燃烧的鸡舍地面、墙壁、金属鸡笼可采用火焰直接进行喷射，烧烤。

3. 机械消毒　采用打扫、洗刷、通风等方法把鸡舍地面、墙壁、笼具等设备表面的病原微生物清洗掉，再结合其他消毒方法除去病原微生物。

（二）化学消毒法

在疫病防控过程中，常利用各种化学消毒剂对病原微生物污染的场所、物品等进行清洗、浸泡、喷洒、熏蒸，达到杀灭病原微生物的目的。消毒剂是通过破坏菌体不同组织，使其失去活性或者死亡的药剂或物质。

1. 浸泡法　选用一些杀菌谱广、腐蚀性弱的水溶性消毒剂，将鸡舍内的一些需要消毒的小用具浸没其中，在一定时间和浓度内进行消毒灭菌。

2. 熏蒸法　是指在一定的密闭环境中，把特定的消毒剂加热，产生蒸汽，在一定时间和浓度内进行消毒灭菌。主要用于精密仪器和不能浸泡的仪器灭菌。

3. 喷洒法　利用喷雾器将消毒剂转化成微粒气雾喷射到鸡舍墙壁、设施设备和鸡舍内空气中进行消毒。

（三）生物消毒法

生物消毒是通过堆积发酵、沉淀池发酵、沼气池发酵等产热、产酸，以杀灭粪便、污水、垃圾及垫草等内部病原体的方法。发酵过程中，废弃物内部微生物产生的热量温度可达到70 ℃以上，经过一段时间便可杀死病原体。养鸡场中最常用的是粪便等废弃物的堆积发酵，消毒后依然可以作为肥料。

二、常用的消毒剂及使用方法

用于消毒的化学药品称为化学消毒剂。消毒剂的种类很多，根据其化学特性分为醛类、氧化剂类、酸类、碱类、卤族类、酚类、季铵盐类、含氯类、碘制剂类。

（一）醛类消毒剂

甲醛　甲醛具有高效广谱杀菌作用，能杀死细菌、病毒和芽孢等。35%~40%的甲醛水溶液称福尔马林，外观无色透明，具有腐蚀性。一般用5%~10%的福尔马林液浸泡被污染且表面积较小的用具，浸泡0.5~1 h；2%~5%的福尔马林液喷洒鸡舍地面、墙壁和水料槽。1%的福尔马林液可带鸡消毒。甲醛气体可以通过加热福尔马林获得，每立方米用高锰酸钾15 g，福尔马林30 mL，水15 mL，密闭熏蒸1~2 d，然后打开门窗通风一周。

（二）氧化剂类消毒剂

1. 过氧乙酸（过氧醋酸）　过氧乙酸是透明液体，弱酸性，易挥发，储存过程中容易分解。抗菌谱广，对细菌、病毒、霉菌和芽孢均有效。常用于鸡舍、地面、墙壁的喷雾消毒和舍内空气消毒。舍内空气消毒可用20%过氧乙酸溶液，按每立方米5~15 mL的量进行熏蒸。2‰~5‰的过氧乙酸溶液喷雾消毒鸡舍墙壁、地面及饲养用具。

2. 高锰酸钾　高锰酸钾是紫黑色晶体，是一种强氧化剂，在酸性环境中氧化性更强。抗菌谱广，能杀死多种细菌和芽孢，主要用于鸡场用具、饮水等的消毒。常用来加速福尔马林蒸发而起到消毒作用。常配成0.01%~0.02%的水溶液用于鸡的饮水消毒，0.05%~0.2%的水溶液用于鸡体创面消毒。

（三）碱类消毒剂

氢氧化钠　又名火碱，为白色固体或粉末状，高效广谱杀菌。能杀死病毒、细菌和芽孢。主要用于场地、道路、地面和墙壁的消毒。3%~5%的水溶液用于被烈性传染病、含芽孢杆菌污染的鸡舍地面及用具的消毒，2%的水溶液用于鸡舍环境、消毒池、空鸡舍、运输工具的消毒。

（四）卤族类制剂

碘制剂　常用的有碘酊、碘伏，主要用于杀灭鸡场环境、鸡舍、饲养用具中的病毒、细菌、芽孢、真菌和原虫，也可饮水消毒。具有广谱杀菌作用、刺激小、毒性低的特点。0.2%~0.5%的溶液可喷雾消毒鸡舍和鸡体。0.5%的溶液可浸泡器具和种蛋。饮水消毒用2%的碘酊250 mL/t水，连饮数天。

（五）酚类制剂

来苏儿 又名煤酚皂，主要成分为甲酚，可溶于水及醇溶液，为浅棕色、透明、碱性，是一种高效广谱低毒的消毒剂，对大多数繁殖性细菌有杀灭作用，但对病毒和芽孢无作用，使用方便，但对皮肤、黏膜有一定腐蚀作用。1%~5%的稀释液用于鸡舍地面、孵化间地面的消毒。1%~2%的溶液可用于鸡舍人员洗手消毒。

（六）季铵盐类消毒剂

新洁尔灭 新洁尔灭又名苯扎溴铵，呈淡黄色胶状，易溶于水，具有表面活性作用，对细菌繁殖体有广谱杀灭作用，对革兰阳性菌杀灭能力更强，不能杀灭芽孢，对病毒和霉菌的杀灭能力差，是一种低效消毒剂，多用于鸡舍、器具、饲养人员手臂的消毒。0.1%的水溶液可用于器具消毒、冲洗种蛋，也可作为外科感染及手术感染的伤口清洁剂。

（七）含氯消毒剂

漂白粉 又名氯化石灰，主要成分为次氯酸钙，还含氢氧化钙、氯化钙等，是白色颗粒状粉末，杀菌广谱，对细菌、芽孢、病毒及真菌都有杀灭作用。漂白粉水溶液可用于饮水消毒，漂白粉的干粉可用于地面和排泄物的消毒。100 L水中可加入6~10 g漂白粉用于饮水消毒。5%~20%乳剂可用于鸡舍、地面、运动场和运输车辆的消毒。干粉可直接用于含水量多的粪便消毒，用量为粪便的1/5。

三、常用的消毒程序

根据消毒的类型、对象、环境温度、病原体性质及传染病流行特点等因素，将多种消毒方式科学合理地加以组合而进行消毒的过程称为消毒程序。

（一）鸡舍的消毒

鸡舍消毒是清除前一批鸡在饲养期间产生的污染的有效措施，可使下一批鸡开始生活在一个洁净的环境中。

1. 清除粪污 鸡全部出栏后，对鸡舍进行清扫可有效减少有害细菌，按照1 L/m^{2}消毒液喷洒地面、墙壁，然后将鸡舍内的粪便、垫草、鸡毛、剩余饲料和灰尘清除出去。

2. 高压冲洗 冲洗能显著减少鸡舍内细菌数，为方便冲洗可在清除粪污后对鸡舍内洒水或喷雾，软化粪便污物。首先将鸡舍内断电，用塑料包扎相关线路、灯泡和电机等；然后用高压水龙头冲洗舍内，从上到下，从里到外，不留死角，不留残存物。

3. 鸡舍干燥 干燥可使鸡舍内冲洗后残留的细菌数进一步减少，同时避免在湿润状态稀释消毒液的浓度，降低灭菌效果，所以喷洒消毒液一定要在冲洗并充分干燥后再进行。

4. 喷洒消毒剂 消毒液的用量为 1 L/m^2，按照从内向外，以墙壁、顶棚、地面的顺序喷洒，关闭门窗几个小时，打开门窗换气，同时用清水冲洗水槽、料槽，减少消毒剂残留。

5. 熏蒸 熏蒸前将所有门、窗及鸡舍内孔、缝和洞封堵，使舍内不通气，每立方米用福尔马林溶液 18 mL、高锰酸钾 9 g，作用 24 h 以上。

（二）鸡舍带鸡消毒

鸡体是排出、附着、保存、传播病菌和病毒的根源，也是重要的污染源，因此须经常消毒。

带鸡消毒采用喷雾消毒的方法，由于消毒药直接与鸡体接触应选择毒性较小，刺激性小且无残留的药物。

常用带鸡消毒药的使用浓度为：新洁尔灭，0.1%；过氧乙酸，育雏期 0.2%，育成鸡和成鸡 0.3%；次氯酸钠，0.2%~0.3%。带鸡消毒的药物最好每月更换种类。

喷雾量按每立方米约 15 mL，对雏鸡喷雾，药物溶液的温度要稍高于室温，冬季带鸡消毒时应将室温调高几度。

（三）人员消毒

（1）所有进入生产区的人员必须按照消毒程序进行消毒操作，脚踏消毒盆后洗手消毒，淋浴洗澡，换上工作服和靴子，通过更衣室出口的消毒池进入生产区。个人需要携带进入场内的物品经过紫外线消毒后方可带入。

（2）鸡场内杜绝外来人员参观，外来业务人员要限制在行政管理区。不同鸡舍的饲养员不得串舍，行政管理人员、技术人员、饲养人员、勤杂人员、外来业务人员进行培训，各司其职，不得串岗。

（3）饲养管理人员必须身体健康，定期进行相关共患病检疫，一般不允许离开场区，如果离开场区后回场需在生活区隔离 3 天，经沐浴更衣消毒后方可进入生产区。

（四）车辆消毒

鸡场进出的车辆及附带物也是疫病传播的重要媒介，对其消毒可以减少传染病的发生，在鸡场生物安全中具有重要意义。

（1）鸡场大门口设立车辆消毒池，上方有防雨棚遮盖，两侧需配备车辆喷雾消毒等设施。

（2）消毒池可用 2%~3%的氢氧化钠或 5%的来苏儿溶液，但要定期换池内消毒液。

(3) 进出车辆需经过消毒池消毒，并用喷雾设施进行喷雾消毒，须把车轮表面的附着物冲掉，车体表面全部喷湿，以获得要求的消毒效果。

(4) 随车司机须在大门口下车脚踏消毒盆、洗手消毒。

(五) 种蛋的消毒

鸡蛋从产出到孵化前，会受到泄殖腔排泄物不同程度的污染，蛋壳表面附着很多细菌，随着时间的推移，细菌可通过蛋壳进入蛋内，污染种蛋，因此，种蛋应进行2~3次的消毒，这样可以提高孵化率，增加健雏的比例，提高鸡群整齐度，对鸡场生物安全具有十分重要的意义。

1. 熏蒸法 可用福尔马林和高锰酸钾按一定比例混合后产生的气体杀灭病原体，第一次种蛋消毒通常用浓度为每立方米空间40 mL福尔马林加20 g高锰酸钾熏蒸20 min。第二次在孵化前消毒，方法是把种蛋码好盘后放入孵化器内，然后将高锰酸钾均匀放进容器内，再倒入福尔马林，密闭孵化器。

2. 浸泡法 将种蛋浸泡在0.02%的高锰酸钾溶液中1~2 min（50 L水中加10 g高锰酸钾，搅拌均匀即可），或者置于0.05%土霉素或链霉素溶液中10~15 min（50 L水中加25 g土霉素或链霉素，搅拌均匀即可）。

第四节 规模化商品鸡场免疫接种

随着我国养鸡业的发展，养殖种类、数量和规模都不断扩大，鸡病的种类也在不断增多，发病率、死亡率较高。其中传染病的危害最为严重，部分传染病目前还没有很好的治疗方法，但95%以上的传染病是可以通过免疫防控的。免疫接种是通过激发鸡体特异性免疫力，使易感鸡只转化为非易感鸡只的重要手段，是规模化养鸡业生产中一项十分重要的工作。为了鸡场的生物安全，必须制定适用的免疫程序，并进行必要的免疫监测，及时了解群体的免疫水平。

一、常用的免疫方法

鸡群免疫的途径有多种，每种疫苗都有其最佳接种途径，主要有群体免疫法和个体免疫法。群体免疫法是针对群体进行，主要有饮水免疫法、喷雾免疫法等。这类免疫方法省时省工，但有时免疫效果不理想，因个体不同而产生不同的免疫效果。个体免疫法是针对每只鸡逐个进行，包括注射免疫，滴鼻、点眼免疫，刺种免疫等。

(一) 滴鼻、点眼法

1. 适用范围 主要适用于预防呼吸道疾病的弱毒疫苗，效果可靠，常用于雏鸡的基础免疫。

2. 免疫方法 20日龄以下雏鸡，免疫人员可自行固定，左手握住雏鸡，用左手食指与中指夹住雏鸡头部固定，使鸡头部平放，拇指和食指将鸡的眼睑打开，右手持吸有已稀释好疫苗的滴管，将疫苗滴入鸡眼内一滴，同时滴入鼻孔一滴，稍停，当滴入眼睛和鼻孔的疫苗吸入后再将鸡轻轻放开。20 日龄以上鸡，需要 2 人配合完成，1 人保定鸡体，另外 1 人固定鸡头进行免疫。

3. 注意事项　①接种前根据所用的滴管确定接种稀释液的用量。通常 1 滴约 0. 05 mL，每只鸡 2 滴，约需使用 0. 1 mL。②疫苗的稀释液不能随意加入抗生素，点眼滴鼻前后 3 h 内禁止带鸡喷雾消毒。③接种时，为避免应激反应，最好在晚上或者白天关闭门窗后，在光线稍暗的情况下进行。④点眼时，滴嘴不能接触眼球，防止损伤眼睛。始终保持滴嘴绝对垂直向下，保证每滴疫苗的接种剂量相同，如果外溢，应补滴。⑤配好的疫苗溶液不可放置时间过长，应在 2 h 内使用完。⑥应对每只鸡都免疫，做好已接种和未接种鸡之间的隔离，也要防止出现漏防和重防，确保产生的抗体水平整齐一致。

（二）饮水免疫法

1. 适用范围　适用于呼吸道的弱毒疫苗，常用于预防新城疫、传染性支气管炎、传染性喉气管炎、传染性法氏囊等活疫苗的接种。操作简单、省时省力，适合大群鸡的免疫接种。

2. 免疫方法　将疫苗稀释并加入 0. 1%~3%的脱脂乳保护剂后，倒入事先设置好的饮水器或水槽，让鸡群在 2 h 内饮完。

3. 注意事项　①用于稀释疫苗的水必须十分洁净，不得含有重金属离子和消毒剂，必要时可用蒸馏水；②饮水器或饮水槽要十分清洁，不得残留消毒剂、铁锈、有机污染物；③根据气温、饲料等的不同，免疫前停水 2~4 h，夏季最好夜间停水，清晨饮水免疫；④饮水器或饮水槽必须清洁且数量充足，以保证每只鸡都能在短时间内饮到足够量的疫苗；⑤用于饮水的疫苗必须是高价的，饮水免疫后半小时内不要饮水，以保证疫苗充分吸收。

（三）注射免疫法

1. 适用范围　可分为肌内注射和皮下注射，这种方法适用于灭活疫苗和弱毒疫苗的免疫。

2. 免疫方法　皮下注射法宜用颈背皮下注射法接种。用左手拇指和食指将头颈后的皮肤捏起，局部消毒后，针头近于水平刺入，按量注入即可。肌内注射适用于较大的鸡，注射的部位有胸肌、腿肌和肩关节附近或尾部两侧。胸肌注射时，应沿胸肌呈 45°斜向刺入，避免垂直刺入误伤内脏。

3. 注意事项　①注射器具及针头要严格消毒。②严格控制注射剂量。③注射灭活苗应提前 0.5~1 h 将灭活苗从冰箱内取出，置于室温下回温。

（四）刺种免疫法

1. 适用范围　常用于鸡痘弱毒疫苗的免疫。

2. 免疫方法　按规定剂量将疫苗稀释好，再用接种针或大号缝纫机针头或笔尖蘸取疫苗，在鸡翅膀内侧三角区无血管处的翼膜刺种。每只鸡刺种 1~2 下。接种 1 周左右，可见刺种部位的皮肤上产生绿豆大小的小疱，然后逐渐结痂脱落。如不出现如上情况说明接种失败，需要重新接种。

3. 注意事项 ①刺种针或大号缝纫机针头或笔尖要严格消毒，且刺种针头朝上。②刺种部位应在翅膀内侧三角区无血管处。③刺种时应保证刺种部位无羽毛，防止药液吸附在羽毛上，造成剂量不足。④刺种后所剩疫苗及空疫苗瓶、用具和器皿要严格消毒，防止扩散病原。

（五）喷雾免疫法

1. 适用范围 适用于一些预防呼吸道疾病的弱毒活疫苗，如新城疫、传染性支气管炎等疫苗的免疫。

2. 免疫方法 将 1 000 只鸡剂量的疫苗加无菌蒸馏水 150~300 mL 稀释后，在 500 只鸡的鸡舍中用喷雾器均匀喷洒，喷洒距离为 30~40 cm。

3. 注意事项 ①控制雾滴的大小，雏鸡用雾滴的直径为 20~30 μm。②要选择高效价的疫苗。③气雾前后几天内，应在饲料或饮水中添加适当的抗菌药物，预防慢性呼吸道病的暴发。④疫苗的稀释应用去离子水或蒸馏水，不得用自来水、开水和井水，以免堵塞喷头。⑤喷雾人员应戴防毒面具或眼镜。

二、常用的免疫程序

（一）制定鸡场免疫程序原则

免疫程序是根据某一地区、养殖场或特定动物群体内传染病的流行状况、动物健康状况和不同疫苗特性，为特定动物群制订的接种计划，包括接种疫苗的类型、顺序、时间、次数、方法、时间间隔等规程和次序。可用于鸡的疫苗种类繁多，免疫程序也是多种多样，没有一种通用的免疫程序适用于所有鸡场，制定免疫程序的目的是进行有计划的科学免疫以预防传染病的发生，在制定免疫程序时，应重点考虑以下几方面的因素。

1. 本地（场区）的疫病史 免疫接种的种类，应根据当地鸡病史及目前仍有威胁的主要传染病种类而定。对本地本场尚未证实发生的疾病，必须证明确实已经受到威胁时才能计划接种，对强毒型的疫苗的引进要特别慎重。如果使用弱毒疫（菌）苗后，该场舍即受到污染，那么在以后的免疫程序中就必须显示，并严格执行免疫，否则就有发生该病的可能。

2. 所养鸡的用途及饲养期 种鸡在开产前需要接种传染性法氏囊病油乳剂疫苗，而商品鸡则不必要。预防免疫接种的次数与间隔时间，根据鸡日龄的大小、疫（菌）苗的性质与类型等来决定。如鸡日龄小的一般采用弱毒活疫（菌）苗，这是因为鸡体的免疫功能不健全，只能产生黏膜表面的局部免疫。这种免疫抗体水平较低，而且在机体内很短时间就会逐渐降低至消失，不能较长时间抵抗病原体的入侵，这种现象也称免疫期较短。

3. 不同疫苗之间的干扰和接种时间的科学安排　不同疫苗之间有相互干扰现象，如新城疫疫苗与传染性支气管炎疫苗合用时易产生干扰现象，从而影响免疫效果，因此严禁个人将两种疫苗混合使用（正规生产厂家生产的新支二联活苗试验以科学比例配制，将两种疫苗之间的干扰现象减少到很低，不影响免疫效果，养殖户可放心使用）；传染性法氏囊疫苗影响新城疫等疫苗免疫，因此两种疫苗应间隔5~7 d的时间，否则会影响新城疫疫苗免疫效果；新城疫疫苗免疫后可产生干扰素，会影响痘病毒复制，因此新城疫疫苗不能和鸡痘苗同时使用。

4. 疫苗选择　有所用疫苗毒（菌）株的血清型、亚型或株的选择；疫苗剂型的选择，例如，活苗或灭活苗、湿苗或冻干苗，细胞结合型和非细胞结合疫苗之间的选择等。

5. 根据免疫监测结果及突发疾病的发生所做的必要修改和补充　在执行免疫程序进行免疫过程中，也会出现免疫效果差，以致有的免疫失败。若出现免疫质量差，或有疫情出现时，应及时采取相应的紧急接种，适时调整免疫程序。比如，对鸡新城疫的免疫接种，一般免疫程序上制定的首免时间是7~10日龄，加强免疫时间是21~28日龄，但是在实际生产中有时还不到第二次免疫时间，鸡群发生了新城疫疫病，这时就不能等到第二次接种时间再进行免疫，应立即进行紧急接种。有的疫病季节性较强，如禽痘、禽流感等，应在该病易发之前1个月左右进行免疫。这样做可适当减少接种的次数，减少对鸡群的应激，避免了每7 d就接种一种或多种疫苗。

制定免疫程序时要把弱毒苗和油乳剂或其他灭活疫苗结合起来进行。弱毒苗一般采用点眼滴鼻、饮水或气雾的方法接种，产生局部抗体。之后用油乳剂或其他佐剂的灭活苗做肌内注射，这样使机体产生循环抗体，这种循环抗体水平可达10个滴度左右。这样局部免疫抗体和循环抗体结合起来，就可使机体产生坚强的免疫力。种鸡免疫后其后代在一定的时间内有母源抗体存在，母源抗体对免疫效果会有不同程度的干扰。

总之，各个国家和地区由于疫病种类、鸡品种、养殖水平和兽医水平的差异，免疫程序也存在很大差异。制定免疫程序，必须根据当地疫病流行的实际情况，结合各种疫苗的特征，合理地制定防疫疾病的种类，预防接种的次数、间隔时间和接种途径。

（二）商品蛋鸡场免疫程序

商品蛋鸡场的免疫程序如表11.1所示，仅供参考。

表 11.1 商品蛋鸡场免疫程序

时间	免疫内容
1 日龄	①传染性支气管炎 H120 疫苗，滴眼；②马立克细胞结合疫苗，皮下注射
4 日龄	鸡球虫疫苗，拌料
8~12 日龄	①新城疫疫苗 ND-C-30，滴鼻、滴眼；②肉种鸡呼肠孤疫苗（病毒性关节炎）S1133 株或灭活苗，皮下注射
14 日龄	①法氏囊低毒力活疫苗，滴口或饮水；②禽流感 H5 灭活疫苗，颈部皮下注射 0.3 mL
21 日龄	新城疫疫苗 C-30 或 Lasota 株，滴鼻或滴眼
25 日龄	法氏囊低毒力活疫苗，滴口或饮水
28 日龄	①传染性喉气管炎、鸡痘基因工程二联活疫苗，皮下刺种；②鸡支原体、传染性鼻炎二联灭活疫苗，胸部肌内注射 0.3 mL
35 日龄	①新城疫活疫苗 C-30 或 Lasota 株、传染性支气管炎 H52+J9，二倍量饮水；②CIA 灭活疫苗，皮下注射 0.3 mL
42 日龄	禽流感 H5、H9 灭活疫苗，胸部肌内注射 0.5 mL
49 日龄	法氏囊低毒力活疫苗，二倍量饮水
56 日龄	新城疫疫苗 C-30 或 Lasota 株、传染性支气管炎 H52，二倍量饮水
12 周龄	禽流感 H9 灭活疫苗，胸部肌内注射 0.5 mL
14 周龄	脑脊髓炎活疫苗饮水或灭活苗注射
16 周龄	病毒性关节炎灭活疫苗，胸部肌内注射
17 周龄	新城疫活疫苗 C-30 或 Lasota 株、传染性支气管炎 H52+J9，二倍量饮水
18 周龄	新城疫、减蛋综合征、传染性支气管炎灭活疫苗，肌内注射 0.5 mL
19 周龄	传染性喉气管炎、鸡痘基因工程二联活疫苗皮下刺种或传染性喉气管炎活疫苗滴眼、鸡痘皮下刺种
20 周龄	鸡支原体、传染性鼻炎二联灭活疫苗，胸部肌内注射 0.5 mL
21 周龄	禽流感 H5、H9 疫苗，肌内注射
23 周龄	鸡传染性法氏囊病、鸡贫血病灭活疫苗，肌内注射（蛋种鸡提前至 18~20 周龄）
35~40 周龄	监测禽流感抗体效价并补种一次疫苗

(三) 肉鸡场免疫程序

肉鸡场免疫程序如表 11.2 所示，仅供参考。

表 11.2　肉鸡场免疫程序

时间	免疫内容
5 日龄	新城疫-传支二联冻干苗，滴鼻、点眼
7 日龄	新城疫-禽流感二联灭活疫苗，颈部皮下注射
13~15 日龄	传染性法氏囊炎冻干苗（中等以上毒力），饮水
19~21 日龄	新城疫冻干苗，饮水

免疫程序仅供参考。若在实施过程中出现了免疫失败，出现新的疫病时，即可采取应急措施，再次或紧急接种。有些疾病季节性比较强，如禽痘、鸡瘟是病毒性传染病，主要侵害幼鸡，以夏季和秋季多流行，主要传播媒介是蚊子类吸血昆虫。因此，若秋季 11 月以后养雏鸡，这时天气已经渐凉，蚊虫也没有了，可到第二年的 4 月份进行禽痘接种。但经常有禽痘发生的地区或鸡场，则需认真地按照免疫程序进行。

(四) 免疫失败的原因

疫苗接种是预防传染病的有效方法之一，但是免疫接种的成功不仅取决于接种时疫苗的质量、接种途径和免疫程序等外部条件，还取决于机体的免疫应答能力。接种疫苗后的机体免疫应答是一个极其复杂的生物学过程，许多内外环境因素都影响机体免疫力的产生、维持和终止。所以，接种过疫苗的鸡群不一定都能产生坚强的免疫力。近年来，一些免疫鸡群常暴发传染病，给养鸡生产造成了较大的损失。

1. 疫苗方面的原因

（1）疫苗质量不佳：疫苗质量是免疫成败的关键因素。疫苗的免疫原性差、污染了强毒、过期失效等都会影响免疫效果。如果用于生产疫苗的鸡胚或细胞带有病原体，如支原体、禽腺病毒等都会影响疫苗的免疫效果，甚至还会传播疾病。

疫苗因运输、保存过程中温度过高或反复冻融会影响效价。疫苗取出后在免疫接种前受到日光的直接照射，或取出时间过长，或疫苗稀释后未在规定时间内用完，均会影响疫苗的效价甚至失效。

（2）疫苗选择不当：某些鸡场忽视雏鸡免疫系统不健全、抵抗力相对较弱的特点，首次免疫选用一些毒力较强的疫苗，如选择中等偏强毒力的传染性法氏囊病疫苗、新城疫Ⅰ系疫苗免疫，不仅起不到免疫的作用，相反还会诱导鸡群发病，造成病毒毒力增强和病毒扩散。

（3）疫苗间干扰作用：将两种或两种以上抗原同时免疫接种时，有时抗原间会产生相互干扰或抑制，机体对其中一种抗原的抗体应答显著降低，从而影响这些疫苗的免疫效果，如新城疫和传染性支气管炎、新城疫和传染性法氏囊病等。

（4）疫苗稀释：疫苗稀释液未经消毒或受到污染而将杂质带进疫苗，或随疫苗提供的专用稀释液存在质量问题。饮水免疫时，饮水器未清洗、消毒，或饮水器中含消毒药等都会造成免疫不理想或免疫失败。

（5）疫苗血清型和流行毒株血清型有差异：同种传染病在临床上可能有多种疫苗选择性（毒株、厂家等），许多病原微生物有多个血清型，甚至有多个血清亚型，鸡场感染的病原微生物与使用的疫苗毒株在抗原上可能存在较大差异或不属于一个血清（亚）型，从而导致免疫失败。

在不同日龄对同一种疫病预防时，若疫苗选择不当，常会导致免疫应答水平较低、无效，甚至出现严重的疫苗反应。如雏鸡首次免疫新城疫时，如果选择Ⅰ系苗，不仅起不到免疫作用，还会引起鸡群发病。

2. 机体状况

（1）遗传因素：动物机体对接种抗原有免疫应答，在一定程度上是受遗传控制的，鸡的品种繁多，免疫应答各有差异，即使同一品种不同个体的鸡，对同一疫苗的免疫反应强弱也是不一致的。有的鸡只甚至有先天性免疫缺陷，从而导致免疫失败。

（2）母源抗体干扰：由于种鸡个体免疫应答差异及不同批次雏鸡群不一定来自同一种鸡群等原因，造成雏鸡母源抗体水平参差不齐。如果所有雏鸡固定同一日进行接种，若母源抗体过高反而干扰了后天免疫，不产生应有的免疫应答。即使同一鸡群不同个体之间母源抗体程度也不一致，母源抗体干扰疫苗在体内的作用，从而影响免疫效果。

（3）感染疫病：在进行疫苗预防时，有一部分鸡已经感染了某些病原体而处于潜伏期，此时免疫接种可激发鸡群在短时间内发病。某些免疫抑制病如马立克病、禽淋巴白血病、传染性法氏囊病、传染性贫血和球虫病等能损害鸡的免疫器官法氏囊、胸腺、脾脏、哈德氏腺、盲肠扁桃体、肠道淋巴样组织等，导致免疫抑制，从而降低了鸡群对疫苗的反应性和增加了机体对病原体的感受性，引发免疫失败。

野毒早期感染或强毒株感染，鸡体接种疫苗后需要一定时间才能产生免疫力，而这段时间恰恰是一个潜在的危险期，一旦有野毒入侵或机体尚未完全产生抗体之前感染强毒，就会导致疾病的发生，造成免疫失败。

（4）营养因素：维生素及许多其他养分都对鸡免疫力有显著影响。营养缺乏，特别是维生素 A、维生素 D、B 族维生素、维生素 E 和多种微量元素及全价蛋白缺乏时能影响机体对抗原的免疫应答，免疫反应明显受到抑制。有试验表明，雏鸡断水、断食 48 h，法氏囊、胸腺和脾脏重量明显下降，脾脏内淋巴细胞减少，网状内皮系统细菌清除率降低，即机体免疫能力下降。

3. 饲养管理及环境因素

（1）饲养管理不当：消毒卫生制度不健全，鸡舍及周围环境中存在大量的病原微生物，在使用疫苗期间鸡群已受到病毒或细菌的感染，这些都会影响疫苗的效果，导致免疫失败。饲喂霉变的饲料或垫料发霉，霉菌毒素能使胸腺、法氏囊萎缩，毒害巨噬细胞而使其不能吞噬病原微生物，从而引起严重的免疫抑制。

（2）应激因素：动物的免疫功能在一定程度上受到神经、体液和内分泌的调节，在环境过冷过热、湿度过大、通风不良、拥挤、饲料突然改变、运输、转群等应激因素的影响下，机体肾上腺皮质激素分泌增加。肾上腺皮质激素显著损伤 T 淋巴细胞，对巨噬细胞也有抑制作用，增加 IgG 分解代谢。所以，当鸡群处于应激反应敏感期时接种疫苗，就会降低鸡自身的免疫能力，影响免疫效果。

（3）环境中化学物质的影响：许多重金属（铅、镉、汞、砷）可抑制免疫应答而导致免疫失败；某些化学物质（卤化苯、卤素、农药）可引起鸡免疫系统的免疫器官部分甚至全部组织萎缩，以及活性细胞的破坏，进而引起免疫失败。

4. 其他因素

（1）免疫程序不合理：鸡场应根据当地鸡病流行规律和本场实际，制定出适合本场的免疫程序。特别在疫区，盲目搬用别人的免疫程序往往会导致免疫失败。

（2）免疫方法不当：滴鼻、点眼免疫时，疫苗未能进入眼内、鼻腔内；肌内注射免疫时，出现“飞针”，疫苗根本没有注射进去或注射入的疫苗从注射孔流出；饮水免疫时，免疫前未限制水或饮水器内加水量太多，使配制的疫苗未能在规定时间内饮完而影响剂量。

（3）器械和用具消毒不严：免疫接种时不按要求消毒注射器、针头、刺种针及饮水器等，使免疫接种成了带毒传播，反而引发疫病流行。

（4）滥用药物：许多药物如卡那霉素、氟苯尼考、氯霉素等有一定免疫抑制作用，能影响疫苗的免疫应答反应。有的鸡场在免疫接种期间使用抗生素药物或药物性饲料添加剂，从而导致机体免疫细胞的减少，影响机体的免疫应答反应。

（5）强毒株、超强毒株或变异毒株的出现：病原体在免疫压力下处于不断进化的过程，以至于经常出现新强毒株、超强毒株或变异毒株。所以，正常免疫的鸡场会出现突然发病、免疫失败的情况。

5. 减少免疫失败的主要对策

（1）正确选择和使用疫苗：选择国家定点生产厂家生产的优质疫苗，到经兽医部门批准经营生物制品的专营商店购买。免疫接种前对使用的疫苗逐瓶检查，注意瓶子有无破损、封口是否严密、瓶内是否真空和有效期，有一项不合格就不能使用。疫苗种类多，选用应考虑当地疫情、毒株特点。

（2）制定合理的免疫程序：根据本地区或本场疫病流行情况和规律，鸡群的病史、品种、日龄、母源抗体水平和饲养管理条件，以及疫苗的种类、性质等因素制定出合理科学的免疫程序，并视具体情况进行调整。

（3）采用正确的免疫操作方法：选择正确的免疫接种方法直接关系到免疫应答的效果和成败，因此，必须严格按照每种疫苗说明书上的操作规范进行接种。

第十二章　规模化商品鸡场疾病防控技术

第一节　鸡病临床诊断技术

临床诊断是诊断动物疾病最基本的方法，由于鸡的解剖生理学特点，在临床诊断上与其他动物有所区别。在鸡病诊断中，对鸡群整体状态的观察，对确诊疾病具有一定意义。

1. 一般状态的观察　应注意观察鸡只对外界的反应，如觅食、饮水的状态，运动时的姿态等。正常的鸡听觉灵敏，白天视觉敏锐，周围稍有惊扰就有迅速反应，动作灵活；食欲良好，营养良好，生长发育正常，羽毛丰满有光泽，两翅膀紧贴腹背，不松弛下垂，鸡冠、肉髯红润。病态鸡表现鸡冠苍白或发绀，羽毛松乱，翅膀下垂，食欲减少或不食，两眼紧闭，精神委顿，蹲伏在鸡舍内一角，或伏卧在产蛋箱内，呼吸有声，张口伸颈，有的鸡只营养不良极度消瘦，有的肛门附近污秽、积有粪便，或粪便稀薄或呈黄绿色带血。如果鸡只突然精神不振，并伴有不食，全身衰弱，姿态不稳，多为急性传染病如中毒病表现；如果长期食欲减少，精神不振，多为慢性经过的疾病。

2. 鸡冠及肉髯的观察　正常的鸡冠及肉髯颜色鲜红，组织柔软光滑。如颜色异常则为病态。鸡冠发白，主要见于贫血、出血性疾病及慢性疾病，如淋巴性白血病、寄生虫病等。鸡冠发紫，常见于急性热性疾病，如新城疫、禽流感、禽霍乱，也多见于中毒性疾病。鸡冠萎缩，常见于慢性疾病，如淋巴性白血病等。冠上有水疱，脓疱结痂等病症，多为鸡痘的特征。

3. 粪便检查　检查粪便是临床诊断鸡病的一个重要方面，因为粪便发生异常变化，往往是疾病的预兆。

健康鸡粪便是圆柱形、条形，多为棕褐色，粪的表面附有白色尿酸盐。鸡患有急性传染病时，如新城疫、禽流感、禽霍乱等，由于食欲减少甚至绝食，饮水量增加，加之肠黏膜发炎，肠蠕动加快，分泌液增加，因此出现腹泻，排出黄绿色、黄白色的腥臭稀便，并常附有黏液，有的还混有血液。雏鸡患白痢杆菌病时，肠黏膜分泌大量黏液，同时尿中尿酸盐含量增加，病鸡排出的白色糊状或石灰样稀便，粘在肛门周围羽毛上，有时结成团堵塞肛门口，该病症可引起雏鸡大批死亡。雏鸡患球虫病时，多见肠炎及出血，特别是雏鸡感染盲肠球虫时，排出棕红色稀便，甚至排出血便。鸡患副伤寒、大肠杆菌病时，也出现下痢，肛门周围粘有糊状粪便。鸡患胃型传染性支气管炎时，排水样尿酸盐稀便。

4. 站立姿势及运动行为的检查 鸡的两腿变形，关节肿大，胸骨呈“S”状，胸廓左右不对称，多为鸡磷代谢障碍的表现。雏鸡趾爪卷曲而站立不稳，多见于维生素 B_2 缺乏症。鸡甩头曲颈，头向后仰，呈现观星状，腿无力，站立不稳，多见于维生素 B_3 缺乏症。鸡一腿向前另一腿伸向后方，形成劈叉姿势，常为神经型马立克病的特征。雏鸡的头、颈及腿部震颤，伏地打滚，多为禽传染性脑脊髓炎的特征。检查腿部及关节的状态，如趾关节、跗关节等肿胀，具有波动感，内有脓汁，可能是滑膜支原体病，是由葡萄球菌、沙门杆菌等感染引起的，确诊时需进行细菌分离。

5. 呼吸系统的观察 应注意鸡只呼吸时是否有啰音，咳嗽，打喷嚏及张嘴伸颈呼吸。张嘴伸颈呼吸多见于传染性喉气管炎、传染性支气管炎、传染性鼻炎、支原体病、新城疫及黏膜型鸡瘟等。通过临床对病鸡进行诊断，必要时应进行实验室综合诊断，做出确切结论。

第二节 鸡常用药物及其用法用量

一、抗生素类

抗生素是细菌、真菌、放射菌等微生物在生长繁殖过程中产生的代谢产物，在很低的浓度下能抑制或杀灭其他病原微生物的化学物质。多数抗生素主要采用微生物发酵的方法生产，如青霉素 G、土霉素等；少数抗生素是由天然抗生素进行结构改造或以微生物发酵产物为前体生产半合成，如阿莫西林、头孢菌素类等。除了具有抗微生物作用外，有的抗生素还具有抗寄生虫作用，如阿维菌素类、离子载体类抗生素等。

1. 青霉素 G（苄青霉素）

药理作用：为窄谱杀菌性抗生素，对大多数革兰阳性菌、部分革兰阴性菌、螺旋体、梭状芽孢杆菌、放线菌有强大的杀灭作用。其作用机理是抑制细菌细胞壁黏肽的合成。对生长旺盛的敏感菌作用强大，而对处于静止期或生长繁殖受到抑制的细菌作用差，因此一般不与快效抑菌类抗菌药物联用。

用法用量：肌内注射，一次量，每千克体重 5 万~10 万 IU，2~3 次/d。

常见剂型：注射粉针。

2. 氨苄青霉素（氨苄西林）

药理作用：本品为半合成广谱抗生素，对大多数革兰阳性菌的作用比青霉素略差。对革兰阴性菌，如大肠杆菌、变形杆菌、沙门杆菌和巴氏杆菌等均有较强的作用，与四环素相似，但不如卡那霉素、庆大霉素和多黏菌素。对耐药金黄色葡萄球菌和绿脓杆菌无效。本品具有耐酸不耐酶的特点，可内服使用。

用法用量：混饮，每升水 50~100 mg；混饲，每千克饲料 100 mg，均连用 3~5 d。肌内或静脉注射，一次量，每千克体重 10~20 mg，2~3 次/d。

3. 林可霉素

药理作用：主要对革兰阳性菌、某些厌氧菌和霉形体有较强的抗菌活性，抗菌谱较窄。对大多数革兰阳性菌如金黄色葡萄球菌、溶血性链球菌、肺炎球菌、棒状杆菌及鸡败血霉形体等有较强的抑制作用。厌氧菌如拟杆菌属、梭状芽孢杆菌、魏氏梭菌等对本品也较敏感，但肠球菌一般耐药。对革兰阴性菌无效。与壮观霉素联用，可产生协同作用，抗菌范围扩大。

用法用量：混饮，每升水 200~300 mg；混饲，每千克饲料 30~50 mg，均连用 3~5 d。肌内注射，一次量，每千克体重 15~30 mg，1 次/d，连用 3 d。

常见剂型：片剂、可溶性粉、散剂和注射液。

4. 克林霉素

药理作用：抗菌作用、应用同林可霉素。抗菌效力比林可霉素强 4~8 倍。对各种厌氧菌作用强大，是本品的一大特点。内服吸收优于林可霉素。

用法用量：内服或肌内注射，一次量，每千克体重 8~15 mg，1 次/d，连用 3 d。

常见剂型：片剂、注射液。

5. 链霉素

药理作用：主要对革兰阴性菌和结核杆菌有杀灭作用，对结核杆菌作用强大。

用法用量：内服，一次量，每千克体重 10~20 mg；肌内注射，一次量，每千克体重 20~30 mg，2~3 次/d。

常见剂型：片剂、粉针和注射液。

6. 庆大霉素

药理作用：本品在氨基糖苷类中抗菌谱较广。对革兰阴性菌和阳性菌均有作用。在阴性菌中，对大肠杆菌、变形杆菌、绿脓杆菌、沙门杆菌等有较强的作用，特别是对肠道菌及绿脓杆菌有高效。对耐药金黄色葡萄球菌、溶血链球菌、炭疽杆菌等也有效。此外，对支原体亦有一定作用。

用法用量：混饮，每升水 20~40 mg，治疗输卵管炎、腹膜炎时增大到 50~100 mg；混饲，每千克饲料 50~200 mg。肌内注射，一次量，每千克体重

5~7.5 mg，2 次/d，连用 2~3 d。

常见剂型：可溶性粉、片剂、注射液。

7. 卡拉霉素

药理作用：本品抗菌谱与链霉素相似，但抗菌活性稍强。对多数革兰阴性杆菌如大肠杆菌、变形杆菌、沙门杆菌和巴氏杆菌等有效，对金黄色葡萄球菌和支原体也有作用，但对绿脓杆菌、链球菌、厌氧菌无效。

用法用量：混饮，每升水 30~120 mg；混饲，每千克饲料 60~250 mg。肌内注射，一次量，每千克体重 10~15 mg，2 次/d，连用 2~3 d。

常见剂型：可溶性粉、片剂、注射液。

8. 阿米卡星

药理作用：作用、抗菌谱与庆大霉素相似。其特点是对庆大霉素、卡那霉素耐药的绿脓杆菌、大肠杆菌、变形杆菌等仍有效；对金黄色葡萄球菌也有较好的作用；对支原体也有效。本品毒性较庆大霉素、卡那霉素小。

用法用量：肌内注射，一次量，每千克体重 5~7.5 mg，2 次/d，连用 2~3 d。

常见剂型：粉针、注射液。

9. 新霉素

药理作用：抗菌谱与链霉素相似。本品毒性较大，常内服给药，在肠道中浓度较高，是治疗肠道感染的常用药物。鸡吸入给药时，可在肺中形成较高浓度，对防治鸡白痢、伤寒和副伤寒、大肠杆菌病及传染性鼻炎安全有效。

用法用量：混饮，每升水 40~70 mg，连用 3~5 d；气雾，每立方米空间用 1 g，吸入 1 h；喷雾可配成每升水含 150 mg 新霉素的水溶液，对着鸡头喷雾，2 次/d，连用 4 d，停药 2 d 后，再喷 4~5 d；混饲，每千克饲料 70~140mg。

常用剂型：片剂、可溶性粉、散剂和溶液剂。

10. 大观霉素

药理作用：本品对革兰阴性菌如变形杆菌、绿脓杆菌、沙门杆菌和巴氏杆菌等有较强的作用，对革兰阳性菌作用较弱，对支原体也有一定的作用。

用法用量：混饮，每升水 500~1 000 mg，连用 3~5 d。肌内注射，每千克体重 10~20 mg，1 次/d，连用 3 d。

常见剂型：可溶性粉、注射液。

11. 土霉素

药理作用：本品为广谱快效抑菌剂，对革兰阳性菌、革兰阴性菌、螺旋体、立克次体、支原体、衣原体、原虫等均可产生抑制作用。可用于鸡慢性呼吸道病及传染性滑膜炎、沙门杆菌病、大肠杆菌病、李氏杆菌病、禽霍乱及传染性鼻炎等。

用法用量：混饲，每千克饲料，预防量 100～200 mg，治疗量 200～500 mg；混饮，每升水 150～250 mg；内服，每千克体重 25～50 mg；肌内注射，每千克体重 25 mg。

常见剂型：片剂、可溶性粉、散剂和粉针。

12. 金霉素

药理作用：抗菌谱同土霉素，本品对耐青霉素的金黄色葡萄球菌作用优于土霉素和四环素。

用法用量：混饲，每千克饲料，预防量 50～100 mg，治疗量 200 mg。

常见剂型：片剂和散剂。

13. 四环素

药理作用：与土霉素相似，但对革兰阴性杆菌的作用较好，对革兰阳性球菌，如葡萄球菌的效力不如金霉素。

用法用量：内服，一次量，每千克体重 25～50 mg，2～3 次/d，连用 3～5 d；混饮，每升水 150～250 mg。

常见剂型：片剂、可溶性粉。

14. 强力霉素

药理作用：本品为广谱、高效低毒的半合成四环素类抗生素，抗菌谱与土霉素相似，但作用强 2～10 倍，对土霉素、四环素耐药的金黄色葡萄球菌仍然有效。用于防治鸡的慢性呼吸道病、传染性滑膜炎、鸡大肠杆菌病、沙门杆菌病、鸡变形杆菌病、禽霍乱，以及鸡的细菌和支原体混合感染。

用法用量：混饲，每千克饲料 100～200 mg；混饮，每升水 50～100 mg；肌内注射，每千克体重 5～10 mg，1 次/d。

常见剂型：片剂、可溶性粉和粉针。

15. 甲砜霉素

药理作用：属广谱抑菌性抗生素。对大多数革兰阳性菌和阴性菌都有作用，但对阴性菌的作用强于对阳性菌的作用。敏感菌包括大肠杆菌、沙门杆菌、巴氏杆菌、痢疾杆菌、葡萄球菌、链球菌、肺炎球菌、肠球菌等，对绿脓杆菌无效。本品毒性较低，鸡内服的最小致死量大于每千克体重 2 g。

用法用量：混饲，每千克饲料 200～300 mg。内服，一次量，每千克体重 20 mg，1 次/d。

常见剂型：片剂和散剂。

16. 氟苯尼考

药理作用：抗菌谱与甲砜霉素相似，抗菌活性优于甲砜霉素，对耐甲砜霉素的大肠杆菌、沙门杆菌亦有效。主要用于鸡大肠杆菌病、霍乱等。

用法用量：内服，一次量，每千克体重 20～30 mg，2 次/d，连用 3～5 d；肌内注射，每千克体重 20mg，1 次/d，连用 2 d。

17. 支原净（泰妙菌素）

药理作用：为半合成抗生素，对多种霉形体、革兰阳性菌有较强的抗菌作用，但对大肠杆菌、沙门杆菌等革兰阴性杆菌的作用较弱。

用法用量：混饮，每升水 125～250 mg，连用 3～5 d；混饲，每千克饲料 200 mg。

常见剂型：可溶性粉和散剂。

18. 红霉素

药理作用：主要对革兰阳性菌作用较强，对支原体、某些螺旋体、衣原体也有效，对某些革兰阴性菌如巴氏杆菌、嗜血杆菌及放线杆菌也有一定的作用，但对肠杆菌如大肠杆菌、沙门杆菌无效。

用法用量：混饮，每升水 125 mg，连用 3～5 d。内服，每千克体重 10～40 mg，2 次/d。肌内注射，每千克体重 5～20 mg，2 次/d。

常见剂型：片剂、可溶性粉和粉针。

19. 泰乐菌素

药理作用：本品对革兰阳性菌、支原体、螺旋体等均有抑制作用；对大多数革兰阴性菌作用较差。对革兰阳性菌的作用较红霉素弱，其特点是对支原体有较强的抑制作用。与其他大环内酯类有交叉耐药现象。可用于防治鸡慢性呼吸道病、火鸡传染性窦炎及传染性滑膜炎，以及坏死性肠炎、溃疡性肠炎和坏疽性皮炎、鸡螺旋体病。

用法用量：混饮，每升水 0.5 g，治疗连用 3～5 d；混饲，治疗鸡的慢性呼吸道病，每千克饲料 1 g，连用 3～5 d；肌内注射，每千克体重 25 mg，1 次/d。

常见剂型：可溶性粉、散剂和粉针。

20. 替米考星

药理作用：本品具有广谱抗菌作用，对革兰阳性菌、某些革兰阴性菌、支原体、螺旋体等均有抑制作用；对胸膜肺炎放线杆菌、巴氏杆菌及鸡支原体具有比泰乐菌素更强的抗菌活性。

用法用量：混饮，每升水，100～200 mg，连用 5 d，用于鸡支原体病的治疗。

常用制剂：替米考星可溶性粉。

二、合成抗菌药

1. 环丙沙星

药理作用：本品属广谱杀菌药。抗菌活性比诺氟沙星强2~10倍，对革兰阴性菌的抗菌活性是目前兽医临床应用中的氟喹诺酮类中最强的一种；对革兰阳性菌的作用也较强。另外，对支原体、厌氧菌、绿脓杆菌亦有较强的抗菌作用。广泛用于鸡的各种细菌病与支原体所引起的消化道、呼吸道感染及败血症、输卵管炎、皮肤感染、腹膜炎等。对鸡的绿脓杆菌病、弧菌性肝炎也有较好的疗效。

用法用量：内服，一次量，每千克体重5~10 mg；混饮，每升水50 mg；肌内注射，一次量，每千克体重5 mg，2次/d。

常用剂型：片剂、可溶性粉、注射液。

2. 氧氟沙星

药理作用：本品对多数革兰阴性菌、阳性菌、支原体和某些厌氧菌有较强的杀灭作用。体外抗菌作用优于诺氟沙星，但低于环丙沙星、恩诺沙星。本品内服吸收迅速完全，生物利用度高，是本类药中内服吸收血药浓度最高者。可用于防治鸡大肠杆菌病、沙门杆菌病、传染性鼻炎、变形杆菌病、葡萄球菌病、禽霍乱及慢性呼吸道病等。

用法用量：内服，一次量，每千克体重5~10 mg；混饮，每升水50~100 mg；肌内注射，一次量，每千克体重5 mg，2次/d。

常用剂型：片剂、可溶性粉、注射液。

3. 恩诺沙星

药理作用：本品是动物专用广谱抗菌药物，对支原体有特效，强于泰乐菌素。常用于鸡的各种支原体、大肠杆菌、鸡白痢沙门杆菌、副鸡嗜血杆菌、多杀性巴氏杆菌、丹毒杆菌、葡萄球菌和链球菌感染等。

用法用量：内服，一次量，每千克体重5~7.5 mg；混饮，每升水50~75 mg；肌内注射，一次量，每千克体重2.5~5 mg，2次/d。

常用剂型：片剂、可溶性粉、注射液。

4. 沙拉沙星

药理作用：本品为动物专用广谱抗菌药物，对革兰阳性菌、革兰阴性菌及支原体有作用，抗菌作用强于诺氟沙星。内服吸收迅速，但不完全，从鸡体内消除迅速。混饲、混饮或投服，对肠道细菌感染疗效突出。

用法用量：内服，一次量，每千克体重2.5 mg；混饮，每升水25~50 mg；混饲，每千克饲料100 mg；肌内注射，一次量，每千克体重2.5~5 mg，2次/d。

常用剂型：片剂、可溶性粉、注射液。

5. 磺胺嘧啶（SD）

药理作用：内服吸收迅速，血浆蛋白结合率低，可通过血脑屏障进入脑脊液，是治疗脑部细菌感染的有效药物。用于治疗鸡白痢、禽霍乱、大肠杆菌病（包括脑型大肠杆菌病）、李氏杆菌病、葡萄球菌病、链球菌病及卡氏住白细胞原虫病。

用法用量：内服，一次量，每千克体重 70~140 mg；肌内注射，一次量，每千克体重 70~100 mg，2 次/d，连用 3 d。

常用剂型：片剂、混悬液、注射液。

6. 磺胺二甲基嘧啶（SM_2）

药理作用：抗菌作用较 SD 弱，但乙酰化物的溶解度高，不易出现结晶尿，尚有抗球虫作用。主要用于鸡白痢、禽霍乱、大肠杆菌病（包括脑型大肠杆菌病）、葡萄球菌病、链球菌病及球虫病。

用法用量：内服，一次量，每千克体重 70~100 mg；肌内注射，一次量，每千克体重 70~100 mg，2 次/d，连用 3 d。

常用剂型：片剂、注射液。

7. 磺胺甲噁唑（SMZ）

药理作用：抗菌作用比磺胺间甲氧嘧啶（SMM）略弱，强于其他磺胺药。与甲氧苄氨嘧啶（TMP）合用，抗菌作用增强数倍，疗效与四环素和氨苄青霉素相近。内服吸收较慢，排泄也较慢，有效血药浓度维持时间较长。但乙酰化率高，且溶解度低，易造成泌尿道损害。

用法用量：内服，一次量，每千克体重 25~50 mg；肌内注射，一次量，70 mg，2 次/d，连用 3 d。

常用剂型：片剂、注射液。

8. 磺胺间甲氧嘧啶（SMM）

药理作用：本品抗菌作用在本类药中最强，除对大多革兰阳性菌和阴性菌有抑制作用外，对球虫、住白细胞原虫也有较强的作用。内服吸收良好，乙酰化率低。

用法用量：内服，一次量，每千克体重 50~100 mg；混饮，治疗量 0.025%~0.1%，预防量减半；肌内注射，一次量，70 mg，2 次/d，连用 3 d。

常用剂型：片剂、可溶性粉、注射液。

9. 磺胺二甲氧嘧啶（SDM）

药理作用：本品抗菌作用、临床疗效与 SD 相似。对鸡球虫、鸡住白细胞原虫有显著的作用。吸收迅速而排泄较慢，乙酰化率低。

用法用量：内服，一次量，每千克体重 100 mg。

常用剂型：片剂。

10. 磺胺喹噁啉（SQ）

药理作用：本品具有抗菌和抗球虫双重作用。对鸡的各种球虫均有抑制作用，与二甲氧苄啶合用，则抗球虫作用更强。

用法用量：混饮，每升水，治疗量300~500 mg，预防量50 mg；混饲，每千克饲料120 mg。蛋鸡产蛋期禁用，肉鸡宰前10 d停止给药。

常用剂型：可溶性粉、预混剂。

11. 磺胺氯吡嗪（三字球虫粉）

药理作用：本品的作用特点同SQ，但是具有更强的抗菌作用，且其毒性较SQ小。对鸡的球虫病、卡氏住白细胞原虫病有较好的疗效。

用法用量：混饮，每升水，治疗量300mg。蛋鸡产蛋期禁用，肉鸡宰前10天停止给药。

常用剂型：可溶性粉。

12. 磺胺脒（SG）

药理作用：本品内服吸收少，能在肠道内保持较高浓度，有抗菌及抗球虫作用。常用于治疗肠道细菌感染。

用法用量：内服，一次量，每千克体重100 mg，2次/d，连用3 d。

常用剂型：片剂、预混剂。

13. 呋喃唑酮

药理作用：广谱抗菌药物，对大多数革兰阳性菌、阴性菌和部分原虫有效。本品内服后吸收较少，在肠道内保持较高浓度，因此主要适于防治肠道细菌感染，如鸡白痢、副伤寒等，也可用于鸡组织滴虫病及鸡住白细胞原虫病。

用法用量：内服，一次量，每千克体重10 mg，2次/d，连用3 d。

常用剂型：片剂、预混剂。

14. 甲硝唑

药理作用：本品对专性厌氧菌有强大的杀灭作用，如对拟杆菌属、变形杆菌属、梭状芽孢杆菌有明显抵制作用。另外，还有抗鸡组织滴虫的作用。

用法用量：内服，一次量，每千克体重10~30 mg，2次/d；混饮，每升水500 mg，连用7 d。

常用剂型：片剂、注射液。

三、抗寄生虫药物

（一）抗球虫药物

球虫病是严重危害养鸡业的一种流行性原虫病。引起鸡发病的球虫主要有柔嫩艾美耳球虫（急性盲肠球虫病）、毒害艾美耳球虫（急性小肠球虫病）、堆型艾美耳球虫和巨型艾美耳球虫（慢性球虫病）等。球虫的发育分三个阶段，无性生殖阶段、有性生殖阶段和孢子生殖阶段。抗球虫药物种类很多，绝大多数药物作用于球虫发育的无性生殖阶段。

1. 二硝托胺（球痢灵）

药理作用：本品为合成抗球虫药，对鸡多种艾美耳球虫有效，尤其对柔嫩艾美耳球虫和毒害艾美耳球虫作用较强，对堆型艾美耳球虫作用较差。本品兼有预防和治疗作用，治疗量对鸡的发育、产蛋无明显不良影响。

用法用量：混饲，每千克饲料，预防量125 mg，治疗量250 mg。

常用剂型：预混剂。

2. 氨丙啉

药理作用：本品的作用机制是干扰虫体维生素B_1的代谢。其结构与硫胺素相似，可竞争性抑制球虫的硫胺代谢而发挥抗球虫作用。对鸡柔嫩艾美耳球虫、堆型艾美耳球虫作用较强，而对毒害艾美耳球虫和巨型艾美耳球虫作用较差。

用法用量：混饲，每千克饲料，预防量125 mg，治疗量250 mg；混饮，每升水，预防量100 mg，治疗量250 mg。

常用剂型：预混剂、饮水剂。

3. 地克珠利

药理作用：本品为新型广谱、高效低毒的抗球虫药，对鸡的各种艾美耳球虫均高度敏感，是目前混饲浓度最低的一种抗球虫药，其抗球虫作用峰期在子孢子和第一代裂殖体早期阶段。长期使用本品会出现耐药性，因此应与其他抗球虫药交替使用。另外，本品在鸡体内半衰期短，用药2 d后作用基本消失，因此应连续用药。

用法用量：混饲，每千克饲料1 mg；混饮，每升水0.5 mg。

常用剂型：预混剂、饮水剂。

4. 常山酮

药理作用：本品为新型广谱抗球虫药，主要作用于第一代和第二代的裂殖体，对鸡的各种艾美耳球虫均有较强的抑制作用。用药量较小，与其他抗球虫药之间没有交叉耐药性。

用法用量：混饲，每千克饲料3 mg。

常用剂型：预混剂。

（二）抗滴虫药与抗住白细胞原虫药

二甲硝咪唑

药理作用：本品为抗原虫药和抗菌药。对鸡毛滴虫、组织滴虫作用显著，对球虫亦有效。对大肠杆菌、链球菌和葡萄球菌也有抑制作用。本品常用作饲料添加剂，促进生长，提高饲料利用率。

用法用量：混饲，每千克饲料 500 mg；混饮，每升水 150 mg。

常用剂型：预混剂、饮水剂。

四、抗蠕虫药

（一）驱线虫药

1. 左旋咪唑

药理作用：本品为优良的广谱、高效、低毒驱虫药。对鸡多数线虫如鸡蛔虫、异刺线虫等有效。还有增强机体免疫的作用，可使受抑制的 T 细胞和巨噬细胞功能恢复到正常水平，从而提高机体抗体的水平和抗病能力。

用法用量：内服，一次量，每千克体重 25 mg，2 次/d；混饮，每升水 25~50 mg。

常用剂型：片剂、可溶性粉。

2. 阿苯哒唑

药理作用：本品为广谱、高效、低毒驱虫药，对鸡蛔虫成虫、瑞利绦虫、戴文绦虫、棘口吸虫有效，但对鸡的蛔虫幼虫、异刺线虫、毛细线虫和前殖吸虫效果较差。

用法用量：内服，一次量，每千克体重 10~30 mg。

常用剂型：片剂。

3. 芬苯哒唑

药理作用：本品为广谱高效驱线虫药，对鸡的呼吸道和消化道线虫、蛔虫等有效。

用法用量：内服，一次量，每千克体重 8 mg，1 次/d，连用 6 d。

常用剂型：片剂。

（二）驱绦虫药与吸虫药

1. 吡喹酮

药理作用：本品为较理想的新型广谱抗绦虫药与抗吸虫药，对大多数绦虫的幼虫和成虫有明显效果，能使体内血吸虫向肝脏移动，并在肝组织中死亡；对鸡的多种前殖吸虫、棘口吸虫、背孔吸虫等有效。

用法用量：内服，一次量，每千克体重 10~20 mg。

常用剂型：片剂。

2. 硫双二氯酚

药理作用：本品对鸡的各种吸虫有效，也可驱除鸡的瑞利绦虫、漏斗状带绦虫等。

用法用量：内服，一次量，每千克体重 100~200 mg。

常用剂型：片剂。

五、常用维生素与无机盐

（一）常用维生素

1. 维生素 A

药理作用：维生素 A 具有保护上皮组织的完整性、维持正常视觉、提高动物繁殖力和免疫功能、维护骨骼的正常生长等作用。常用于防治维生素 A 缺乏症，以及鸡球虫病、呼吸道病等的辅助治疗。

用法用量：混饲，每千克饲料，肉鸡、雏鸡和育成鸡 1 500 IU，蛋鸡、种鸡 4 000 IU。

常用剂型：散剂。

2. 维生素 D

药理作用：对鸡生长发育起作用的主要是维生素 D_3，其作用是调节钙、磷代谢，特别是促进小肠对钙、磷的吸收，调节肾脏对钙、磷的排泄，控制骨骼中钙、磷的贮存及血液中钙、磷的浓度等。

用法用量：混饲，每千克饲料，肉鸡、雏鸡和育成鸡 200 IU，蛋鸡、种鸡 500 IU。

常用剂型：散剂。

3. 维生素 E

药理作用：具有抗氧化作用，与硒协同，阻止细胞内、外不饱和脂肪酸和其他易氧化物的氧化，保护富于脂质的生物膜的完整性，从而防止肝组织坏死和肌肉受损，维持红细胞的稳定性和毛细血管的完整性等。维生素 E 还参与鸡的正常生殖机能。

用法用量：内服，一次量，每千克体重 5~10 mg。

常用剂型：散剂、注射液。

4. 维生素 K

药理作用：维生素 K 的主要生理功能是促进肝脏合成凝血酶原，促进凝血因子Ⅶ、Ⅸ、Ⅹ在肝脏内合成，参与凝血过程。本品中维生素 K_1、维生素 K_2 为脂溶性，维生素 K_3、维生素 K_4 为水溶性。可用于防治维生素 K 缺乏症，也用于鸡球虫病、住白细胞原虫病、磺胺药中毒的辅助治疗。

用法用量：内服，一次量，每千克体重 10 mg；肌内注射，一次量，每千克体重 1~2 mg。

常用剂型：片剂、散剂、注射液。

5. 维生素 B_1

药理作用：本品参与机体糖代谢和能量代谢，对维持鸡正常神经传导、心脏和胃肠功能起重要作用。用于防治维生素 B_1 缺乏症及痢特灵中毒的辅助治疗。

用法用量：内服，一次量，每千克体重 2.5~5 mg；肌内注射，一次量，每千克体重 1~2.5 mg，2 次/d，连用 3~5 d。

常用剂型：片剂、散剂、注射液。

6. 维生素 B_6

药理作用：磷酸吡哆醛和磷酸吡哆胺是维生素 B_6 在体内的活性形式，它们既是氨基酸转氨酶的辅酶，也是某些氨基酸脱羧酶的辅酶，在蛋白质代谢中起着十分重要的作用，对脂肪和糖的代谢亦十分重要。主要用于防治维生素 B_6 缺乏症，也常与维生素 B_1 合用治疗神经系统疾病和皮肤病。

用法用量：内服，一次量，每千克体重 2.5~5 mg；肌内注射，一次量，每千克体重 2.5~5 mg，1~2 次/d，连用 5~7 d。

常用剂型：片剂、散剂、注射液。

7. 叶酸

药理作用：本品在体内生成四氢叶酸后才具有生理活性，是一碳基团转移酶系统的辅酶和一碳基团的传递体，参与嘌呤、嘧啶的合成及氨基酸的代谢，从而影响核酸的合成和蛋白质的代谢，对正常血细胞的形成有促进作用。

用法用量：内服，一次量，每千克体重 0.1~0.5 mg；肌内注射，一次量，每千克体重 0.1~0.2 mg，1~2 次/d，连用 5 d。

常用剂型：片剂、散剂、注射液。

8. 维生素 B_{12}（氰化钴）

药理作用：本品在体内参与多种代谢反应，作用广泛，对蛋白质、脂肪和碳水化合物的代谢，对生长发育、造血机能等具有重要作用。用于防治维生素 B_{12}缺乏症。

用法用量：内服，一次量，每千克体重 2~4 μg；肌内注射，一次量，每千克体重 2~4 μg，1~2 次/d，连用 5 天。

常用剂型：片剂、散剂、注射液。

9. 维生素 C

药理作用：本品在机体内参与多种氧化还原反应，促进细胞间质的合成，具有抗氧化、抗炎及抗过敏作用；维生素 C 具有强还原性，在体内可使氧化型谷胱甘肽转变为还原型谷胱甘肽，因此，本品还具有解毒功能；维生素 C 可促进抗体生成，增强机体免疫力、抗应激的能力。

用法用量：内服，一次量，每千克体重 25~50 mg；肌内注射，一次量，每千克体重 25 mg，1~2 次/d，连用 3 天。

常用剂型：片剂、散剂、注射液。

（二）常用的无机盐

1. 碳酸氢钠（小苏打）

药理作用：本品具有健胃、抗酸中毒的作用，对维持鸡体内的酸碱平衡有着重要作用。还能提高鸡的耐热能力，以及用于碱化尿液、增加磺胺类药物在尿中的溶解度，防止析出结晶损害泌尿道。常用于消肾肿、促进尿酸排泄、热应激及鸡尿酸盐沉着症。

用法用量：混饲，每千克饲料 1~2 g；混饮，每升水 0.5~1 g。

常用剂型：散剂。

2. 氯化钾

药理作用：夏季在鸡饲料或饮水中添加本品，可补充血钾，缓解热应激所引起的血钾下降，维持和提高产蛋鸡的生产性能，显著提高热应激状态下肉鸡的日增重。

用法用量：混饲，每千克饲料 3~5 g；混饮，每升水 1.5~2 g。

常用剂型：散剂。

3. 氯化铵

药理作用：本品可用于降低血液的 pH 值，缓解呼吸性碱中毒。鸡在热应激情况下，其血液 pH 值升高，二氧化碳分压下降，严重时可导致呼吸性碱中毒。另外，本品还有祛痰作用，常用于呼吸道炎症初期。

用法用量：混饲，每千克饲料 3~5 g；混饮，每升水 2~3 g。

常用剂型：散剂。

六、作用于内脏系统的常用药物

1. 鞣酸蛋白

药理作用：本身无活性，在肠内碱性条件下分解为鞣酸及蛋白，呈现收敛、止泻作用。

用法用量：内服，一次量，每羽 0.15~0.3g。

常用剂型：片剂。

2. 次硝酸铋和次碳酸铋

药理作用：本品内服后，在胃肠内解离出铋离子，后者能与蛋白结合，起收敛作用；铋离子还能与肠内硫化氢结合，生成不溶性硫化铋，覆盖于肠黏膜表面，有机械性保护作用。治疗细菌性肠炎时，使用次碳酸铋，毒副作用小。

用法用量：内服，一次量，每羽 0.1~0.3 g。

常用剂型：散剂。

3. 麻黄碱

药理作用：本品可松弛支气管平滑肌，作用弱而持久，内服有效。与祛痰药合用，用于治疗鸡的传染性支气管炎及慢性呼吸道病等。

用法用量：内服，一次量，每千克体重 2.5 mg。

常用剂型：片剂。

4. 二羟丙茶碱

药理作用：本品为磷酸二酯酶抑制剂，具有强大的松弛支气管平滑肌的作用，并可抑制过敏介质的释放。另外还有强心利尿的作用。本品安全性好，毒性小于氨茶碱。常用于鸡传染性喉气管炎、传染性支气管炎的对症治疗。

用法用量：内服，一次量，每千克体重 10 mg；混饮，每升水 100 mg；肌内注射，一次量，每千克体重 15 mg。

常用剂型：片剂、散剂、注射液。

5. 呋喃苯胺酸（速尿）

药理作用：本品为强效利尿药，作用机制是抑制肾小管髓袢升支粗段对氯离子的主动重吸收，间接抑制对钠离子的被动重吸收。可用于肉鸡腹水症的治疗，常配合维生素 C 使用。

用法用量：混饲，每千克饲料 50 mg；肌内注射，一次量，每千克体重 5 mg。

常用剂型：散剂、注射液。

七、其他常用药物

1. 对乙酰氨基酚（扑热息痛）

药理作用：本品具有解热镇痛作用，作用缓和。主要用于发热性疾病的辅助治疗，镇痛作用较弱。因鸡无汗腺，本品用于缓解热应激效果很差。

用法用量：混饲，每千克饲料 300~500 mg；内服，一次量，每千克体重 50~100 mg，2~3 次/d。

常用剂型：散剂、片剂。

2. 保泰松

药理作用：抗炎作用较强，解热镇痛作用较弱，还有促进尿酸排泄的作用。可用于关节炎等炎症的辅助治疗。

用法用量：内服，一次量，每千克体重 25 mg，2 次/d。

常用剂型：片剂。

3. 扑尔敏

药理作用：本品为强而持久的 H_1 受体阻断药，抗组胺作用较强，能有效对抗或减弱组胺扩张血管、收缩胃肠及支气管平滑肌的作用。可用于药物过敏和鸡呼吸道疾病的治疗。

用法用量：混饲，每千克饲料 5~10 mg；内服，一次量，每千克体重

0.4~0.5 mg，2 次/d；皮下或肌内注射，一次量，每千克体重 1 mg，2 次/d。

常用剂型：片剂、散剂、注射液。

4. 西咪替丁

药理作用：本品为较强的 H_2 受体阻断药，能选择性阻断胃壁细胞上的 H_2 受体，有效抑制组胺所引起的胃酸分泌，降低胃内酸度和胃酶的活性。对应激性胃溃疡和上消化道出血有明显疗效，多与小苏打联用，用于鸡肌胃糜烂的治疗。

用法用量：混饲，每千克饲料 10~20 mg。

常用剂型：散剂。

5. 口服补液盐

药理作用：具有补充电解质、能量和水的作用，亦有抗应激作用。常用于治疗各种疾病所引起的腹泻、脱水及热应激，可纠正脱水和电解质紊乱，减轻应激反应。

用法用量：饮水，每升水加葡萄糖 20 g、氯化钠 3.5 g、氯化钾 1.5 g、碳酸氢钠 2.5 g。

常用剂型：散剂。

第三节 病毒性疾病

一、禽流感

禽流感又称欧洲鸡瘟、真性鸡瘟，是由 A 型流感病毒引起的各种家禽和野鸟的一种急性、高度致死性传染病。

1. 病原 本病病原属正黏病毒科正黏病毒属流感病毒中的 A 型流感病毒。根据囊膜上血凝素（HA）和神经氨酸酶（NA）的不同分许多亚型，目前已确定 HA 亚型有 16 个，NA 亚型 10 个。HA 亚型和 NA 亚型随机重组，从理论上讲可有 135 个以上亚型，各亚型间无完全交叉免疫作用。病毒常因抗原结构发生轻微变化或不同亚型之间的重组发生抗原性变异。本病毒能凝集鸡和某些哺乳动物的红细胞，并能被特异血清所抑制，较鸡新城疫病毒来说，它能凝集马属动物的红细胞而新城疫病毒不能。病毒能在鸡胚或鸡胚细胞上生长，存在于病禽所有组织、体液、分泌物和排泄物中。对热抵抗力低，普通消毒药即可很快杀死。

2. 流行病学 目前已从多数国家的家禽（鸡、火鸡、鹌鹑、鸭、鹅等）、野禽包括野生水禽野鸭、野鹅、海鸥等中分离到多种 A 型流感病毒。

禽类 A 型流感病毒感染的症状、严重程度与感染的毒株性质有关。多数毒株的感染没有临床症状，有一些毒株会产生慢性呼吸道症状，少数毒株可导致严重感染，伴有中枢神经症状和一周内死亡等特征。

禽A型流感病毒一般是经呼吸道、消化道呈水平传播，很少有证据表明能够经垂直途径传播。主要引起禽类的呼吸器官性或全身性传染病。一些病毒在一个鸡场中传播很快，而另一些可能很慢，这与病毒的致病力有关。由于感染的禽类常从粪便中大量排毒而污染用具物品，如污染饲养管理用具、设备、授精工具、动物、饲料、饮水、衣服、运输工具等而发生机械传播；此外，还可通过直接接触、气溶胶等传播。

影响禽流感的发病率和死亡率的因素很多，既与家禽的种类和易感性有关，又与病毒株的毒力有关，还与年龄、性别、环境因素、饲养状况及疾病并发情况等有关。通常火鸡的感染比鸡要严重，野生鸟类的变化则比较大。过去认为鸭、鹅一般不发生禽流感病，而只是禽流感病毒的携带者，是危险的传染源，但近年来，鸭、鹅发生禽流感病的情况已屡见不鲜，应引起高度重视。在各种影响因素中，毒株的影响比较突出，高致病力毒株引起的发病率和死亡率可高达100%。此外，饲养管理不善、鸡群状况不良及环境应激的存在，都可以使发病情况加重，并发感染可使死亡率上升。

3. 临床症状和病理变化　本病的潜伏期可从数小时到几天不等，其长短与致病性的高低、感染强度、传播途径及易感禽的种类等有关。

（1）急性型：多由H5或H7引起，潜伏期几小时，体温升高，突然不食，冠髯发绀，羽毛松乱，头部、眼部、眼结膜、脖颈水肿，呼吸道、鼻孔有分泌物，呼吸困难，母鸡产蛋停止，少数鸡有腹泻症状，死亡率达50%~100%。剖检头部、颈部见皮下水肿，喉头、气管有黏性分泌物，气管环出血，腺胃乳头、肌胃有出血，十二指肠黏膜严重出血，肝、脾、肺有出血，有时有坏死灶，腹腔、心包、气囊、输卵管壁有纤维素性渗出物。

（2）以呼吸道症状和产蛋下降为主的禽流感：多由弱毒株引起，初产鸡和产蛋高峰鸡易感，主要表现呼吸道症状和产蛋下降。病鸡表现呼吸困难和程度不等的产蛋下降。剖检见喉头气管内充满黏液，气管充血、出血，输卵管、卵泡充血、出血，卵泡破裂，造成严重腹膜炎。

4. 诊断　根据流行病学、临床症状和病理变化可做出初诊，诊断要点为：①流泡沫状眼泪；②大群采食量明显下降，产蛋率大幅下降；③出现头颈无力，头点地、直冲、转圈等神经症状；④短期死亡率异常偏高，达20%~30%；⑤胸肌、头颈肌肉出血及脂肪出血；⑥胰腺有针尖大灰白色坏死点；⑦大脑出血、水肿。

如进一步确诊，应做病毒分离、血清学试验，方法是采用鸡胚尿囊腔接种、血凝试验和血凝抑制试验等。

5. 防治措施

（1）严防高致病性禽流感病毒的传入：应加强对家禽、野禽、观赏鸟、初生雏禽、孵化蛋、禽类的精液及新鲜肉、禽类的生物制品等的进口检疫。另外，在生产中应特别注意防止家禽与野禽（如野鸭）等的大量接触。

（2）暴发高致病性禽流感时的处理措施：主要做好以下几方面的工作。

1）及时诊断：及时做出准确的诊断，为控制本病的流行赢得宝贵时间。

2）划定疫区：坚决采取扑灭措施。在疫区的边界设立检疫站，负责对过往车辆的消毒，严禁疫区内被污染的物品、禽及禽产品外运。在疫区内则应扑杀所有染病家禽，进行掩埋或烧毁；对健康的鸡群则应每周至少检疫两次，如发现被病毒感染也应全群扑杀并进行销毁。疫区内有病禽的产品只能在疫区内销售。

3）加强环境的消毒：对象包括被污染的环境和用具。常用的消毒剂是酚类及次氯酸钠等。应注意在消毒前对消毒物品先进行清扫或用去污剂除掉疫区内的污物。

（3）药物治疗：目前对禽流感尚缺乏有效的治疗药物，一般不主张对患禽流感的病禽进行治疗（一是效果不好，二是防止散毒）；疫区和受威胁区可用禽流感（H5+H9）油苗进行免疫预防。

二、鸡新城疫

鸡新城疫又称亚洲鸡瘟，俗称鸡瘟，是由病毒引起的一种高度接触性传染病。发病不分年龄和季节，发病率高，发病急，病程短，传播迅速，死亡率高。近年来鸡新城疫时有发生，原因有疫苗选择不当，免疫程序不合理；疫苗保存、运输不当；接种途径不当，免疫鸡群受到强毒的严重污染。

另外，常见的发病鸡群症状轻微，发病率、死亡率低，病理变化不典型，又称为非典型新城疫，也会给养鸡场造成一定的经济损失。

1. 病原和流行病学　本病病原是鸡新城疫病毒，属副黏病毒科副黏病毒属单股 RNA 病毒，存在于病鸡所有组织和器官、体液、分泌物和排泄物中。以脑、脾、肺中含毒量最高，骨髓含毒时间最长。本病毒能在多种细胞上生长，且能引起细胞病变；具有凝集红细胞的特性，并能为特异性抗体所抑制。本病毒对干燥、日光、湿热抵抗力不强。

本病主要发生于鸡和火鸡，其他鸟类也能感染，各种年龄、品种、性别的鸡皆可发病，但雏鸡最易感。主要传播途径是消化道和呼吸道，不能垂直传播。一年四季均可发生，鸡群一旦感染，传播迅速，发病率、死亡率可达 90%。

2. 症状和病理变化　鸡新城疫潜伏期为 3~5 d，在临床上可表现为最急性型、急性型、慢性型和非典型性型。

（1）最急性型：病程极短，往往头天晚上还看不出症状，次日早晨即已死亡。此型多发生于雏鸡及流行初期。

（2）急性型：表现为病初体温升高，精神委顿，昏睡，不食，母鸡产蛋量剧减。特征症状为上呼吸道分泌物增多，自口鼻流出；呼吸困难，冠髯发绀；病鸡表现下痢，粪便呈绿色、黄白色，恶臭；部分鸡嗉囊积液，倒提自口中流出。有的病鸡还出现神经症状，最后体温下降，不久在昏迷中死亡。病程2~5 d，1 月龄内的小鸡病程短，症状不明显，病死率高。

急性型病鸡的主要病变发生在消化道和呼吸道，腺胃黏膜水肿，乳头和乳头间有出血点或出血斑，肌胃的角质膜下也常见出血点或溃疡。小肠黏膜出血，盲肠和直肠黏膜条纹状出血，盲肠扁桃体肿大，产蛋鸡输卵管和卵黄膜充血、出血，卵泡易破裂，引起卵黄性腹膜炎。

（3）慢性型：病初与急性型相似，不久后渐见减轻，但出现神经症状，头颈向一侧或向后扭曲，呈观星状，病程一般达 10~20 d。此型多发生于流行后期的成鸡，病死率较低，产蛋母鸡发病后，产蛋量会突然下降，且产软壳蛋、薄壳蛋、粗糙蛋等异常蛋。耐过鸡留下神经后遗症。

（4）非典型性型：多发生于 30~40 日龄的雏鸡，主要表现为明显的呼吸道症状和发生下痢，新城疫的典型症状不明显。雏鸡表现呼吸困难，张口伸颈。病程稍长的出现神经症状。剖检可见喉头及气管出血，并有多量黏液。硬脑膜下呈树枝状充血并有出血点。幼雏缺乏乳头出血病变，但随日龄增加，可见腺胃黏膜有少量出血点，小肠卡他性炎症。成鸡仅表现为食欲减少，产蛋量下降 10%~30%，半个月后开始回升。产蛋下降的同时，软壳蛋、畸形蛋和小蛋增多，呼吸困难，拉黄绿色稀粪。剖检可见喉头、气管黏膜充血、出血、黏液增多，盲肠扁桃体肿胀、出血，泄殖腔黏膜充血、出血。硬脑膜下有出血点。

3. 诊断与防治　根据流行病学、临床症状和剖检变化，可做出初步诊断。要做出准确诊断，需借助实验室检查。方法有病毒分离培养，常采用鸡胚或鸡胚单层细胞、血细胞凝集试验和血凝抑制试验、中和试验、荧光抗体试验等。

预防新城疫除在饲养管理上下功夫外，还可加强鸡舍内外环境的消毒，带鸡消毒，饮水消毒，定期检疫、隔离，以切断传播途径，提高鸡群的抗病力。还要根据当地疾病流情况，制定合理的免疫程序。以下程序可供参考：

1~3 日龄：Clone30+Ma5 点眼。

15 日龄：新支（新城疫、支气管炎）H120 或新支二联油苗或新支法（新城疫、支气管炎、法氏囊炎）三联油苗每羽 0.3 mL 肌内注射。

50~70 日龄：新城疫Ⅳ系或新城疫 Clone30. N79，2 倍量点眼，滴鼻，也可肌内注射，大群鸡饮水用2倍量，第2天再用2倍量重复一次。

110~120日龄：新城疫Ⅳ系或新城疫Clone3. N79，4倍量饮水，新支减（新城疫、支气管炎、减蛋综合征）三联油苗0.5~0.8 mL肌内注射，亦可用新城疫I系苗与新支减三联苗分别肌内注射。

一旦确诊为新城疫，在治疗上可选用鸡干扰素滴鼻、点眼、口服或注射，配合使用特异性抗体（高免卵黄或高免血清），另外在饲料中添加抗生素、抗病毒中草药及多种维生素等，在发病早期使用或给受威胁鸡群使用，治疗和预防效果明显。

三、鸡传染性法氏囊病

鸡传染性法氏囊病又称传染性法氏囊炎，是由病毒引起的急性、高度接触性传染病。本病不仅引起鸡发病死亡，而且破坏鸡的中枢免疫器官—法氏囊，造成免疫抑制，从而使鸡对外界的病原微生物易感性增强，导致新城疫、马立克等病的免疫失败，给养鸡业造成巨大的经济损失。

1. 病原和流行病学 本病病原为鸡传染性法氏囊病病毒，属于双股RNA病毒的呼肠孤病毒科呼肠孤病毒属。病毒无囊膜，目前已被分离到2个血清型，即血清I型和血清Ⅱ型。血清I型对鸡有致病力，血清Ⅱ型仅对火鸡致病。血清I型和血清Ⅱ型在抗原性上不相同，用交叉保护试验可以区别。本病毒可在鸡胚上生长，也可在鸡胚成纤维细胞上生长，并形成蚀斑。鸡胚适应毒还可在PK-15细胞上生长，均产生细胞病变。本病毒具有耐热性，耐酸耐碱，对消毒药有一定抵抗力，无红细胞凝集作用。

本病毒仅感染鸡，各种品种的鸡均可感染，发病急，传播迅速，发病率、死亡率高。本病一年四季均可发生，发病日龄范围大，主要侵害2~6周龄的雏鸡，易继发感染其他疾病，且降低机体对疫苗的免疫应答。直接和间接接触是本病的传播方式。

2. 症状和病理变化 本病潜伏期短，一般为2~3 d。主要症状是：全群突然发病，病势严重，精神高度沉郁，缩头，闭目，怕冷，挤堆或伏地昏睡，羽毛松乱，食欲降低，饮欲增加；病鸡排出白色水样稀粪，含大量尿酸盐；脱水严重；眼窝下陷，脚爪皮肤干枯。出现以上症状后，病鸡发生大批死亡，7 d后，症状明显减轻，死亡减少。

剖检病变主要在法氏囊。病鸡在感染后第3天可见法氏囊显著肿大，为正常的1~2倍，其浆膜面上覆盖有淡黄色胶冻样渗出物。囊本身由正常的粉白色变为奶油黄色、深灰色，有的呈紫红色。囊黏膜有炎症变化，黏膜及皱褶有针尖大出血点或出血斑，甚至整个法氏囊广泛出血，囊内有干酪样或脓性分泌物。

除典型的法氏囊变化外，常伴有腺胃乳头出血，或腺胃与肌胃交界处形成明显出血带。腿肌、胸肌出血，肾肿大，尿酸盐沉积。

3. 诊断与防治　根据流行病学、临床症状及病理变化一般可做出初步诊断。但由于该病毒破坏了体内免疫器官——法氏囊，引起免疫抑制，导致对各种免疫不能产生正常应答，增加了对其他病毒、致病菌的易感性，因而在诊断时要注意有无继发感染。

实验室诊断多采用鸡胚接种、琼脂扩散、对流免疫电泳和免疫荧光技术。

对该病的预防，除加强饲养管理，搞好卫生消毒外，还要做好疫苗免疫接种工作。下列免疫程序可供参考：

（1）种鸡群：2 周龄和 5 周龄时接种传染性法氏囊病弱毒疫苗。20 周龄及 40 周龄 2 次使用灭活油乳剂苗预防注射。

（2）商品蛋鸡：分为无母源抗体雏鸡和有母源性抗体雏鸡两种，分别采用下列程序：

1）无母源抗体的雏鸡：5~7 日龄，法氏囊 B87（SPF 苗）滴口或 1.5 头份饮水；15~20 日龄，法氏囊 B87 或法氏囊二价双价苗（含变异株）2 头份饮水。

2）有母源性抗体的雏鸡：14 日龄，法氏囊 B87 滴口或 1.5 头份饮水；28 日龄，法氏囊二价或双价苗（含变异株）2 头份饮水。

（3）法氏囊病常发鸡群：10 日龄，法氏囊 B87 滴口，同时肌内注射新支法三联油苗 0.3 mL；25~30 日龄，法氏囊二价或双价苗（含变异株）2 头份饮水。也可以用弱毒苗，连续用 3 次。

发生法氏囊病后，应立即使用鸡干扰素配合法氏囊高免卵黄或高免血清抗体，法氏囊病高免卵黄或高免血清使用剂量为 0.5~1 mL/只，肌内注射，同时可用肾肿解毒灵 0.2%饮水，三九清热散每袋 25 g 加 50 kg 水自由饮用。亦可用肾可舒饮水。瘟囊净 1%拌料或饮水。另外，在饲料中添加广谱抗生素和多种维生素等。

四、鸡传染性支气管炎

鸡传染性支气管炎，是鸡的一种急性高度接触传染性呼吸道病。以呼吸困难、发出啰音、咳嗽、张口呼吸和打喷嚏为特征。各种年龄的鸡都易感，但以 10~21 日龄的小雏鸡最严重；产蛋鸡群通常引起产蛋量显著下降，产畸形蛋、砂皮蛋等。

1. 病原和流行病学　本病病原为鸡传染性支气管炎病毒（IBV），属冠状病毒科冠状病毒属。单股 RNA 病毒，具囊膜。近年来发现一株嗜肾型毒株，侵入机体后使肾脏发生病变，同时引起一定的呼吸道症状，称为肾型支气管炎，常见于雏鸡。该病毒主要存在于病鸡的呼吸道渗出物中，肝、脾、肾和法氏囊中也能发现病毒。病毒能在9~11日龄的鸡胚中生长，也能在鸡胚的肾、肝、肺培养细胞上生长。

鸡是本病的唯一自然宿主，各种年龄的鸡都有易感性，尤以雏鸡特别严重。其流行特点为5周龄以下的雏鸡和产蛋鸡感染严重，青年鸡（7~21周龄）很少发生。发病季节主要在秋末至翌年春末，以冬季最为严重。寒冷、过热、拥挤、通风不良都是本病的诱因，特别是强烈的应激作用，对本病的流行有明显影响。该病不能通过种蛋垂直传播，传播方式主要是通过直接接触传播，也可通过空气传播。

2. 症状和病理变化 本病毒引起鸡的传染病，主要有呼吸型、生殖型、肾型、腺胃型。

（1）呼吸型：主要发生于雏鸡群。全群几乎同时发病，最初主要表现呼吸道症状，流鼻涕，流泪，咳嗽，打喷嚏，常伸颈张口喘气。随着病情的发展，全身症状加重，精神委顿，缩头闭眼沉睡，两翅下垂，怕冷挤堆，采食减少，但饮欲增加，死亡率增加。病鸡如果体质较好，无其他并发症。病后及时使用抗菌药物防止继发感染，死亡率可控制在10%以下。

（2）生殖型：多发生于产蛋母鸡。病鸡首先表现为呼吸困难，咳嗽，打喷嚏，发出“呼噜”声。精神不振，采食减少，部分鸡排黄色稀粪。发病第二天产蛋量开始下降，1~2周可降到最低点，并产生软壳蛋和畸形蛋，鸡蛋质量下降，蛋清稀薄，产蛋量回升快慢及回升程度主要与鸡的日龄有关。处于产蛋高峰期的青年母鸡，如果饲养管理好，经过2个月基本能恢复到原来的水平。但老龄鸡发病时，产蛋率下降幅度大，且不能恢复到原来水平，应考虑及早淘汰。

（3）肾型：多发生于20~50日龄的幼鸡。除发生呼吸道症状外，可引起肾炎和肠炎。常见急性下痢，排水样乳白色稀粪或绿色粪便。由于肾功能受损害，粪便中常混有大量尿酸盐。病鸡失水，表现虚弱嗜睡，鸡冠褪色或呈紫蓝色。

剖检病变主要在呼吸道。在鼻道、气管、支气管内有浆液性、黏液性或干酪样渗出物。在雏鸡的气管和支气管内，有时可发现淡黄色干酪样物质形成的栓子。产蛋母鸡的腹腔内可发现卵黄物质，形成卵黄性腹膜炎。输卵管缩短，肥厚，粗糙，局部充血、坏死。若雏鸡在18日龄以下发病者，输卵管所受损害不能彻底恢复，长大后一般不能产蛋。大龄鸡发病后，输卵管的病变轻一些，能有一定程度的恢复，长大后产蛋所受影响小。肾型支气管炎主要是肾肿大、苍白，肾小管由于尿酸盐沉积而扩张，使肾脏呈花斑状，输卵管因尿酸盐沉积而变粗。心脏、肝脏的表面有时也有尿酸盐沉积，似一层白霜。

（4）腺胃型：多发生于3～14周龄的育成蛋鸡，以流泪、眼肿、极度消瘦、拉稀和死亡伴有呼吸道症状为特征。剖检见腺胃肿大如球状，腺胃壁增厚，黏膜出血溃疡，胰腺肿大出血。发病率可达100%，死亡率为3%～95%。

3. 诊断与防治　根据雏鸡和幼鸡的急性、高度接触性呼吸道感染以及母鸡产蛋显著下降和产畸形蛋、卵黄性腹膜炎等可做出初步诊断。确诊需实验室诊断，如病毒分离、间接血凝试验、琼脂扩散试验、荧光抗体试验等方法。

本病预防以疫苗接种为主。疫苗免疫选用H120和H52，根据具体需要，可考虑使用含肾型的疫苗。免疫程序为蛋鸡分别于7～10日龄、30～35日龄、120～130日龄接种3次，种鸡在开产前要注射1次油乳剂苗。

在治疗上可选用鸡干扰素，配合抗病毒中草药、广谱抗生素药物以及多种维生素，在感染早期使用和给受威胁鸡群使用，对治疗和预防本病的暴发有较好的效果。

五、鸡传染性喉气管炎

鸡传染性喉气管炎是由病毒所引起的一种急性呼吸道病。以呼吸困难、喘气、咳出血样渗出物为特征，受侵害的喉部和气管黏膜肿胀和水肿，甚至糜烂和出血。

1. 病原和流行病学　本病的病原体是一种疱疹病毒，有囊膜，对乙醚敏感。病毒主要存在于鸡气管组织及其分泌液中，在脾和血液中病毒含量很少，人工将此病毒接种于鸡泄殖腔黏膜上，易于生长繁殖。病毒在鸡胚内增殖，使组织增生形成坏死灶，引起鸡胚绒毛尿囊膜形成不透明痘斑。本病毒对外界环境抵抗力不强，常用消毒药均可将其杀死。

各种日龄的鸡均可感染，但通常成鸡发病率高，而且症状典型。本病呈高度接触性传染，病毒由呼吸道和眼睛侵入鸡体。被污染的饲料、饮水、垫草、用具及人员衣物均为本病的传播媒介。康复鸡在气管黏膜和喉头中带毒可达1年之久，是本病主要的传播来源。

本病一年四季均可发生，但秋冬季节发病较多。所有不良因素均可促进本病发生。

2. 症状和病理变化　本病自然感染的潜伏期为6～12 d，人工感染为2～4 d。病鸡由于喉部肿胀、通气不畅而呼吸困难，常咳出带血黏液。病鸡因窒息，鸡冠变为青紫色。打开口腔可见喉头和气管内有淡黄色纤维蛋白覆盖物。有时排出绿色稀粪，产蛋量下降。有些鸡群发病时，还出现严重的眼炎，眼皮肿胀凸起，眼内蓄有豆渣样物质。重病鸡多因窒息或迅速消瘦衰弱而死亡。同群鸡发病率60%～100%，病程7～15 d或更长一些，死亡率按全群计，一般为20%～50%。

有一些缓和型传染性喉气管炎，呈地方性流行。病鸡表现流鼻液，流眼泪，眼结膜充血，轻微的咳嗽，产蛋减少。发病率5%，多数在14 d内，少数在4周内康复。

病变主要在喉部与气管，表现肿胀、充血、出血，覆有多量黏稠液和黄白假膜，并常有血凝块。气管的病变在靠近喉头处最重。鼻腔和眼内蓄有浓稠渗出物及其凝块。

3. 诊断与防治 本病急性病例根据症状及病理变化可做出初步诊断。确诊需要实验室诊断。常用的方法有鸡胚绒毛尿囊膜接种，培养出特征性痘斑；琼脂扩散试验；中和试验。注意该病与呼吸型支气管炎的区别。

本病在治疗上首先使用抗生素投服以控制病情，防止继发感染。对大群可使用干扰素饮水，配合抗病毒中草药及多种维生素。同时对病鸡要加强护理，搞好环境卫生。

一般要求4~6周龄进行疫苗接种，并在14~16周龄时再接种1次。

六、鸡马立克病

鸡马立克病是由疱疹病毒引起的鸡的一种高度接触传染性的肿瘤性疾病，以内脏、肌肉、皮肤淋巴瘤的形成和周围神经的淋巴细胞浸润为特征。

1. 病原和流行病学 鸡马立克病病毒属B型（细胞结合型）疱疹病毒。该病毒在鸡体组织内有三种存在形式：第一种是无囊膜的裸病毒，存在于肿瘤细胞和其他一些细胞内，与细胞共存亡；第二种是病毒的核酸整合到细胞中，没有完整的病毒，也是与细胞共存亡；第三种是在羽毛囊上皮中产生的有囊膜病毒，称为完全病毒，可脱离细胞而存活，排出体外后抵抗力较强，常伴随鸡的皮屑及灰尘散播，1年后仍有感染力。这种细胞外的完全病毒在马立克病的传染中起最主要的作用。

本病毒接种于4日龄鸡胚的卵黄囊内，接种后12~15 d检查，在鸡胚绒毛尿囊膜可形成白色斑点病灶。病毒接种于3~6周龄的雏鸡时，在其内脏器官产生肉眼可见的病变。

完全病毒对外界抵抗力强，细胞结合病毒与细胞共存亡。鸡对本病最易感，其次是火鸡，野鸡、珍珠鸡也可自然感染，各种哺乳动物对本病不感染。日龄越小易感性越高。母鸡较公鸡易感性高。

病鸡是本病的主要要传染源。有囊膜的完全病毒存在于羽毛囊上皮细胞中，可以脱离细胞而存活，其污染物可在较长时间内具有传染性，通过空气传播，经呼吸道感染。被污染的饲料、饮水、用具等可成为传播媒介。

在自然条件下，由于病毒株毒力差异较大，所引起的病变种类和强度有很大不同。强毒株一般引起急性型马立克病较多，内脏常发生肿瘤；弱毒株一般引起神经系统病变较多，内脏生肿瘤比例则较低。

2. 症状和病理变化　本病从感染到发病潜伏期较长，人工感染最短的潜伏期为3~4周。根据病变发生的部位和症状，一般可将本病分为神经型、内脏型、眼型和皮肤型四型。如有二型以上同时发生，则称为混合型。

（1）神经型：又称古典型。其特征是鸡的外周神经被病毒侵害，不同部位的神经受侵害时表现出不同的症状。当一侧坐骨神经受侵害时，病鸡一条腿或两条腿麻痹，步态失调，两腿麻痹则瘫痪。较常见的是一条腿麻痹，当另一条正常的腿向前迈步时，麻痹的腿跟不上来，拖在后面，形成"劈叉"样特殊姿势。当臂神经受害时，病鸡一侧或两侧翅膀麻痹下垂。支配颈部的肌肉神经受害时，引起扭头、仰头现象。颈部迷走神经受害时，嗉囊麻痹、扩张、松弛，形成大嗉子，有时张口大声喘气。

神经型马立克病剖检，可见受害的神经由于淋巴细胞浸润而肿胀，有时呈水肿样，比正常的粗2~3倍，同一条神经上还可见到小的结节，使神经变得粗细不均。神经的颜色由正常的银白色变为灰色、灰黄色。对称的神经通常是一侧受害，与对侧正常的神经做比较，有利于诊断。

（2）内脏型：又称急性型。此型的特征是一种或多种内脏器官及性腺发生肿瘤。病鸡起初无明显症状，逐渐消瘦，冠髯萎缩，最后衰竭死亡。

内脏型马立克病剖检可见脏器上的肿瘤呈巨块状、灰黄色、质硬，切面平整呈油脂状；也有的肿瘤组织浸润在脏器实质中，使脏器异常增大。

（3）眼型：单眼或双眼发病。表现虹膜的色素消失，呈同心环状（以瞳孔为圆心的多层环状）、斑状或弥漫的灰白色，俗称"灰眼"。瞳孔边缘不整齐，呈锯齿状，而且瞳孔逐渐缩小，最后仅有粟粒大，不能随外界光线强弱而调节大小。鸡眼视力丧失，双目失明。

（4）皮肤型：肿瘤大多发生于翅膀、颈部、背部、尾部上方及大腿的皮肤，表现为个别羽毛囊肿大，并以羽毛囊为中心，在皮肤上形成结节，有玉米至蚕豆大，较硬，少数溃疡。

以上四型，内脏型发生最多，眼型、皮肤型及混合型发生的较少。

3. 诊断与防治　根据本病的流行特点、特征性神经症状及死亡病理变化，即可做出初步诊断。

实验室诊断常用鸡胚绒毛尿囊和卵黄囊膜接种，30%以上鸡胚绒毛尿囊膜上产生典型痘斑。用鸡肾细胞培养分离病毒，细胞单层常有松散的灶形病变。血清学诊断可用琼脂扩散试验、荧光抗体法、酶标抗体法及间接血凝试验等方法对本病进行诊断。

诊断本病时，应注意与淋巴白血病的区别。

本病目前尚无特效药物治疗。预防本病应采取接种疫苗，并结合卫生防疫等综合措施。雏鸡出壳后 24 h 之内，要接种鸡马立克病疫苗。目前研制的疫苗有三种：一是强毒经培养致弱制成的致弱疫苗，致弱疫苗很少应用；二是从自然界分离的弱毒株制成的自然弱毒疫苗；三是火鸡疱疹病毒疫苗。

七、鸡减蛋综合征

鸡减蛋综合征又称产蛋下降综合征，是一种由腺病毒引起的以产蛋量下降和蛋壳质量降低为特征的传染病。

1. 病原和流行病学 本病病原为一种特殊的禽腺病毒——减蛋综合征病毒，属于第Ⅲ群禽腺病毒，没有囊膜，但有血凝性。减蛋综合征病毒稳定的 pH 值为 6~9，对酸具有较强的抵抗力，能耐受 pH 值为 3~5，对脂溶剂稳定(丙酮除外)，对热抵抗力较强。减蛋综合征病毒能凝集鸟类动物的红细胞，但不凝集哺乳动物的红细胞。

鸡减蛋综合征的自然宿主为水禽。从 3~5 周龄的小鸭的肛拭中很容易分离到病毒，但感染鸭、鹅不发病，对产蛋量亦无影响。有人推测，通过使用鸭胚或鸭胚细胞疫苗而将病毒带至鸡群并扩散开来。

鸡减蛋综合征既可水平传播，又可垂直传播，但主要是经种蛋传递的垂直传播。病毒还可能通过公鸡的精液传播，也可能由病鸡排毒污染外界环境，敏感鸡通过口、鼻、眼黏膜而水平传播，但传播较慢。

2. 症状和病理变化 鸡减蛋综合征的典型症状为，新母鸡产蛋量上升即将达到高峰（26~30 周龄）时，产蛋量突然下降，下降幅度可达 20%~60%；蛋壳质量低劣，出现大量薄壳、软壳、无壳蛋，有色蛋壳颜色变浅，持续 4~6 周，6~10 周后大多数鸡转为正常。病鸡蛋的受精率正常，但孵化率明显降低，死胚率由正常的 6%~8%增至 10%~12%。

3. 诊断与防治 本病的诊断必须依据流行病学调查、临床观察、血清学检查及病毒分离和鉴定才能确诊。

（1）流行病学调查：暴发性的鸡减蛋综合征多为垂直感染所致，与种鸡群关系密切，流行病学的这一特点具有重要的诊断意义。

（2）血清学检查：根据本病毒的血凝特性，常用的血清学方法是血细胞凝集（抑制）试验。另外，还可用琼脂扩散试验、血清中和试验、免疫荧光试验等。

（3）鉴别诊断：除了饲养管理不当会造成产蛋量下降外，引起产蛋量下降的传染病主要是鸡减蛋综合征、鸡新城疫和传染性支气管炎，临床上应注意区别。

1）鸡减蛋综合征：多见于产蛋达高峰的新母鸡，无明显症状，只见蛋异常，以软壳蛋多为特征，也有砂壳蛋、浅色壳蛋，蛋内容物正常，有时蛋清稀薄，产蛋量下降40%~60%。剖检无典型病变。HI抗体高达10以上。

2）非典型新城疫：任何年龄的鸡均可发生，呼吸困难，个别有神经症状。产蛋鸡产蛋率下降20%~30%，蛋异常，软壳蛋、畸形蛋增多，蛋内容物正常，有时蛋清稀薄。剖检可见十二指肠黏膜、盲肠扁桃体有出血点。抗体高达10以上。

3）传染性支气管炎：任何年龄的鸡均可发生，有轻微呼吸道症状，产蛋鸡产蛋率下降10%~25%，以畸形蛋（包括小蛋）为特征，也有软壳蛋，恢复期蛋白稀薄呈水样，蛋白黏附壳膜。可见卵泡充血、出血，有时变形，输卵管变形。

（4）防治：本病没有很好的治疗方法，只能从免疫、隔离、消毒、扑杀等方面采取措施预防，最为有效的措施是免疫预防和隔离。

国内外研制的灭活油乳剂苗已被广泛应用。产蛋鸡应于14~16周龄时进行免疫。免疫后非感染鸡群HI抗体滴度可达8~9，感染鸡群则能高达12~14。免疫后7 d能检出抗体，2~5周达到峰值，至少持续1年。

种鸡的母源抗体对保护雏鸡免受感染也有重要意义，能保持雏鸡出壳后4周内有抗病毒能力。也可用鸡减蛋综合征的高免血清或卵黄进行治疗，可大大缩短产蛋下降的病程。

八、禽白血病

禽白血病是由禽白血病病毒引起的禽类多种具有传染性的良性和恶性肿瘤性疾病的总称，最常见的是淋巴细胞性白血病，其次是成红细胞性白血病、成髓细胞性白血病。此外还可引起骨髓细胞瘤、结缔组织瘤、上皮肿瘤、内皮肿瘤等。大多数肿瘤侵害造血系统，少数侵害其他组织。

1. 病原　禽白血病病毒属于反录病毒科禽C型反录病毒群。禽白血病病毒与肉瘤病毒紧密相关，因此统称为禽白血病/肉瘤病毒。禽白血病病毒接种11日龄鸡胚绒毛尿囊膜，在8 d后可产生痘斑。接种5~8日龄鸡胚卵黄囊则可产生肿瘤；接种1日龄雏鸡的翅璞，也可产生肿瘤。腹腔或其他途径接种1~14日龄易感雏鸡，可引起鸡发病。多数禽白血病病毒可在鸡胚成纤维细胞培养物内生长，通常不产生任何明显细胞病变，但可用抵抗力诱发因子试验（RIF）来检查病毒的存在。本病毒不耐高温，50 ℃条件下8 min或60 ℃条件下30 s即失去活性，但在-60 ℃低温条件下可保存数年。

2. 流行病学　在自然情况下，本病只有鸡能感染。人工接种在野鸡、珍珠鸡、鸽、鹌鹑、火鸡和鹧鸪也可引起肿瘤。虽然任何年龄的鸡均可感染，但病例多集中于6~18日龄，4日龄以下很少发病，不同品种或品系的鸡对病毒感染和肿瘤发生的抵抗力差异很大，母鸡的易感性比公鸡高，呈慢性经过，病死率为5%~6%。

本病主要以垂直传播方式进行传播，也可水平传播，但由于必须有紧密接触条件且病毒具有不稳定性，所以多数情况下接触传播被认为是不重要的。本病的感染虽很广泛，但临床病例的发生率相当低，一般多为散发。饲料中维生素缺乏、内分泌失调等降低鸡体抵抗力的环境刺激因素可促进本病的发生。

3. 临床症状和病理变化 淋巴细胞性白血病是最常见的一种病型。无特异临床症状，14周龄以下的鸡极为少见，至14周龄以后开始发病，在性成熟期发病率最高。病鸡精神委顿，全身衰弱，嗜睡，进行性消瘦和贫血，鸡冠、肉髯苍白，皱缩，偶见发绀。病鸡食欲减少或废绝，腹泻，产蛋停止。腹部常明显膨大，用手按压可摸到肿大的肝脏，最后病鸡衰竭死亡。剖检可见病鸡的肝、脾、肾、法氏囊等器官形成肿瘤，其中肝、脾发生率最高，也可侵害心肌、性腺、骨髓、肠系膜和肺。肿瘤表面光滑有光泽，呈结节形或弥漫形，灰白色到淡黄白色，大小不一，切面均匀一致，很少有坏死灶。组织学检查，见所有肿瘤组织都是灶性和多中心性的，由成淋巴细胞（淋巴母细胞）组成，全部处于原始发育阶段。

成红细胞性白血病、成髓细胞性白血病等在实际生产中很少发生，意义不大。

4. 诊断 根据本病的流行病学、临诊症状和特征性的病理变化，可做出初步诊断，确诊需进行实验室检查。

实验室诊断中常根据血液学检查和病理学特征结合病原和抗体的检查来确诊。

5. 防治 本病主要为垂直传播，病毒型间交叉免疫力很低，雏鸡免疫耐受，对疫苗不产生免疫应答，也无特效药物进行治疗。建立无白血病的种鸡群和减少种鸡群的感染率是控制本病的最有效措施。鸡场应着重做好以下工作。

（1）种鸡在育成期和产蛋期各进行2次检测，淘汰阳性鸡。从蛋清和阴道拭子试验阴性的母鸡选择受精蛋进行孵化，在隔离条件下出雏、饲养，连续进行4代，建立无病鸡群。

（2）鸡场的种蛋、雏鸡应来自无白血病的种鸡群，同时加强鸡舍孵化、育雏等环节的消毒工作，特别是育雏期（最少1个月）封闭隔离饲养，幼鸡和成鸡隔离饲养，并实行全进全出制。

（3）抗病育种，培育无白血病的种鸡群。生产各类疫苗的种蛋、鸡胚必须选自无特定病原（SPF）鸡场。

（4）病鸡没有治疗价值，应淘汰，进行无害化处理。

九、禽痘

禽痘又称白喉，是由病毒引起的一种接触性传染病，通常分为皮肤型和黏膜型两类。以体表无毛处皮肤痘疹（皮肤型），或在上呼吸道、口腔和食管部黏膜形成纤维素性坏死假膜（白喉型）为特征。

1. 病原　禽痘的病原为禽痘病毒，最少有4种病毒型。禽痘病毒对外界环境的抵抗力相当强。在上皮细胞屑中的病毒，虽然完全干燥和被直射日光作用多周后，还不致被杀死；加热至60 ℃需经3 h才能被杀死，在-15℃以下的环境中可保持活力多年。1%的氢氧化钠、1%的醋酸或0.1%的升汞可于5 min内杀死此病毒。

2. 流行病学　家禽中以鸡的易感性最高，不分年龄、性别和品种都可感染，其次是火鸡、鸭、鹅等家禽也能发生，但并不严重。鸟类如金丝雀、麻雀、燕雀、鸽、椋鸟也常发生痘疹。

发病季节主要是夏、秋季，发病的绝大多数为皮肤型。冬季发病的较少，常为黏膜型。禽痘病毒通常存在于病禽落下的皮屑、粪便以及随喷嚏和咳嗽等排出的排出物中，上述污物到达健禽皮肤和黏膜的缺损中时，可引起发病。

3. 临床症状和病理变化　禽痘的潜伏期为4~8 d，通常分为皮肤型、黏膜型、混合型，偶有败血型。

（1）皮肤型：以头部皮肤多发，有时见于腿、脚、泄殖腔和翅内侧，形成一种特殊的痘疹。起初出现麸皮样覆盖物，继而形成灰白色小结，很快增大，略发黄，相互融合，最后变为棕黑色痘痂，经20~30 d脱落。一般无全身症状，小鸡精神萎靡，食欲消失，体重减轻，甚至引起死亡。产蛋鸡产蛋减少或停止。

（2）黏膜型：也称白喉型，多发于小鸡，病死率高，可达50%。病鸡起初流鼻液，有的流泪，2~3 d后在口腔和咽喉黏膜上出现灰黄色小斑点，很快扩展，形成假膜，随后变厚而成棕色痂块，凸凹不平，不易脱落，假膜有时深入喉部，引起吞咽与呼吸困难。病鸡由于采食困难，精神萎靡，体重减轻，最后窒息而死。

（3）混合型：皮肤和黏膜均被侵害。

（4）败血型：少见。

4. 诊断　皮肤型和混合型的临诊症状具有特征性，不难诊断。单纯的黏膜型易与上呼吸道型新城疫、传染性鼻炎和传染性喉气管炎等病混淆。可采用病料接种鸡胚或人工感染健康易感鸡的方法进行鉴别。

5. 防治

（1）搞好灭蚊措施，注意鸡舍及环境的清洁卫生。蚊子是本病的主要传播媒介，应对所有可以滋生蚊虫的水源进行检查，清除这些污水池；鸡舍要钉好纱窗、纱门防止蚊子进入，并用灭蚊药杀死鸡舍内和环境中的蚊子。因为鸡痘病毒主要存在于病变和脱落的痂皮中，而且鸡痘病毒对环境的抵抗力很强，能在环境中存活数月，所以要注意舍内和环境的消毒。

（2）预防接种。1 日龄以上鸡均可刺种。6~20 日龄雏鸡用 200 倍稀释的疫苗刺种一下，20 日龄以上雏鸡用 100 倍稀释的疫苗刺种一下，1 月龄以上刺种两下。本苗接种 3~4 d，刺种部位出现红肿、结痂，2~3 周后痂块即可脱落，免疫后 14 d 产生免疫力，雏鸡免疫期 2 个月，成鸡免疫期 5 个月。首次免疫多在 10~20 日龄进行，二次免疫在开产前进行。

（3）采取措施防止鸡体表外伤。及时修理笼具，防止竹刺、铁丝等尖锐物刺伤鸡皮肤；出现外伤的病鸡及时用 5%碘酊或紫药水涂擦伤部。

（4）病鸡可采用对症治疗，以减轻症状，防止并发症。皮肤型如患部破溃，可涂以紫药水。白喉型如咽喉假膜较厚，可用 2%硼酸溶液洗净，再滴一二滴 5%的氯霉素眼药水。大群鸡用鸡痘散和吗啉胍混料，连用 3~5 d。为防止继发感染，每千克饲料加土霉素 2 g，连用 5~7 d，防止继发感染。

第四节　细菌性疾病

一、禽巴氏杆菌病

禽巴氏杆菌病又名禽霍乱、禽出血性败血症，是鸡、鸭、鹅等禽类的一种接触性、急性败血性传染病。其主要特征是发病突然，全身呈败血症变化，剧烈下痢，高热，出血性肠炎和肝脏的灰白色针尖状坏死，发病率和死亡率都很高。

1. 病原　本病由多杀性巴氏杆菌的禽型株引起。多杀性巴氏杆菌是一种革兰阴性菌，不运动，不形成芽孢，单个或成双存在。分为 A、B、C、D、E 五种荚膜血清型，其中 A 型主要引起禽类发病。各地分离出的菌株不完全一致，A 型中还存在亚型，其中以 A：5、A：8 和 A：9 最常见，故在使用疫苗时应注意选择与本地血清型一致、特别是亚型一致的疫苗，或使用由多种血清型菌株制成的多价苗更佳。

多杀性巴氏杆菌很容易被普通消毒药、阳光、干燥或加热破坏。56 ℃ 15 min、60 ℃ 10 min 即可被杀死。但在冻干状态或玻管中密封保存于 4℃或 4℃以下时，可保存许多年而不发生变异。

2. 流行病学　多杀性巴氏杆菌病造成鸡死亡，通常发生于产蛋鸡群，因这种年龄的鸡较幼龄鸡更为易感，而 16 周龄以下的鸡一般具有较强的抵抗力。幼龄鸡常常与其他疾病合并发生，且通常是血清学 A：1 型引起感染。自然感染鸡的死亡率通常在20%以内，表现为经常性产蛋下降和持续性局部感染。断料、断水或饲料的突然改变，是发生本病的诱因。本病主要通过消化道感染，其次是呼吸道感染，也可通过空气中飞沫传播，慢性感染鸡是感染的主要来源。细菌经蛋传播很少发生。

3. 临床症状和病理变化

（1）症状：该病的潜伏期较短，自然感染一般由数小时到3 d，人工感染12~48 h，根据病程长短可分为最急性型、急性型和慢性型三种类型。

1）最急性型：病禽常常不表现任何症状而突然死亡。有时正在进行采食、饮水等正常活动，突然倒地，扑动翅膀，挣扎几下很快死亡。有时前天晚上还很正常，第二天却发现已经死亡。死亡鸡通常是肥胖的，鸡冠发绀。

2）急性型：此型最多见。病鸡常见症状是精神沉郁，闭目打盹，羽毛粗乱，发热，腹泻和呼吸加快，口腔流出黏液性物，冠和肉髯发绀。腹泻的粪便最初为白色水样，稍后即变得略带绿色并有黏液。产蛋显著减少或停止。

3）慢性型：可由急性型病例转化而来，也可能是由于感染了低毒力菌株而致。一般表现为局部感染。鸡冠、肉髯苍白、肿大，鼻窦炎，鼻孔内流出少量黏液。腿或翅关节、足胝和胸骨囊常常发生肿胀，有时发生中耳炎、呼吸道感染，最终可能死亡，也可能康复。康复以后产蛋性能明显下降。

（2）病理变化：

1）最急性型：最急性死亡病例往往看不到明显病变，有时仅见心外膜有少量出血点。

2）急性型：急性死亡病例主要表现肝脏肿大，颜色变成绿色、棕色或紫黑色，表面有针尖大灰白色或黄白色坏死点，质脆易碎。腺胃乳头间和肌胃角质层下可见出血点和出血斑。十二指肠黏膜发生严重的出血性炎症。切开后可见肠黏膜呈广泛的弥漫性出血，肠内容物混有大量血液。心冠状脂肪和心外膜有大量出血点，心包膜增厚，内有多量淡黄色液体，并含有纤维蛋白渗出物。心肌和心内膜有大小不等的出血点。

3）慢性型：慢性病例多呈局限性感染。例如，肺脏有黄色干酪样病灶，产蛋鸡卵泡软化或卵黄囊破裂，腹腔内脏表面附着干酪样卵黄样物质，有时可见脾、肾肿大等。

4. 诊断 根据本病的发病情况、流行病学资料、临床症状、病理变化、药物治疗效果等，一般可做出诊断。有条件者，可取病死禽的肝脏进行触片或心血推片，美蓝或瑞氏染色后镜检，可见具两极浓染的特征细菌。还可进行病原菌的分离鉴定而做出最后诊断。诊断时，应与鸡新城疫区别。注意两病混合感染、同时存在的可能性很大。

5. 防治措施

（1）预防：

1）加强管理：本病的发生与机体抵抗力关系极大，健康家禽体内带菌的比率较大，应特别加强科学管理，提供充足、合理的全价饲料，补充足够的维生素，改善环境卫生，加强定期消毒，防止鸡舍潮湿、鸡群拥挤，预防气候突变等诱因而诱发本病。

2）免疫接种：目前使用较多的有两类菌苗，一类是禽霍乱灭活菌苗，另一类是禽霍乱弱毒菌苗。菌苗接种是在2月龄时进行的，氢氧化铝胶苗注射2 mL/只，油剂苗注射1 mL/只。注射后14 d产生免疫力，免疫期3个月左右。弱毒菌苗注射后常常出现部分鸡减食、精神沉郁及产蛋下降等不良反应，个别严重者会引起注射部位发炎、肿胀甚至溃烂、死亡，应注意观察。无论是灭活菌苗还是弱毒菌苗，在第一次接种后15 d再进行第二次接种，强化免疫效果，可使免疫期持续5~6个月。但这两种禽霍乱菌苗均不能够取得较理想的预防效果，主要是因为巴氏杆菌本身的免疫性能差，产生的免疫力不够持久。这也是一些养殖场不用菌苗进行预防的原因。

最近已研制出禽霍乱荚膜亚单位苗，安全可靠，免疫性能较好，注射后不出现肉眼可见的反应。产蛋鸡注射后，产蛋不受影响；发病禽注射该苗，5 d可以控制疫情发展。

3）药物预防：在不利的应激环境下，可在饲料或饮水中添加药物预防。多种药物均可预防本病，如青霉素、链霉素、喹乙醇、磺胺类等，用药量为治疗量的一半。

（2）治疗：

1）禽霍乱治疗的原则：

①首选高度敏感的药物：药物疗效的高低在很大程度上取决于用药种类及剂量是否恰当。有条件的养鸡场应从病死鸡中分离致病菌进行药敏试验，筛选出高敏药物用于治疗；无条件进行药敏试验的养鸡场应尽量选用平时在饲料、饮水中未添加过或不经常使用的药物种类。

②交替用药：任何一种药物，即使原来是高敏的药物都不能长期使用，否则，会因抗药性的产生而降低疗效，甚至无效。应经常更换治疗药物，做到多种药物交替使用。

③治疗应彻底：生产中对禽霍乱的药物治疗常常是不彻底的，停药后容易复发，故鸡群停止死亡后应继续用药2~3 d，同时应将死鸡、粪便及时清除处理，鸡舍、运动场、器具彻底消毒，以彻底消灭传染源。

④治疗应及时：病情一旦确诊，应及时用药，在病原菌侵入机体还未大量繁殖时即将其彻底消灭。否则，病原菌在机体内大量繁殖后，即使应用高效的

药物也未必能取得良好的治疗效果。

2）禽霍乱治疗常用药物：

①肌内注射：可选用链霉素每千克体重 2 万～3 万 u，每天注射 1～2 次，连用 2 d；青霉素每千克体重 3 万 u，每天注射 3～4 次，连用 2 d；金霉素每千克体重 40 mg，每天注射 1 次，连用 2 d。

②饮水治疗：可用青霉素每只每天 2 万～3 万 u，饮时要在 2 h 内饮完，以免时间长药物失效。

③拌料投药：可选用金霉素、土霉素按 0. 1 %混在饲料中喂给，连用 3～5 d，可收到满意的治疗效果。但青霉素和链霉素混在饲料中喂给则无效。此外，红霉素、庆大霉素、氟哌酸、菌必清等对本病亦有良效。

④磺胺类药物：磺胺二甲基嘧啶、磺胺二甲嘧啶钠等按 0. 1%～0. 2%混在饲料中，连喂 2～3 d，有良好疗效。磺胺噻唑的疗效稍差。大剂量（0. 5%）的磺胺连用 3 d 以上则有毒性作用，影响食欲、增重和产蛋率等。磺胺类药物若同磺胺增效剂混用（按 5∶1 混合），则可降低磺胺用量为 0. 025%，可服用较长时间。

⑤喹乙醇：每千克体重用量为 30 mg，每天 1 次，连喂 2 d，有较好的疗效。若每千克体重 70 mg，连用数天即可发生中毒，因为此药排泄缓慢，易在肝内蓄积，所以用量不能过大，时间也不能过长。如需继续用药，应停药 3～5 d，然后再用一个疗程。

⑥中草药及其制剂类：可用自燃铜、大黄、厚朴、黄柏、苍术、胡黄连各 30 g，白芷 15 g，乌梅 45 g，研成细粉，拌料喂服，此为 100 只成鸡用量。另外，千里光、一枝黄花、七叶一枝花（重楼）对禽巴氏杆菌也有高度抑菌作用，金银花、野菊花、筋骨草有中度抑菌作用，可以选用。用中草药制成的菌灵散、治霍宝等对之亦有良效。

二、鸡大肠杆菌病

鸡大肠杆菌病是由致病性大肠杆菌引起的幼鸡和成鸡均可发生的原发性或继发性传染病。其主要表现有脐炎、气囊炎、眼球炎、关节炎、腹膜炎、肉芽肿等。

1. 病原　本病病原是埃希大肠杆菌。该菌是革兰阴性菌，非抗酸性，是染色均一的不形成芽孢的短小杆菌，其大小通常是（2～3）μm×0. 6μm。大肠杆菌的抗原包含了菌体抗原、荚膜抗原和鞭毛抗原。这三种抗原形成了众多的不同血清型的大肠杆菌。

2. 流行病学　大肠杆菌对干燥的抵抗力强，附着于粪便、垫草、土壤、禽舍内的灰尘以及在孵化器中的羽毛、蛋壳碎片上时，可长期存活，对禽类均可感染。

（1）垂直感染：大肠杆菌引起的败血症及腹膜炎均使卵巢及输卵管感染，从而可引起卵的污染。卵壳的污染（外源性感染）在孵化过程中同样引起死胎或爆蛋。通过上述途径感染的胎儿即使出壳也多为感染雏鸡，这种雏鸡可排出大肠杆菌污染周围环境，并常在某种诱因的作用下呈败血症死亡，同时也能感染周围的健康雏鸡。

（2）呼吸道感染：大雏鸡或成鸡的气囊病或败血症，多为经呼吸道感染。鸡将舍内尘埃上附着的细菌吸入气囊，细菌定居、繁殖，在某种诱因的作用下引起疾病。

（3）经口感染：由产生内毒素的大肠杆菌引起的急性出血性肠炎及全身的出血性变化。

（4）发病诱因：致病性大肠杆菌经气囊或静脉接种雏鸡进行人工感染试验，虽可引起气囊炎、心包炎及肝周炎等典型的病理变化，但在自然情况下多因某种诱因的存在而发生，如寒冷、通风换气不良、氨气浓度高以及空气中游离的尘埃对呼吸道黏膜的刺激等。饲养密度过高、营养不均衡也能降低鸡的抵抗力。适当地补充维生素 A、维生素 E 可减少鸡的死亡。其他许多疾病中如鸡新城疫、大肠杆菌多为继发性病原体而加剧原发病的病势。

3. 临床症状及病理变化 埃希大肠杆菌由于侵害的部位不同，其临床症状和剖检变化也不同。常见的有以下几种病型：急性败血症、气囊炎、心包炎、眼球炎、输卵管炎、腹膜炎、大肠杆菌肉芽肿等。

（1）急性败血症：埃希大肠杆菌引起的急性败血症主要发生于小鸡。在成鸡和育成鸡的病例中常与鸡伤寒和鸡霍乱类似。病鸡肌肉丰满，嗉囊内充满食物，剖检发现肝脏呈绿色，胸肌充血，有时发现肝脏内有白色病灶。

（2）气囊炎：主要发生于 5~12 周龄的仔鸡，6~9 周龄鸡发病率最高。气囊炎常常继发或并发于传染性支气管炎、新城疫、霉形体病等，因为这些病的病原增加了呼吸道对埃希大肠杆菌的易感性，吸入污染了此菌的灰尘是最重要的气囊发生感染的来源之一。鸡舍的灰尘和氨气导致鸡的上呼吸道纤毛失去运动性，从而使吸入的埃希大肠杆菌感染气囊，受感染的气囊增厚，呼吸面常有干酪样渗出物，轻微的气囊炎症状不明显，严重者可见呼吸困难，有啰音，咳嗽，食欲消失，病鸡消瘦，最后死亡。

（3）心包炎：埃希大肠杆菌的许多血清型在发生败血症时引起心包炎。心包炎经常伴发心肌炎。心包囊呈云雾状，心外膜水肿，并被覆有淡色的渗出物。心包囊内充满淡黄色纤维蛋白性渗出物。

（4）眼球炎：眼球炎是埃希大肠杆菌败血症的一种不常见的表现形式，经常是一侧眼睛的眼前房积脓、失明，脉络膜充血，视网膜完全被破坏，大多在发病后很快死亡。

(5) 输卵管炎：当左侧腹大气囊感染埃希大肠杆菌后，许多母鸡发生慢性输卵管炎。输卵管扩张，壁变薄，内有干酪样大团块。该团块随着时间的延长而增大。病鸡常在受到感染后的6个月内死亡，发病后存活的鸡几乎无产蛋能力。产蛋鸡也可能由于埃希大肠杆菌侵入泄殖腔而患输卵管炎。

(6) 腹膜炎：产蛋母鸡可发生腹腔内的埃希大肠杆菌感染，以急性死亡、纤维素性渗出和游离的卵黄为特征。埃希大肠杆菌经输卵管上行至卵黄内，并在此迅速生长，由于卵黄落入腹腔而造成腹膜炎。

(7) 大肠杆菌肉芽肿：本病的特征是肝、盲肠、十二指肠和肠系膜等部位发生肉芽肿，但是脾脏没有病变。

4. 诊断　由于本病病型较多，而且容易与其他许多疾病混合感染或继发感染，单从临床症状和病变不能做出确诊，确诊必须依靠实验室手段。

5. 防治措施

(1) 加强卫生管理：做好平时的消毒工作，经常打扫禽舍，使其保持清洁卫生，并做到勤换垫草，保持环境干燥，改善通风条件，避免空气多尘、充满氨气。粪便污染种蛋是鸡群间致病性大肠杆菌相互传播的最主要途径，因此，种蛋产出后要及时消毒入库，并淘汰破损和被粪便污染的种蛋。饲养密度不能过大，防止饲料突然改变、潮湿等应激因素的影响。饲料、饮水也要注意防止大肠杆菌的污染，被污染的饲料、饮水及老鼠的粪便中含有大量病原菌，鸡患霉形体病、传染性支气管炎，以及环境污染严重、通风不良等可增加通过呼吸道感染埃希大肠杆菌的机会。杜绝其他动物和人员进入房舍。平时坚持自繁自养，不从疫情不明的种鸡场引种，对外来的禽类进行检疫。这样饲养的鸡群不接触或尽量少接触病原菌，减少发病的机会。

(2) 做好大肠杆菌疫苗的接种：主要应用当地分离的常见血清型大肠杆菌制备的灭活苗，往往具有良好的免疫效果。目前，已研制出针对血清型O2：K1和O78：K80的有效灭活菌苗。菌苗有油乳剂苗和氢氧化铝胶苗，通过对25~28日龄和40~60日龄两次免疫，可以明显地提高消除雏鸡血液中菌体的能力和增加对呼吸道感染的抵抗力。同时，在雏鸡的管理中注意保暖和避免饥饿，供给高蛋白饲料和提高维生素E水平，可明显提高被污染雏鸡的存活力。

(3) 治疗：埃希大肠杆菌对许多种药物都敏感，如氨苄青霉素、氟哌酸、金霉素、新霉素、庆大霉素、土霉素、大观霉素、链霉素，以及磺胺类药和呋喃类药。对埃希大肠杆菌做药物敏感试验，以免应用无效的药物或投药时间不够。投药要求剂量要足够大，时间要足够长；否则，剂量太小或药物浓度低，不能到达感染部位，即使用了高效药物也难取得较好的效果。

选择药物及使用方法：氟哌酸，每千克饲料用1 g拌料或饮水，连用5~

7 d；庆大霉素 0.2%~0.5%拌料或饮水，连用 3 d；氨苄青霉素 1 g 加水 20 kg 饮用，连用 5~7 d。

三、禽沙门杆菌病

禽沙门杆菌病是由沙门杆菌属中的一种或多种沙门杆菌所引起的禽类的急性或慢性疾病的总称。该病在世界各地普遍存在，对家禽业的危害性极大，主要包括鸡白痢、鸡伤寒和禽副伤寒。

禽沙门杆菌病的特点：感染率高；幼禽易感，呈急性经过，成禽感染多呈慢性或隐性经过；病原菌对抗菌药物极易产生耐药性；尚无有效的免疫方法。

1. 病原　引起鸡白痢病和鸡伤寒病的病原体分别为鸡白痢沙门杆菌和鸡伤寒沙门杆菌，引起禽副伤寒病的病原体为其他有鞭毛能运动的沙门杆菌。

各型沙门杆菌均为兼性厌氧的短杆菌，无荚膜和芽孢，除鸡白痢沙门杆菌和鸡伤寒沙门杆菌无鞭毛不能运动外，其他沙门杆菌均有鞭毛能运动。

禽沙门杆菌病的病原存在于禽的内脏器官（如肝、肺、卵巢、肠及心脏）和排泄物中，病原菌对寒冷、干燥及直射阳光的抵抗力不强，一般的消毒药物都能迅速杀死病菌，但该菌对腐败的作用颇能耐受，从死后 10 d 的尸体中仍能分离出本菌。

2. 流行病学

（1）鸡白痢：鸡和火鸡是鸡白痢沙门杆菌最重要的易感动物，不同品种的鸡对本病均具有易感性，但重型鸡比轻型鸡更敏感。另外，雏鸡比成鸡敏感。雏鸡表现为急性全身性感染，发病率和死亡率都很高。成鸡则表现为慢性、隐性感染。母鸡比公鸡易感。

病鸡和带菌鸡是主要传染源，其排泄物中含有大量的病原菌污染周围环境，如饲料、水源、笼具，在鸡群中引起本病的水平传播。成年带菌母鸡，在其卵巢、卵子、输卵管和泄殖腔含有大量病原体，在卵的形成和产生过程中，会进入卵内污染蛋壳表面，造成本病的垂直传播。这种带菌种蛋如果未经消毒孵化，就会出现死胚、死雏、弱雏，其粪便、绒毛和蛋壳等对孵化器、孵化室、饲料、饮水造成污染，因此在雏鸡群中引起严重的水平传播。这些鸡若不进行有效治疗，会造成大批死亡，耐过鸡会长期带菌，不仅其本身不断散播病菌，其所产的蛋又是带菌蛋，这样代代相传很难根除本病。

本病的死亡通常限于 2~3 周龄的雏鸡。如果环境卫生条件差、温度过低、密度过大、通风不良、饲料营养不足以及其他病，如霉形体、大肠杆菌等混合污染，均可加重本病的发生和死亡。

（2）鸡伤寒：本病为鸡和火鸡特有的传染病，间或发生于其他雉科禽类。主要危害青年鸡、成年鸡，也可感染雏鸡，死亡率为 30%左右。

本病主要经消化道感染，带菌鸡和带菌种蛋是主要传染源。代代相传是该病主要的传播方式。

（3）禽副伤寒：本病能感染各种家禽和野禽。2 周龄内的雏鸡和火鸡最易感。成鸡感染一般不表现症状，但肠道内长期带菌。1~2 周龄感染者常呈流行性发生。在自然情况下幼禽死亡率从 1% 到 10%~20% 不等，严重者高达 60%~80%。

病禽或带菌动物是本病的传染源，其传播方式和传播途径与鸡白痢和鸡伤寒相似。

3. 临床症状和病理变化

（1）鸡白痢：本病在雏鸡和成鸡中所表现的症状和经过有显著的差异。雏鸡感染后，一般呈急性经过，卵内感染者在孵化中常出现死胚、弱胚，不死的也常在出壳后 1~2 d 呈败血症过程而迅速死亡。出壳后感染的雏鸡经 4~5 d 的潜伏期后表现出症状，死亡率迅速增加，在 10~14 日龄死亡达到高峰。急性死亡常无明显症状，稍缓型者表现精神沉郁、羽毛蓬松、畏寒怕冷、双翅下垂、闭眼昏睡、聚集成堆，有的离群呆立、蹲伏；有时伴有呼吸困难症状，食欲减少或消失，多数出现软嗉症、腹泻，拉白色糨糊样粪便，肛门周围绒毛被粪便严重污染；有时粪便粘封肛门，造成死亡。有的病雏发生关节炎，关节肿胀，不能站立行走，个别的发生眼球炎，病程短者 1 d，一般 4~7 d，死亡率达 40%~70%。20 日龄以上雏鸡很少死亡，但发育不良，成为慢性病鸡或带菌鸡。成鸡感染后常无明显症状。但多数母鸡产蛋量、种蛋受精率、孵化率下降，孵出的雏鸡成活率低，发病死亡率高。极少数母鸡表现精神委顿，头翅下垂，排白色稀粪，产蛋停止，或者卵黄掉入腹腔而引起卵黄性腹膜炎。

雏鸡急性死亡者，病变不明显，仅见各个脏器有充血、出血，肺部病变最常见，肺有充血、出血或坏死，呈紫红色或暗红色，有少量或大量的针尖状白色坏死点。病程稍长的卵黄吸收不良，心肌、心外膜、大肠及肌胃上有灰白色坏死点或小结节，肝脏肿大变性，淡白色或土黄色，充血或有条纹状出血，肾小管和输尿管充盈扩张，充满尿酸盐，盲肠中有干酪样物质而造成栓塞。

成鸡最常见的病变部位在生殖器官，剖检典型病例可见卵泡变形如同鸭梨形、纺锤形、不规则形，质地改变，有的变成水泡，有的变硬似油脂状或干酪样，颜色变淡，无光泽，病变卵泡可掉入腹腔或阻塞输卵管而引起腹膜炎及腹腔脏器粘连，常伴有心包炎、心包液混浊，重者心包膜增厚而不透明，严重粘连，心包液增多，在腹腔脂肪中或肌胃及肠壁中有时可见到干酪样坏死。

成年公鸡的病变主要表现为睾丸萎缩，质地变硬，同时内有脓肿；输精管扩大，内有干酪样渗出物，也常发现有心包炎、心包增厚、心包液增多混浊、心包粘连等病变。

（2）鸡伤寒：潜伏期为4～5 d，发病雏鸡的症状和病变与鸡白痢相似。青年鸡、成年鸡发病常表现突然停食，排黄绿色稀粪，羽毛松乱，冠和肉垂呈苍白色皱缩，体温升高1～3 ℃。急性者可迅速死亡，但通常在5～10 d死亡。解剖时常见肝、脾、肾充血肿大。亚急性及慢性经过者，可见肝肿大呈青绿色，肝和心肌有灰白色坏死灶。母鸡因卵黄破裂常引起腹膜炎。

（3）禽副伤寒：2周龄内的雏鸡感染常呈急性经过。经卵或孵化器感染的雏鸡呈败血症经过，往往不显症状而迅速死亡，较大的雏鸡常呈亚急性经过，病鸡表现呆立闭眼、两翼下垂、羽毛松乱、厌食、怕冷、排绿色或黄色水样粪便。病程1～4 d。雏鸡感染后表现颤抖、喘息，常猝然倒地而死。最急性死亡的病雏鸡，病变不明显。病程稍长者可见失水、消瘦。肝、脾充血并有条纹状或点状出血或坏死灶，卵黄凝固，出血性肠炎，盲肠内有干酪样物。成鸡一般呈隐性经过，常不出现症状。偶尔可见急性病例，表现下痢、倦怠等症状。蛋鸡可见输卵管炎和卵巢的变性坏死及化脓，并由此引起腹膜炎。

4. 诊断 根据本病的流行病学、临床症状及病理变化，可以对禽沙门杆菌病做出初步诊断，确诊须采取实验室检查。

5. 防治措施

（1）预防和净化：做好以下预防和净化工作。

1）做好环境卫生：加强和改善鸡舍的消毒卫生工作是防止禽沙门杆菌病发生的重要环节之一，平时做好食槽、水槽等用具的清洗、消毒，以及鸡舍内墙壁、地面的清洁卫生，改善鸡舍的通风条件。育雏室按每立方米空间，定期用40%甲醛溶液40 mL和20 g高锰酸钾熏蒸消毒。种蛋消毒与孵化室清洁是防止沙门杆菌经卵或孵化室传播的重要措施，一般种蛋每天收集4次（2 h内收集一次），收集的种蛋经筛选后，放入种蛋消毒柜消毒，按每立方米的空间，用40%甲醛溶液30 mL和15 g高锰酸钾熏蒸消毒30 min，然后再送入种蛋库中储存。蛋库也要定期消毒，保持良好的卫生、适宜的温度和湿度。

2）二次熏蒸种蛋：种蛋送入孵化器后，进行第二次熏蒸，按每立方米的空间，用40%甲醛溶液30 mL和15 g高锰酸钾熏蒸消毒30 min；排气后按孵化规程进行孵化。

当出雏60%～70%时，用40%甲醛溶液7 mL/m^3，对雏鸡进行熏蒸消毒，让其自然挥发，持续1～2 h，取出雏鸡。或者每立方米用20 mL过氧乙酸加4 g高锰酸钾进行熏蒸消毒。死胎、蛋壳应及时拣出妥善处理。

3）严格检疫和淘汰种鸡：制定净化方案，定期对鸡群进行严格的检疫，淘汰阳性带菌鸡，以达到清除病原的目的。种鸡第一次检疫在140～150日龄为宜。若阳性鸡在5%～10%，建议在产蛋高峰后，300～350 d再进行一次普检。检出的阳性鸡坚决淘汰。

4）选用对雏鸡敏感的药物：对雏鸡敏感的药物，如氟哌酸、庆大霉素、卡那霉素等，可选用进行预防和治疗。

（2）耐药性：沙门杆菌极易产生耐药性，养鸡场应根据药敏试验的结果选择敏感药物进行治疗。目前一些新型抗菌药物，如先锋霉素类、头孢类等有较好疗效，但不能根除本病。种鸡群只能通过反复检疫，淘汰阳性鸡，同时加强隔离、消毒、管理等各项综合措施，才能减少本病的发生。

四、鸡葡萄球菌病

鸡葡萄球菌病是由致病性葡萄球菌引起的鸡的急性或慢性传染病，其临床表现多种多样，一般以组织器官发生化脓性炎症或全身败血症为特征。

1. 病原 家禽体内分离到的葡萄球菌包括金黄色葡萄球菌和表皮葡萄球菌。在葡萄球菌中，金黄色葡萄球菌是唯一对家禽有致病力的病原菌。该菌为革兰阳性菌，呈圆形或卵圆形，无鞭毛，无荚膜，不形成芽孢，常呈葡萄串或团块状排列，有些呈双球或链状排列。

金黄色葡萄球菌对外界的抵抗力极强，在固体培养基上或在黏性分泌物上可长时间存活。大多数菌株对高浓度盐有抵抗作用。金黄色葡萄球菌的抗原性复杂，一般认为凝固酶阳性的金黄色葡萄球菌对家禽有致病性，而凝固酶阴性的菌株没有致病性。

2. 流行病学 金黄色葡萄球菌在自然界中分布极广，常存在于尘土、空气、饲料、水、物体表面，可以引起多种动物感染和发病。鸡的皮肤、眼睑、黏膜、羽毛和肠道中均有葡萄球菌存在，可通过口腔特别是皮肤创伤侵入体内，此外，还可以通过直接接触和空气传播。若经皮肤伤口、毛囊进入组织内，则常发生毛囊炎、疽、蜂窝织炎、脓疱或坏死性皮炎、脓疮及伤口化脓等，甚至发生败血症或脓毒血症；经呼吸道感染则引起呼吸道黏膜炎症、肺炎和脓胸；若经消化道感染则引起食物中毒和胃肠炎；若孵化室被本菌污染，则细菌可通过蛋壳表面微孔侵入蛋内，造成胚胎感染或在雏鸡出壳时，感染脐环发生脐炎而呈败血症死亡。鸡群过大、拥挤、通风不良、断喙、卫生条件太差、笼具粗糙等都可促使本病的发生。笼养鸡比平养鸡多见，肉用鸡比蛋用鸡多见。

本病一年四季均可发生，以雨季、潮湿季节发生较多。各种年龄和品种的鸡均可感染，以1.5～3月龄的幼鸡多见，常呈急性败血症。中雏和成鸡常以慢性、局部性感染为主。

3. 临床症状和病理变化 由于本菌侵入机体的部位不同，导致致病力不同。鸡的葡萄球菌病表现形式有多种，常见的有以下几种：

（1）急性败血症型：为本病的常见病型，多发生于中型雏鸡。皮肤损伤是其发病的直接因素。最急性病可无任何症状而突然死亡。大多数病例可见缩头垂翅，闭目喜卧，羽毛蓬松零乱，胸部皮下呈紫红色或紫黑色，有波动感，破溃后流出红色液体污染周围羽毛；呼吸困难，衰竭，很快死亡。特别是40~60日龄的笼养鸡，突出的表现是翅膀、胸部、腹部及臀部皮下有浆液性渗出物，皮肤浮肿有波动感，溃烂后流出恶臭茶水色液体。局部羽毛脱落，一触即掉。皮下、浆膜、黏膜水肿、充血、出血和渗血，有棕黄色或黄红胶样浸润，特别是胸骨柄处肌肉呈弥漫性出血斑或条纹出血，部分病例腿肌出血。实质脏器充血肿大，肝呈淡紫红色，有花纹斑，肝、脾有白色坏死点，输尿管有尿酸盐沉积。常在发病后2~3 d死亡。

（2）脐炎型：俗称“大肚脐”，是刚出壳不久雏鸡的一种病型，由于脐环闭合不全，在污染的孵化器、孵化室或育雏室内感染后引起发病。除精神沉郁、不食、不爱活动等全身症状外，突出的表现是腹部膨大，脐孔及周围组织发炎肿胀或形成坏死灶，局部呈黄红色、紫黑色，质硬，常有恶臭味，时间稍长者则为脓性干涸坏死。肝脏有出血点，卵黄吸收不全，呈黄红色或黑灰色，一般2~5 d死亡。

（3）关节炎型：表现为多个关节发炎肿胀，特别是跖趾关节多见，呈紫红色或紫黑色，滑膜增厚、充血、出血，关节腔内有渗出物，有时含有纤维蛋白。有的破溃并结成污黑色硬痂，脚掌肿大，有趾瘤，或趾尖坏死呈黑紫色，跛行，喜卧，消瘦，最后衰竭死亡。病程多为10 d左右。

（4）其他病型：除上述几种常见病型外，有时还可见到眼炎、肺炎、肝炎等多种病型，而且，有时在同一病例可表现出两种以上病型，临床上注意观察并及时治疗。

1）眼炎型：最初出现浮肿性皮炎的症状，稍后即发生头部肿大，眼睑肿胀，眼结膜红肿，黏性分泌物将眼睑粘连，眼有大量分泌物，眼睛失明，不久即死亡。病鸡多数出现浮肿性皮炎的症状，少数鸡只单纯出现眼部的症状。

2）肺炎型：多发生于中型雏鸡，表现出呼吸困难的症状，死亡率在100%。

3）肝炎型：多发生于成鸡，皮下呈浮肿性皮炎，腿僵直，跛行，羽毛松乱，无食欲，腹泻，肉髯和鸡冠呈青紫色，腱鞘和关节也常发生肿胀。若发生于蛋鸡，则减产严重。

4）并发型：鸡场内有某些疫病流行时，常可并发葡萄球菌病，如鸡痘、传染性鼻炎和支原体病等都可以并发此病。由于是合并感染而在临床上出现一些复杂的症状，需要仔细进行观察和分析，才能做出正确的诊断。

4. 诊断 根据本病的流行病学特点（如1~2月龄的幼鸡，有外伤存在，卫生条件差，饲养管理不善等）、特征表现（败血症、皮炎、关节炎和脐炎等）及病变（皮肤、关节发炎、肿胀、化脓、坏死等），一般不难做出初步诊断。必要时用病变部位脓汁或渗出液及血液等涂片镜检或分离培养，并进一步做生化试验、动物接触试验等对病原进行鉴定，即可确诊。

本病应注意与坏疽性皮炎、病毒性关节炎、滑液囊霉形体病和硒缺乏症等相区别。坏疽性皮炎系由魏氏梭菌和腐败梭菌所引起，多发生于 4~16 周龄鸡，除大腿、胸、腹部皮肤和深层组织、翅尖和趾坏死外，还可取病料镜检，可发现大量革兰阳性菌。硒缺乏症主要是因日粮中硒的含量不足，身体较低部位的皮下充血呈蓝紫色，有浅绿色水肿，主要病变是胰腺变性、坏死和纤维化，若无继发感染，一般查不到细菌，补硒后很快控制。病毒性关节炎虽然也有关节肿大、跛行等症状，但一般精神、食欲无明显变化，体表没有化脓、溃烂现象。滑液囊霉形体病也有关节肿胀及跛行症状，但病程较长，体表各部无出血、化脓和溃烂，用链霉素和泰乐菌素治疗有效。

5. 防治　葡萄球菌广泛存在于环境中，防治本病要做好经常性预防工作。具体方法如下。

（1）防止和减少外伤的发生，消除饲养环境（如笼、网具等）中一切尖锐物品，从而堵截葡萄球菌的侵入和感染门户。鸡在断喙、戴翅号、剪趾及免疫刺种时，要做好消毒工作，以免感染本菌发病。

（2）加强饲养管理，喂给必要的营养物质，特别是供给足够的维生素和矿物质；鸡舍要及时通风，保持干燥；鸡的饲养群体不宜过大，避免拥挤；鸡适时断喙，防止互啄现象；有适当的光照。这样，使鸡群有较强的体质和抗病能力。

（3）严格消毒是贯彻预防为主的综合防治措施中的一项主要措施，结合平时饲养管理，做好鸡舍、用具和饲养环境的清洁、卫生及消毒工作，以减少或消除传染源，降低感染机会，对于防止本病的发生有重要的实际意义。在有鸡、鸭、鹅存在的条件下，圈舍可用5%的过氧乙酸进行消毒，对圈舍地面、墙壁、羽毛上的葡萄球菌有良好的杀灭作用。

（4）要注意种蛋、孵化器及孵化全过程中工作人员的清洁、卫生和消毒工作，防止污染葡萄球菌引起鸡胚及雏鸡的感染或发病。

（5）鸡场一旦发生葡萄球菌病，要立即对鸡舍、饲养管理用具进行严格的消毒，以杀灭散播在环境中的病原体，从而达到防止疫病发展和蔓延的目的。还要及时进行药物治疗。常用的抗生素、磺胺类药物等都有一定治疗效果。如用新霉素，每千克饲料或饮水加入 0.5 g，连用 5~7 d；庆大霉素或卡那霉素，每只鸡 4 000~5 000 u，混入水中饮服，连用 5 d；红霉素，对关节炎型病鸡可用 400×10^{-6}~600×10^{-6}混饲或 240×10^{-6}~330×10^{-6}混饮，连用 5 d；外伤处理，切开脓肿，排出脓液，用双氧水冲洗溃口及内部数次，然后注入大量的青霉素、链霉素，预防感染。全身使用广谱抗生素，如庆大霉素、强力霉素支持治疗。

（6）用葡萄球菌菌苗预防注射，可收到一定的预防效果。由于金黄色葡萄球菌容易产生抗药性，因而药物防治效果常不稳定。为了控制本病的发生和蔓延，可以使用从发病当地分离出的菌株制备的灭活苗，往往可起到良好的预防效果。

五、鸡传染性鼻炎

鸡传染性鼻炎是由鸡副嗜血杆菌引起的鸡的急性或亚急性呼吸道传染病，其特征是鼻腔和鼻窦发炎，打喷嚏，流鼻液，颜面肿胀等。本病可在育成鸡群和产蛋鸡群中发生，可造成鸡只生长停滞、淘汰率增加及产蛋显著下降（10%~40%），目前该病在我国已广泛流行。

1. 病原 鸡副嗜血杆菌呈多形性。幼龄时为一种革兰阴性的小球杆菌，两极染色，不形成芽孢，无鞭毛。兼性厌氧，在含有5%的大气条件下生长较好。对营养要求较高，需要V因子即烟酰胺腺嘌呤二核苷酸。鲜血琼脂或巧克力琼脂可满足本菌的营养需求，经24 h后可形成露滴样小菌落，不溶血。由于葡萄球菌能产生V因子，所以与葡萄球菌在同一培养皿培养时，在葡萄球菌附近常出现布满副嗜血杆菌菌落的现象，称为“卫星现象”。本菌可经鸡胚卵黄囊内接种，24~48 h内致死鸡胚，在卵黄和鸡胚内含菌量较高。本菌的抵抗力很弱，培养基上的细菌在4 ℃时能存活两周，卵黄囊内菌体-20 ℃应每月继代一次。本菌对热及消毒药也很敏感，在45 ℃存活不过6 min，在冻干条件下可保存10年。

2. 流行病学 本病只发生于鸡，以4周龄以上的较为敏感，1周龄内的雏鸡则有一定的抵抗力。该病主要由病鸡呼吸道和消化道排泄物传播。病鸡（尤其是慢性病鸡）和隐性带菌鸡是主要传染源。它们排出的病原菌通过空气、尘埃、饮水、饲料等传播。饮用被病原菌污染的水常是初感染鸡群发生该病的主要原因。本病发生虽无明显的季节性，但以每年10月至翌年5月较多发，尤其是12月至翌年2月是高发期，这可能与天气寒冷有利于病菌的体外存活，以及寒冷季节养殖户普遍注重保温，对通风换气重视不够，造成舍内空气污浊有关。

3. 临床症状和病理变化 病初，病鸡无明显症状，仅见鼻孔中有稀薄的水样鼻液，打喷嚏。病情如果进一步发展，鼻腔内流出浆液性或黏液状分泌物，逐渐变浓稠，并有臭味，打喷嚏，呼吸困难，病鸡常摇头，并不时用爪搔鼻喙部。黏液干燥后在鼻孔周围凝结成淡黄色的结痂。病鸡面部发炎，一侧或两侧眼周围组织肿胀，严重的造成失明。后期口腔、腭裂上有干酪样物。严重者炎症蔓延到气管及支气管和肺部，引起呼吸困难和啰音，病鸡精神不振，食欲减退，体重逐渐下降，母鸡产蛋量下降，公鸡肉髯肿大。少数严重的病例，发生副嗜血杆菌性脑膜炎，表现急性神经症状而死亡。

主要病变是鼻腔、窦、喉和气管黏膜发生急性卡他性炎症，充血肿胀，潮红，表面覆有大量黏液，窦内积有渗出物凝块或干酪性坏死物，严重时也可能发生支气管肺炎和气囊炎。面部和肉髯的皮下组织水肿，眼、鼻有恶臭的分泌物结成硬痂，眼睑有时黏合在一起。内脏一般无病变。产蛋鸡输卵管内有黄色干酪性分泌物，卵泡松软、血肿、坏死或萎缩，腹膜炎，公鸡睾丸萎缩。

4. 诊断

（1）病原的分离与鉴定：从病鸡的鼻窦深部、气管或气囊无菌采取病料，直接在血琼脂平板上划直线，然后再用葡萄球菌在平板上划横线，置蜡烛罐或厌氧培养箱中，37 ℃培养 24～28 h 后，在葡萄球菌菌落边缘可长出一种细小的卫星菌落，而其他部位不见或很少见有细菌生长，这可能是副鸡嗜血杆菌。获得纯培养后，再做进一步鉴定。

（2）血清学诊断：可用加有 5%鸡血清的鸡肉浸出液培养鸡嗜血杆菌，制备抗原，用凝集试验检查鸡血清中的抗体，通常鸡被感染后 7～14 d 即可出现阳性反应，可维持一年或更长的时间。因为 3 种血清型的细菌都有共同抗原，所以用 1 种血清型制备的凝集抗原可检出 3 种血清型抗体。凝集试验可用于检测鸡群过去感染的情况，也可用于菌苗效力试验中抗体应答的追踪。平板法抗原是试管抗原的 10 倍，1∶5 稀释血清，与抗原各 1 滴，3 min 内出现凝集者为阳性。试管法抗原 60 亿/mL，1∶5 稀释血清出现凝集者为阳性。

5. 防治　本病病原对许多抗菌药物敏感，尤其对磺胺类药物非常敏感，一般认为磺胺类药物是治疗本病的首选药物。及时（特别是在发病初期）合理地用药，有助于迅速控制病情，减少继发感染机会，同时可起到缩短病程，加快鸡群康复的作用。

产蛋鸡可选用红霉素、强力霉素、恩诺沙星等进行治疗；而发病数量较多的和饲养管理水平较差，仅免疫过一次疫苗或未免疫过疫苗的，无论发病数量多少，均可考虑使用磺胺类药物。

第五节　寄生虫病

一、鸡组织滴虫病

组织滴虫病又名盲肠肝炎或黑头病，是鸡和火鸡的一种原虫病，由火鸡组织滴虫寄生于盲肠和肝脏引起，以肝的坏死和盲肠溃疡为特征，也发生于野雉、孔雀和鹌鹑等鸟类。

1. 病原 组织滴虫病的病原是组织滴虫，它是一种很小的原虫。该原虫有两种形式，一种是组织型原虫，寄生在细胞里，虫体呈圆形或卵圆形，没有鞭毛，大小为6~20 μm；另一种是肠腔型原虫，寄生在盲肠腔的内容物中，虫体呈阿米巴状，直径为5~30 μm，具有一根鞭毛，在显微镜下可以看到鞭毛的运动。

2. 流行病学 本病发病没有明显的季节性，但高温潮湿多雨的夏季发生稍多。随病鸡粪排出的虫体，在外界环境中能生存很久，鸡食入这些虫体便可感染。

本病常发生于卫生和管理条件差的鸡场。鸡群过分拥挤，鸡舍及运动场不洁净，通风和光照不足，饲料缺乏营养，尤其是缺乏维生素A，都是诱发和加重本病流行的重要因素。

3. 临床症状和病理变化 病鸡精神不振，食欲减退或废绝；羽毛蓬乱无光泽，双翅下垂，身体蜷缩，畏寒；下痢，粪便淡黄色或浅绿色，严重者粪便带有血丝，甚至大量便血。后期病鸡面部皮肤和冠髯呈紫色或暗黑色，消瘦贫血直至死亡，因此又称“黑头病”。

剖检病理变化主要是肝脏肿大色泽变淡，表面有数量不等、大小不一、形状各异的黄色溃疡、坏死病灶，少数看上去有些凹陷，形若蝴蝶状；盲肠极度肿大，肠壁肥厚，腔内充满坚硬干酪样不洁净的栓塞物，横切有阻力，切面呈管状同心圆，中心是黑褐色疏松物，外面包围着黄色渗出物和坏死物。

4. 诊断 根据发病情况、临床症状、病理变化以及实验室检查等，就可确诊为组织滴虫病。实验室中主要是取盲肠黏膜加入生理盐水制成悬滴标本，放在600倍镜下观察可发现圆形或卵圆形虫体来回摆动或急速旋转或原地滚动。在油镜下观察可见活动着的虫体一端有鞭毛移动。

5. 防治 本病采用预防为主，治疗为辅的原则。

（1）加强饲养管理，搞好环境卫生，定期给雏鸡驱虫，增加饲料中维生素和矿物质含量，以提高机体免疫力，减少发病和死亡的机会。

（2）病健分群饲养，病鸡用0.2%的甲硝唑拌料，连用一周，停一周，再用一周；未发病的用0.1%的甲硝唑拌料连用一周，可防感染。

（3）病鸡口服甲硝唑每只每次0.3 g，2次/d，连服4 d，或者用5%盐酸恩诺沙星溶液1 mL加1 000 mL水饮服，连用7 d。

二、鸡球虫病

鸡球虫病是由艾美耳球虫寄生于鸡的肠上皮细胞内引起的急性流行性寄生虫病。本病在我国普遍发生，特别是从国外引进的品种鸡，10~30日龄的雏鸡或35~60日龄的青年鸡发病率和致死率可高达80%。病愈的雏鸡生长受阻，增重缓慢；成鸡一般不发病，但为带虫者，增重和产蛋能力降低，是传播球虫病的重要病源。

1. 病原 世界各地记载的鸡球虫种类共有13种，我国已发现9种。不同种的球虫在鸡肠道内寄生部位不一样，致病力也不相同。其中寄生在盲肠的柔嫩艾美耳球虫和寄生于小肠的毒害艾美耳球虫致病力最强。

2. 流行病学 各个品种的鸡均有易感性，15~50日龄的鸡发病率和致死率都较高，成鸡对球虫有一定的抵抗力。病鸡是主要传染源，凡被带虫鸡污染过的饲料、饮水、土壤和用具等，都有卵囊存在。鸡感染球虫的途径主要是吃了感染性卵囊。人及其衣服、用具等以及某些昆虫都可成为机械传播者。

饲养管理条件不良，鸡舍潮湿、拥挤，卫生条件恶劣时，最易发病。在潮湿多雨、气温较高的梅雨季节易暴发球虫病。

3. 临床症状和病理变化 急性型病程数天至2~3周，病鸡精神沉郁，羽毛蓬松，头卷缩，食欲减退，嗉囊内充满液体，鸡冠和可视黏膜贫血、苍白，逐渐消瘦，病鸡常排红色胡萝卜样粪便。若感染柔嫩艾美耳球虫，开始时粪便为咖啡色，以后变为完全的血粪，如不及时采取措施，致死率可达50%以上。若多种球虫混合感染，则粪便中带血液，并含有大量脱落的肠黏膜。慢性型病程数周到数月。发生于4~6月龄的鸡或成鸡，症状与急性相似，但不明显。病鸡逐渐消瘦，拉稀，但多不带血。生产性能下降，对其他疾病易感性增强。

剖检可见内脏变化主要发生在肠管，病变部位和程度与球虫的种别有关。柔嫩艾美耳球虫主要侵害盲肠，两支盲肠显著肿大，可为正常的3~5倍，肠腔中充满凝固的或新鲜的暗红色血液，盲肠上皮变厚，有严重的糜烂。毒害艾美耳球虫损害小肠中段，使肠壁扩张、增厚，有严重的坏死；在裂殖体繁殖的部位，有明显的淡白色斑点，黏膜上有许多小出血点；肠管中有凝固的血液或有胡萝卜色胶冻状的内容物。

4. 诊断 生前用饱和盐水漂浮法或粪便涂片查到球虫卵囊，或死后取肠黏膜触片或刮取肠黏膜涂片查到裂殖体、裂殖子或配子体，均可确诊为球虫感染。但由于鸡的带虫现象极为普遍，是不是由球虫引起的发病和死亡，应根据粪便检查、临床症状、流行病学及病理变化等多方面情况综合判定。

5. 防治

（1）加强饲养管理：成鸡与雏鸡分开喂养，以免带虫的成鸡散播病原导致雏鸡暴发球虫病。保持鸡舍干燥、通风和鸡场卫生，定期清除粪便，堆放发酵以杀灭卵囊。保持饲料、饮水清洁，笼具、料槽、水槽定期消毒。

（2）药物治疗：①氯苯胍，预防按30~33 mg/kg混饲，连用1~2个月；治疗按60~66 mg/kg混饲3~7 d，后改预防量进行控制。②氨丙啉，可混饲或饮水给药。混饲预防量为100~125 mg/kg，连用2~4周；治疗量为250 mg/kg，连用

1~2周，然后减半，连用2~4周。应用本药期间，应控制每千克饲料中维生素B_1的含量以不超过10 mg为宜，以免降低药效。③二硝托胺（球痢灵），混饲预防量为125 mg/kg，治疗量为250~300 mg/kg，连用3~5 d。④莫能霉素，预防量按80~125 mg/kg混饲连用，或盐霉素（球虫粉，优素精），预防量按60~70 mg/kg混饲连用。

三、鸡绦虫病

鸡绦虫病是由赖利属的多种绦虫寄生于鸡的十二指肠中引起的，我国常见的赖利绦虫有棘沟赖利绦虫、四角赖利绦虫和有轮赖利绦虫等三种。各种年龄的鸡均能感染，严重感染时，常引起贫血、消瘦、下痢、产蛋量减少或停止，幼鸡即使是轻度感染，也易诱发其他疾病引起死亡。

1. 病原 棘沟赖利绦虫和四角赖利绦虫是大型绦虫，两者外形和大小很相似，长25 cm，宽1~4 mm。棘沟赖利绦虫头节上的吸盘呈圆形，上有8~10列小钩，顶突较大，上有钩2列，中间宿主是蚂蚁。四角赖利绦虫，头节上的吸盘呈卵圆形，上有8~10列小钩，颈节比较细长，顶突比较小，上有1~3列钩，中间宿主是蚂蚁或家蝇。有轮赖利绦虫较短小，头节上的吸盘呈圆形，无钩，顶突宽大肥厚，形似轮状，突出于虫体前端，中间宿主是甲虫。

2. 流行病学 上述三种绦虫均为全球分布，凡养鸡的地方，几乎都有这三种绦虫的存在。各种年龄的鸡均能感染，但以雏鸡最易感。该病的发生与饲养管理有关，若饲养条件好又能及时驱杀中间宿主，则感染与发病较少。

3. 临床症状和病理变化 由于各种绦虫都寄生在鸡的小肠，用头节破坏肠壁的完整性，引起黏膜出血，肠道炎症，严重影响消化机能。病鸡精神不振，食欲早期增加，当自体出现中毒时，食欲减退，但饮欲增加，消瘦，贫血，羽毛松乱，排白色带有黏液和泡沫的稀粪，混有白色绦虫节片。绦虫代谢产物可引起鸡体中毒，出现神经症状。病鸡食欲不振，精神沉郁，贫血，鸡冠和黏膜苍白，极度衰弱，两足常发生瘫痪，不能站立，最后因衰竭而死亡。

剖检可见脾脏肿大；肝脏肿大呈土黄色，往往出现脂肪变性，易碎，部分病例腹腔充满腹水；小肠黏膜呈点状出血，严重者，虫体阻塞肠道；部分病例肠道生成类似于结核病的灰黄色小结节；因长期处于自体中毒而出现营养衰竭和抗体产生抑制现象，成鸡往往还表现卵泡变性坏死等类似于新城疫的病理现象。

4. 诊断 鸡绦虫病的诊断常用尸体剖检法。剪开肠道，在充足的光线下，可发现白色带状的虫体或散在的节片。

5. 防治

（1）加强鸡场管理：预防和控制鸡绦虫病的关键是消灭中间宿主，饲料中添加环保型添加剂，如在流行季节里饲料中长期添加环丙氨嗪（一般按5 g/t全价饲料），制止和控制中间宿主的滋生。也采取笼养方法，使鸡群避开中间宿主。经常清扫鸡舍，及时清除鸡粪，做好防蝇灭虫工作。幼鸡与成鸡分开饲养，最后采用全进全出制。

（2）定期驱虫：建议在60日龄和120日龄各预防性驱虫一次。当鸡群发生绦虫病时，必须立即对全群进行驱虫。常用的驱虫药有以下几种。①硫双二氯酚，每千克体重150~200 mg，以1∶30的比例与饲料配合，一次投服。②氯硝柳胺，每千克体重50~60 mg，一次投服。③吡喹酮，每千克体重10~15 mg，一次投服，可驱除各种绦虫。

第十三章　规模化商品鸡场废弃物处理与利用技术

第一节　鸡粪的无害化处理与利用技术

鸡粪是鸡场的主要废弃物。由于鸡的消化道短，鸡采食的饲料在消化道内停留时间比较短，鸡消化吸收能力有限，所以，鸡粪中含有大量未被消化吸收、可被其他动植物所利用的营养成分，如粗蛋白质、粗脂肪、必需氨基酸和大量维生素等。同时，鸡粪也是多种病原菌和寄生虫卵的重要载体，科学地处理和利用鸡粪，不仅可以减少疾病的传播，还可以变废为宝，产生较好的社会、生态和经济效益。

一、鸡场清粪技术

1. 人工清粪　人工清粪即通过人工清理出鸡舍地面的固体粪便，人工清粪只需用一些清扫工具、手推车等简单设备即可完成，主要用于高床平养鸡场。

鸡舍内大部分的固体粪便通过人工清理后，用手推车送到贮粪设施中暂时存放，地面残余粪尿用少量水冲洗，污水通过粪污沟排入舍外贮污池。该清粪方式的优点是不用电力，一次性投资少，还可做到粪尿分离；缺点是劳动量大，生产效率低。因此，这种方式通常适用于家庭养殖和小规模养鸡场。

2. 半机械清粪　对于网养鸡场，人工清粪效率低，采用铲车改装而成的清粪铲车，可将其看成是从人工清粪到机械清粪的一种过渡清粪方式。

机动铲式清粪车通常由小型装载机组装而成，推粪部分利用废旧轮胎制成一个刮粪斗，也可在小型拖拉机前悬挂刮粪铲组成，用装载机或拖拉机的动力将粪便由粪区通道移出舍外。

铲式清粪机的优点是：灵活机动，一台机器可清理多栋鸡舍；结构简单，维护保养方便；清粪铲不是经常浸泡在粪尿中，受粪尿腐蚀不严重；不靠电力，尤其适用于缺少电的养殖场。

铲式清粪机的缺点是：该机器燃油，运行成本较高；不能充分发挥原装载车的功能，造成浪费；机器体积大，需要的工作空间大，工作噪声较大。

3. 机械清粪　机械清粪利用专用的机械设备替代人工清理出笼养鸡舍地面的固体粪便，机械设备直接将收集的固体粪便运输至鸡舍外，或直接运输至粪便储存设施。地面残余粪尿同样用少量水冲洗，污水通过粪污沟排入舍外贮污池。

（1）刮板清粪：刮板清粪是机械清粪的一种，在笼养鸡场广泛使用。刮板清粪主要分链式刮板清粪和往复式刮板清粪，通过电力带动刮板沿纵向粪沟将粪便刮到横向粪沟，然后被排出舍外。

1）往复式刮板清粪装置：由带刮粪板的滑架、驱动装置、导向轮、紧张装置和刮板等部分组成。刮板清粪装置安装在明沟或漏缝地板下的粪沟中，清粪时，刮粪板做直线往复运动进行刮粪。

2）链式刮板清粪装置：由链刮板、驱动器、导向轮、紧张装置等组成，通常安装在明沟内，驱动器通过链条或钢丝绳带动链刮板形成一个闭合环路，在粪沟内单向移动，将粪便带到鸡舍污道端的集粪坑内，然后由倾斜的升运器将粪便送出舍外。

刮板清粪的优点：能做到 24 h 清粪，时刻保持鸡舍内清洁；机械操作简便，工作安全可靠；其刮板高度及运行速度适中，基本没有噪声，对鸡不造成负面影响；运行和维护成本低。

刮板式清粪的缺点：链条或钢丝绳与粪尿接触容易被腐蚀而断裂。

（2）输送带清粪：输送带式清粪主要用于叠层养鸡舍，在过去几十年中成功用于笼养鸡舍的粪便收集。输送带式清粪系统由电动机及减速装置、链传动、主动辊、被动辊、承粪带等部分组成。承粪带安装在每层鸡笼下面，鸡排泄的粪便自动落入鸡笼下的承粪带，并在其上累积，当系统启动时，由电动机和减速器通过链条带动各层的主动辊运转，被动辊与主动辊挤压产生摩擦力，带动承粪带沿鸡笼组长度方向移动，将鸡粪输送到下一端，然后由端部设置的刮粪板刮落，实现清粪。该系统间歇性运行，通常每天运行 1 次。

目前，国内输送带式清粪系统的主要结构参数为：驱动功率 1～1.5 kW，运行带速 10～12 m/min，输送带宽度 0.6～1.0 m，使用长度≤100 m。鸡场可根据鸡舍饲养鸡的数量和鸡笼宽度等选择合适的清粪系统参数。

二、鸡粪处理工艺

1. 简易堆肥　农户自行堆肥技术，只是简单地将原料进行长时间的堆置，很少进行通风和管理，是一种以厌氧发酵为主，结合好氧发酵过程的堆肥方式。农户自行堆肥方式与好氧堆肥相似，但堆内不设通气系统，堆温低，腐熟时间长，堆肥简便、省工。一般堆肥封堆后 1 个月左右翻堆一次，以利于微生物活动使堆料完全腐熟。其优点为有机废物处理量大，适用于分散处理；人工干预少；投资少，工艺简单。缺点为发酵周期长，有机质转化率低，存在二次污染，占地面积大，受气候和天气影响大。

（1）主要设备：包括铁锹、平板车、农膜、堆肥场地（槽）和小型翻堆机等。

（2）菌剂：包括 HM 系列菌种腐熟剂、VT-1000 堆肥接种剂、速腐宝微生物腐熟剂、RW 酵素剂及一些专用功能性菌剂。

2. 条垛堆肥　条垛堆肥是将混合好的原料堆垛成行，通过机械设备进行周期性的翻动堆垛，保证各种原料的充分好氧发酵，完成堆肥生产。条垛堆肥操作简便灵活，运行成本低，被广泛应用于鸡场粪污处理。

条垛堆肥通常由前处理、一次发酵（主处理或主发酵）、二次发酵（后熟发酵），以及后续加工、储藏等工序组成，其工艺流程见图 13.1。

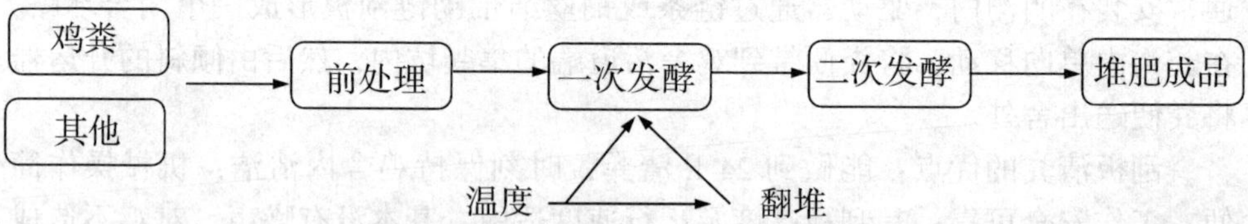

图 13.1　鸡粪条垛堆肥工艺流程

（1）前处理：将鸡粪原料水分含量调节至 60%~70%，在水泥地上或铺垫塑料膜的泥地上堆垛。条垛的形状为梯形、不规则的四边形或三角形，高度不超过 1.5~2.0 m，宽度控制在 1.5~3.0 m。

（2）一次发酵：一般由温度开始上升到温度开始下降的阶段称为一次发酵阶段。将鸡粪堆成条垛，由于堆肥原料、空气和土壤存在着大量的各种微生物，所以很快就进入发酵阶段。发酵初期有机物质的分解主要是靠中温型微生物（30~40 ℃）进行，该过程维持 3~4 d。随着温度的升高，最适宜生活在 45~65 ℃（最高温度不宜超过 75 ℃）的高温菌繁殖。在此温度下，各种病原菌、寄生虫卵、杂草种子等均被灭杀。为了提高无害化效果，这一阶段鸡粪发酵至少应保持 2~3 周。当堆垛容积减少 30%~33%，水分去除 10%~12%，发酵物无恶臭，不招苍蝇，蛔虫卵死亡率≥95%，大肠杆菌在规定指标内，表示该过程结束。为了促进好氧性微生物活动，在堆肥一次发酵过程中通过搅拌和强制通风向堆肥内部通入氧气，每天翻堆通风一次。

（3）二次发酵：将经过一次发酵后的物料送到二次发酵场地继续处理，使一次发酵中尚未完全分解的有机物质继续分解，并将其逐渐转化为比较稳定和腐熟的堆肥。一般二次发酵的堆积高度可以在 1~2 m，只要有防雨、通风措施即可。

在堆积过程中每 1~2 周要进行一次翻堆。二次发酵的时间长短视鸡粪含量和添加水分、调节材料性质而定，一般堆肥内部温度降至 40 ℃以下时就表示二次发酵结束，即可以进行堆肥风干和后续加工。

通常纯鸡粪堆肥二次发酵需要 1 个月左右的时间，添加秸秆等辅料时二次发酵 2~3 个月，而添加木质材料如锯末、树皮等时二次发酵需要 6 个月以上的时间。

（4）菌剂的添加：在满足堆肥发酵所需条件下，额外加入菌剂，可以加速鸡粪原料的分解和腐熟，添加的量及时间根据不同菌剂确定。

3. 槽式发酵　槽式好氧发酵是目前处理鸡粪最有效的方法，也适合鸡粪有机肥商品化生产，有利于标准化生产。该工艺发酵时间短，一般 15 d 就能使鸡粪完全发酵腐熟，而且易实现工厂规模生产，不受天气影响，对环境造成的污染小。槽式自动搅拌机可在发酵槽沿上行走，对槽内发酵物进行通气、送氧，调节水分，本工艺不用大量掺入秸秆（季节性便稀时，才加入少量秸秆），菌种使用 1 年后可降低使用量，生产出的有机肥无害化程度高，成本低。

（1）工艺参数要求：

1）鸡粪与辅料混合比：根据当地农业情况，可采用稻草、玉米秸、花生藤等有机物作为辅料。根据发酵水分的要求及鸡粪含水量、辅料含水量，碳氮含量，计算鸡粪与各种辅料的配比。将混合物碳氮比控制在 20∶1~40∶1，水分含量 60%~65%即可。

2）机械搅拌：鸡粪堆肥发酵属于好氧性发酵，在发酵槽中，因为物料黏度大，通气性极差，需要进行人工辅助通气，一般采用机械搅拌方式。在实际生产中，夏季车间温度在 30 ℃以上，可间隔 1 h 搅拌一次；冬季车间温度在 10 ℃以下时，可间隔 4 h 搅拌一次。当发酵槽温度在 65 ℃以上时，要立即搅拌，若在最初的 48 h，发酵温度达不到 55 ℃，且气味难闻，需要考虑水分含量是否合适，通氧量是否不足。当发酵温度降到 50 ℃以下，且无臭味时，进入后发酵阶段。当发酵温度降到 40 ℃以下，水分在 30%以下，有害物含量不超标即为有机肥。

3）堆肥发酵腐熟周期：鸡粪、辅料和接种物料进槽混合后，第一次搅拌记为发酵周期开始时间，一般经过 3~4 d 升温期（冬季 7~10 d），进入高温发酵阶段。当发酵温度高于 55 ℃，15 d 就能使物料完全发酵；而低于 50 ℃时，需发酵 30 d。所以，夏季发酵周期一般为 18 d，冬季发酵周期一般为 35 d。

（2）主要设施、设备：

1）发酵槽：发酵槽是鸡粪发酵处理平台。一般建于彩钢棚或阳光温室棚内。根据鸡粪处理量和生产需要，发酵槽宽度一般为 3~8 m，深度为 1.2~1.5 m，长度为 30~100 m，或同时建造 3~5 条发酵槽。

2）槽式翻抛翻堆机：槽式翻抛翻堆机，是目前应用最为广泛的一种发酵翻抛翻堆设备。它包括行走发酵槽体、行走轨道、取电装置、翻抛翻堆部分以及转槽装置。翻抛翻堆工作部分采用先进的滚筒传动，有可升降式的和不可升降的两种。

翻抛翻堆机的特点：①可连续出料也可批量出料。效率高，运行平稳，坚固耐用，翻抛均匀。②控制柜集中控制，可实现手动或自动控制功能。

3）专用造粒机：有机肥专用造粒机，可对水分在40%左右的发酵物进行球形造粒，颗粒的成品率在70%以上，坚硬适中，小规模生产可通过晾晒后装袋。设备生产的颗粒为球状，有机物含量可高达100%，实现纯有机物造粒；造粒时不需要加黏结剂；颗粒坚实，造粒后即可筛分，降低干燥能耗；发酵后的有机物无须干燥即可进行造粒。

第二节　病死鸡无害化处理与利用技术

一、焚烧法

1. 场地选择　应选择利于管理、方便操作、对周围居民生产生活没有影响的位置。养殖业集中地区联合兴建的大型病死家禽焚烧处理厂，应距离学校、居民区、村庄、畜禽养殖场和屠宰场1 000 m以上。禁止在生活饮用水源保护区、风景名胜区、自然保护区的核心区及缓冲区、城市和城镇居民区、县级人民政府依法划定的禁养区域、国家或地方法律法规规定需特殊保护的其他区域建厂。养殖场自建的病死家禽焚烧处理场地，应设在养殖场常年主导风向的下风向或侧风向处，与主要生产设施保持一定距离，并建有绿化隔离带或隔离墙，实行相对封闭式管理。

2. 设施与设备

（1）简易焚烧炉：简易焚烧炉是由人工采用砖石、土或水泥砌成的。一般分为两层建设，上层放置病死家禽，下层放置燃料，上下层间用数条钢筋隔离，焚烧炉的三面封闭，一面设放燃料和病死家禽的小窗口，顶部可以做成拱形或锥形，并设有烟道与烟囱。焚烧炉长、宽、高根据病死家禽的数量确定。

（2）节能环保焚烧炉：节能环保焚烧炉分为焚烧系统、排烟系统、热重复利用系统、去味系统、处理后废水排放系统。其中焚烧系统与简易焚烧炉结构相似，炉体也是由人工采用砖石和水泥砌成。焚烧系统由炉体、填尸室、排烟孔、填煤室、炉灰室、出灰口组成。排烟系统由排烟孔、排烟管、冷却净烟管、电动抽风机组成。热重复利用系统由冷水输送管、填煤室铁栅栏管、热水输出管及其他配套管道组成。去味系统由1~2个去味池组成。

（3）生物自动焚烧炉：生物自动焚烧炉是由专门的环保设备公司生产的

专业化动物焚烧炉。该焚烧炉采用二次燃烧处理工艺，一次燃烧室内充分氧化、热解、燃烧，温度在600～800 ℃，燃烧后产生的烟气进入二次燃烧室再次经高温焚化，使之燃烧更完全，室内温度800～1 100 ℃，可燃物完全灰化，燃烧后产生的灰烬由人工取出、转移填埋。

二、堆肥法

堆肥法处理病死鸡尸体所需时间一般在3个月以内，堆肥核心温度一般都可在55 ℃持续3 d以上。鸡舍内可能有害的鸡粪和草垫等废弃物，可以作为堆肥辅料一并降解，极大地降低了染疫家禽处理的成本，阻断了病原微生物通过动物废物继续传播的途径。

1. 工艺方法　堆肥系统包括预处理、发酵、质量检验、成品包装储存。

（1）预处理：预处理需要专门的解剖设备，主要方法包括挤压、冲击和剪切，对于一次性处理少量的禽尸可以选择碾压解剖，以保证后期堆肥过程中堆体温度能顺利升高，有效降解动物尸体，杀灭病原微生物，减少疾病传染源，减少环境污染。

（2）堆肥发酵：根据堆肥所需的水分和碳氮比（C/N），与一定的辅料和菌剂混合。若采用静态堆肥方式则首先需要在地面上铺放堆肥辅料，如干草、木屑、秸秆等碳源补充物以及动物粪便等氮源、微生物源补充物，随后放入解剖后的病死家禽，最后在动物身上覆盖一定厚度的动物粪便等辅料，建成生物安全屏障。

堆肥建成以后，堆肥内的微生物逐渐降解动物组织，升高堆肥内温度，杀灭绝大部分病原微生物，最终将有害的染疫动物及其粪便转化为有益的植物肥料，达到变废为宝的目的。堆肥通常采用静态发酵、被动供氧的方式。一般要在堆体温度超过55 ℃一周后，即在大部分病原微生物被杀死的情况下才能进行翻堆。

（3）质量检验：整个堆肥过程中都伴随着质量检验，虽然堆肥内温度的升高、优势嗜热菌的生长繁殖及其抑生作用、变化的酸碱度以及尸体组织腐烂所释放的氨气等，都是杀灭病原生物的主要因素，但由于温度具有简便易测的特点，容易被采纳和应用，将温度作为评价堆肥发酵过程的重要标准。美国环保局（USEPA）和加拿大环境部（EC）规定，商业静态堆肥必须升温达到高于55 ℃在3 d以上。

（4）包装储存：当堆肥经过一段时间的熟化并趋于完全稳定，水分下降到20%以下，便可进入储存阶段。在此之前必须经过筛分和包装，筛分出的未分解的动物骨头仍需进行粉碎，返料再回流，与辅料汇合进行第二次阶段堆肥，堆肥产品可以进行计量包装。因为有机堆肥产品总体养分偏低，所以通常还会将堆肥产品进一步加工为有机-无机复混肥料。

2. 堆肥过程及影响因素

（1）堆肥过程：堆肥过程一般分为升温、高温、降温和腐熟4个阶段。升温阶段一般指堆肥过程的初期，堆体温度逐渐从环境温度上升到50 ℃左右，主导微生物以嗜温微生物为主，包括真菌、细菌和放线菌，分解底物主要为糖类和淀粉类。堆温升至50 ℃以上即进入高温阶段，这一阶段嗜温微生物受到抑制甚至死亡，嗜热微生物则上升为主导微生物，此时半纤维素、纤维素和蛋白质等复杂有机物也开始强烈分解。现代化堆肥生产的最佳温度一般为55 ℃，大多微生物在该温度范围内最活跃，降解能力强，可杀死大多数病原菌和寄生虫。高温阶段造成微生物的死亡和活动减少，堆体进入降温阶段，此时嗜温微生物又开始占优势，底物主要为剩余的较难分解的有机物，堆体发热减少，温度开始下降，堆肥进入腐熟阶段。此时，大部分有机物已经分解和稳定，为保持已形成的腐殖质和微量的氮、磷、钾肥等，应使腐熟的肥料保持平衡，防止出现矿质化。

（2）堆肥影响因素：有以下六种因素。

1）温度：对堆肥而言，温度是堆肥得以顺利进行的重要因素，也是评价堆肥过程能否成功，能否满足环保标准的重要指标之一。静态堆肥时，一般温度先升高，后降低，所以堆肥初期温度能否迅速升高并维持在55 ℃以上是堆肥是否成功的关键。另外，在堆肥发酵过程中温度是影响微生物生长的重要因素，当堆肥内部微生物代谢产生的热量聚集，高达50~65 ℃时，一般堆肥只需5~6 d即可达到无害化。温度过低将大大延长堆肥周期，而温度过高（>70 ℃）对堆肥微生物则有负面影响。

2）含水率：含水率是控制堆肥过程的一个重要参数。如果堆料含水率过低，堆肥内部的微生物将无法生长，进而造成堆肥升温困难；如果含水率过高，过多的水分会填满堆料空隙，降低氧气的含量，进而降低微生物活力，不利于堆温的升高。动物尸体中本来含有较多的水分，因此需加入较多的干垫料。一般来说，动物堆肥原料的最佳含水率为40%~60%。

3）含氧量：堆肥内部氧气的含量直接影响其中微生物的活力，堆肥材料中有机碳越多，其好氧率越大。通常认为堆体中的最佳含氧量为5%~15%，含氧量过低时会导致厌氧发酵，造成堆温升高困难并产生恶臭；而当含氧量超过15%时，会造成堆体冷却，导致病原菌的大量存活，同时由于主动供氧会使染疫畜禽尸体携带的病原微生物以气溶胶的形式扩散到外部，增加了疫病流行的危险。因此，在处理染疫动物尸体时，通常采用静态堆肥形式，并通过在堆肥底部加垫料的方式将内部的含氧量保持在5%~15%。

4）碳氮比（C/N）：为使堆肥过程中微生物的营养处于平衡状态，一般堆肥原料的最佳碳氮比（C/N）在20~40的范围内。堆肥的原材料一般由畜禽粪便及稻草、玉米秆等植物源性材料组成。畜禽粪便的碳氮比（C/N）较低，鸡粪为8。为满足堆肥原材料的最佳碳氮比（C/N），通常与高碳氮比（C/N）的原料按一定比例混合进行调节，如秸秆、干草、木屑等。

5）微生态制剂：在堆肥过程中加入微生态制剂具有多方面的功能，如加快降解速率，缩短堆肥周期，减少氮素的损失等。有研究表明，在家禽粪便堆肥过程中加入相应的菌素，能加快高温阶段进程，缩短堆肥腐熟的时间。但应用于处理染疫动物尸体堆肥的菌剂研究相对较少。由于处理染疫动物尸体的堆肥在原材料组成、理化性质以及物料在堆体内的空间分布上都与其他种类堆肥有较大区别，因此找到一种适用于堆肥法处理染疫动物尸体的菌剂，将有效促进堆肥法在处理染疫动物尸体上的应用。

6）酸碱度：堆肥过程中酸碱度对微生物的活动和氮素的保存有重要影响。通常认为堆肥物料的pH值在6.0~9.0范围内即可满足堆肥内部微生物生长繁殖的需求，大多数堆肥原材料的pH值都满足这一要求。但另一方面，微生物在代谢过程中产生的铵态氮会使pH值升高，不利于氮素的保存，因此，在工厂化快速发酵时应适量添加调节剂，抑制pH值过高。

3. 发酵仓式堆肥系统 目前，逐渐开始利用发酵仓式堆肥法来处理病死鸡尸体。自然通风静态发酵仓式堆肥箱四周都有孔隙，可保证其通风供氧，堆肥箱底部放稻草、秸秆和锯末等垫料，将动物尸体放入堆肥箱后，再用垫料覆盖，一般在堆体温度超过55 ℃一周后对其进行翻堆处理。

发酵仓式堆肥系统堆肥设备占地面积小，受空间限制小，不易受天气条件影响，生物安全性好。采用箱式堆肥处理死鸡，在堆肥20 d后，病毒全部被杀死，堆肥过程中的温度、通风、水分含量等因素可以得到很好的控制，可有效提高堆肥效率和产品质量。

三、化尸窖法

1. 厂址选址 化尸窖选址应符合环保要求，乡镇、村的化尸窖选址既要不影响群众生活，又要方便家禽尸体的运输和处置，要远离水源、公共场所等，避免二次污染；一般要求距离养殖场（小区）、种畜禽场、动物屠宰加工场所、动物隔离场所、动物诊疗场所、动物和动物产品集贸市场、生活饮用水源地3 000 m以上；距离城镇居民区、文化教育科研等人口集中区域，以及公路、铁路等主要交通干线500 m以上；养殖规模场（小区）的化尸窖原则上要求建在本场内，要结合本场地形特点，宜建在风向的末端处。

2. 化尸窖建设 化尸窖采用砖和混凝土结构，并按密封要求施工，四周混凝土厚度不少于10 cm，池底混凝土厚度不少于30 cm，保证窖不渗漏、进水和开裂；窖深 3 m 左右；每个化尸窖分为 2~3 个小格，投置口为 80 cm×80 cm 大小，窖口密封，并加盖加锁，防偷盗和安全事故；在化尸窖内侧建辅助处理池，通过水管接入，用于处理废气，或在化尸窖顶部设排气管 1 根，排气管插入处理池 50 cm 以内，用于排除废气，减轻揭盖放入病死家禽时的臭味。

化尸窖容积应以所需化尸规模确定，但不能小于 10 m^3。规模家禽养殖场按照存栏在 5 000 羽以上建设容积 15 m^3 以上化尸窖 1 座，存栏 2 万羽以上建设容积 50 m^3 以上化尸窖 1 座；重点生产村按照每存栏 10 万羽家禽建设容积 100 m^3 以上化尸窖 1 座。

化尸窖所在位置应设立动物防疫警示标志，防止安全事故发生。

3. 使用及注意事项 化尸窖在投入使用前，底部铺撒一定量的生石灰或其他消毒液，每放一定量都需铺撒适量的生石灰或其他消毒液。投放后，密封加盖加锁，并对化尸窖及周边环境进行喷洒消毒。

处置过程中，对污染的水域、土壤、用具和运载工具选择合适的消毒药消毒。用适当的药剂对人员进行消毒。当化尸窖内容物达到容积的 3/4 时，应封闭并停止使用。规模以上家禽养殖场自行负责管理，重点生产村庄由各镇（区）组织各村指定专人负责管理。

四、化制法

1. 工艺流程 将病死鸡送入化制机罐体（有专用装载车或传送带）。化制时间、温度、压力，视处理数量、类别有所不同，不同厂家的设备相应要求不同，一般 120~240 min，温度 138~175 ℃，压力 1~2 个大气压。蒸汽需冷凝、排放，罐内压力回至常压状态。排气，开启罐门，移出处理物。可生产工业用油脂和生产有机肥。大型处理区的恶臭气体主要为氨、三甲胺、硫化氢等，可由专门系统（如活性炭吸附、光解净化等）处理，形成小分子无害或低害的化合物，如二氧化碳、水等。污水主要含有蒸煮过程中产生的油脂、有机物、骨胶、氮、磷、悬浮物等，按相关工艺技术方法进行，实现达标排放。

2. 处理设备 根据处理数量，选用大、中、小型设备。主要设备为湿化机组，包括湿化机、油水分离器、除臭器。附属设备为锅炉，采用蒸汽作为热源，处理量大的需配备燃煤（沼气、燃油）锅炉供应蒸汽，且宜配备专门的油水分离器、空气处理系统及污水处理设备，实现达标排放。

3. 要求 场内保管员全程监督产品流向（产品指固体物料——肉骨粉、肉酱）。出场时必须固定运输车辆和司机。禁止散装运输，必须使用包装袋。车辆出入必须严格消毒。填写无害化处理单。包括病死鸡来源、数量、处理时间、处理残留物流向等。驻场监管兽医、无害化处理工作人员及负责人均需签字。产品宜作果园、花卉、蔬菜基地肥料使用。

主要参考文献

[1] 李志，杨军香．病死畜禽无害化处理主推技术［M］. 北京：中国农业科学技术出版社，2013.

[2] 郑久坤，杨军香．粪污处理主推技术［M］. 北京：中国农业科学技术出版社，2013.

[3] 王凯军．畜禽养殖污染防治技术与政策［M］. 北京：化学工业出版社，2004.

[4] 全国畜牧总站．蛋鸡场标准化养殖技术图册［M］. 北京：中国农业科学技术出版社，2012.

[5] 全国畜牧总站．肉鸡场标准化养殖技术图册［M］. 北京：中国农业科学技术出版社，2012.

[6] 魏忠义．家禽生产学［M］. 北京：中国农业出版社，1999.

[7] 史延平，赵月平．家禽生产技术［M］. 北京：化学工业出版社，2009.

[8] 黄炎坤，赵聘．家禽生产［M］. 郑州：河南科学技术出版社，2007.

[9] 黄炎坤．养鸡场规划设计与生产设备［M］. 郑州：中原农民出版社，2009.

[10] 黄炎坤．蛋鸡标准化生产技术［M］. 北京：金盾出版社，2009.

[11] 徐廷生，陈直．鸡场多发疾病防控手册［M］. 郑州：河南科学技术出版社，2010.

[12] 陈顺友．畜禽养殖场规划设计与管理［M］. 北京：中国农业出版社，2009.

[13] 张敬，马吉飞．规模化肉鸡场生产与经营管理手册［M］. 北京：中国农业出版社，2014.

[14] 杨柏萱，杨前锋，冯利平．规模化肉鸡场饲养管理［M］. 郑州：河南科学技术出版社，2011.

[15] 李新正，陈理盾．鸡场卫生防疫［M］. 郑州：河南科学技术出版社，2014.

[16] 袁正东．我国家禽养殖业现状与发展趋势［J］. 中国家禽，2011，33（3）：1-3.

[17] 韩国省，赵聘．我国家禽养殖现状与发展趋势研究［J］. 河南农业，2012

（6）：18-19.
[18] 杨军，乔晓军，王成．家禽养殖环境控制技术发展现状及趋势［J］. 中国家禽，2006，28（23）：7-9.
[19] 郭冬生，彭小兰，夏维福．我国家禽业的现状及其发展趋势［J］. 畜禽业，2007（7）：26-27.
[20] 赵云焕，赵聘，胡建新．我国家禽的生产现状与发展趋势［J］. 黑龙江畜牧兽医，2010（12）：24-25.
[21] 展连云．养鸡场的选址及布局规划［J］. 养殖技术顾问，2013（11）：7.
[22] 张雄，刘景辉．鸡场的地址选择及规划布局［J］. 养殖技术顾问，2009（1）：9.
[23] 刁益斌，丁传贵，孙翠萍，等．大棚式标准化鸡场设计与建设［J］. 中国家禽，2014，36（14）.
[24] 宋天明，钱续．蛋鸡标准化养殖模式中的鸡场建设标准［J］. 农业科技与信息，2010（3）：60-61.
[25] 魏刚才．鸡场环境改善和控制技术［M］. 北京：化学工业出版社，2008.
[26] 赵海龙．肉鸡标准化养殖小区的选址、布局及鸡舍类型的选择［J］. 养殖技术顾问，2014（9）：13.
[27] 杨月林．产蛋鸡的营养需要及饲养管理［J］. 科技情报开发与经济，2007，17（30）：274-275.
[28] 曹世力，韩金春．不同时期蛋鸡的饲养管理［J］. 养殖技术顾问，2011（6）：30.
[29] 李恒山．种鸡产蛋期的饲养管理要点［J］. 科学种养，2015（6）：42-43.
[30] 王金华，公培森，黄继成．夏季蛋鸡的饲养管理（下）［J］. 农业知识，2014（21）：45-46.
[31] 高国民．鸡的营养价值及对雏鸡饲养管理要点［J］. 大观周刊，2012（28）：158.
[32] 胡春红．蛋鸡的饲养模式与营养管理［J］. 现代畜牧科技，2015（4）：32.